汗水的快乐

THE JOY OF SWEAT

〔美〕萨拉·埃弗茨—著
Sarah Everts

刘辉 等—译

奇妙的汗水科学

THE STRANGE SCIENCE OF PERSPIRATION

中国出版集团
中译出版社

图书在版编目（CIP）数据

汗水的快乐 : 奇妙的汗水科学 / （美）萨拉·埃弗茨（Sarah Everts）著 ; 刘辉等译. -- 北京 : 中译出版社，2022.9

书名原文: The Joy of Sweat: The Strange Science of Perspiration

ISBN 978-7-5001-7149-2

Ⅰ. ①汗… Ⅱ. ①萨… ②刘… Ⅲ. ①汗－普及读物 Ⅳ. ①Q469-49

中国版本图书馆CIP数据核字(2022)第131229号

版权登记号：01-2022-3279

汗水的快乐：奇妙的汗水科学
HANSHUI DE KUAILE: QIMIAO DE HANSHUI KEXUE

出版发行 中译出版社
地　　址 北京市西城区新街口外大街 28 号普天德胜大厦主楼 4 层
电　　话 (010) 68359373, 68359827（发行部）68357328（编辑部）
邮　　编 100088
电子邮箱 book@ctph.com.cn
网　　址 http://www.ctph.com.cn

出 版 人 乔卫兵
策划编辑 郭宇佳　张　巨
责任编辑 孙秀丽　张　巨
文字编辑 张　巨
营销编辑 张　晴
封面设计 王子君

排　　版 北京竹页文化传媒有限公司
印　　刷 北京中科印刷有限公司
经　　销 新华书店

规　　格 880 毫米 ×1230 毫米　1/32
印　　张 10.25
字　　数 194 千字
版　　次 2022 年 9 月第 1 版
印　　次 2022 年 9 月第 1 次

ISBN 978-7-5001-7149-2　定价：59.00 元

致奎因

引 言

1996年夏天，一名女子走进开普敦郊区泰格堡医院的皮肤科诊室，向医生诉说了她的异常症状：她的汗水是红色的。

不难理解，这令她很惊慌。但是，这也引起了医疗小组的极大兴趣。

分析该病例的科学家科里纳·德·比尔说："这很有意思，我们花了几个月想弄清楚究竟是怎么回事。这位女子身体健康，是一名20来岁的护士。她一出汗，白色制服上就会出现粉红色的斑点。"轮班结束时，她的内衣和制服有时会被染成鲜红色，尤其是在衣领、背部和腋窝周围。德·比尔说："每天晚上在洗衣服之前，她都会先把染色的衣物浸泡2—3小时，这样才能把颜色洗掉。身体出现了如此异常的症状，她内心很不安，担心会影响自己的工作。因为在医院，护士的制服需要保持干净。她觉得无论是在日常交际中还是在工作中，流红色的汗水都会让人难以接受。”

皮肤科医生见过各种疑难杂症，但红汗实属罕见，德·比尔和皮肤科医生雅克·由塞莱斯因此还发表了一篇相关科研论文:《红色内衣病例——再论色汗症》（The Case of the Red Lingerie—Chromhidrosis Revisited）[1]。色汗症（Chromhidrosis）是以有色汗液为特征的皮肤病的医学术语。事实证明，这位护士并不是第一个产生有色汗液的人，当然，她也不会是最后一个。医学文献中有许多关于汗液变成绿色、蓝色、黄色、棕色或红色[2]的报告，其原因多种多样，如罕见的遗传疾病或者在工作场所接触化学物质等。

色汗现象还可以分为不同的种类，其中一种称作假性色汗症（pseudo chromhidrosis），指的是从毛孔流出的汗水只有在接触皮肤表面后才会呈现某种颜色，这种情况偶尔会发生在铜业工人身上。铜业工人汗液中的盐分会氧化皮肤上的微量铜，于是在身体上形成绿色光泽，既“炫丽”又令人担忧，这种颜色就和建筑物的铜穹顶经过多年风化后显现的蓝绿色光泽一样。

但这位护士的汗水从毛孔中渗出时就带有颜色，因此这是一种真性色汗症（true chromhidrosis）。她体内的某种红色物质正通过皮肤和汗腺孔排出。医疗小组对这名护士进行了全面检查，发现她虽然流着红汗，但身体非常健康。德·比尔说，所有人都被难住了。在很长的一段时间里，对她的病因，医疗小组仅有一条重要线索：这位护士曾休假4周，在这期间，她的红汗有所减少，最后几乎消失了。但当她回到工作岗位后，红汗又出现了。德·比尔补充道："我们开始怀疑这是否与压力有关。所以我们对她做了全面检查——检查了她的肝脏、内分泌系统等，但这些器官都是完全正常的。"

最后，多亏了一次意外发现——医疗小组找到了红汗的来因。在随后的一次来访中，这位护士来到皮肤科诊所，当时她的手指上有棕红色的污渍，类似来自香烟的尼古丁污渍。德·比尔说："我们知道她从不吸烟，就在这时，医疗小组才恍然大悟。"她手指上的污渍来自到访前所吃的零食：一种名为尼克纳科斯（NikNaks）辣味番茄的南非玉米片。

原来，该护士对辣味番茄食品非常痴迷。医疗小组后来在科研论文中，将这种状态描述为"长达6个月的迷恋"。把这位护士对玉米片的喜爱称为"迷恋"并不夸张。这位护士告诉医生，她"每周吃500—2 500克的玉米片，吃了很长一段时间"。这相当于每周吃1—5.5磅[①]的玉米片。假设一袋尼克纳科斯玉米片的重量为55克，那么该护士每周最多能吃45袋，也就是每天6袋多。

德·比尔说："所有南非人都吃尼克纳科斯玉米片，这种咸玉米片很好吃，我最喜欢奶酪味的。只是我们吃的量没有

---

① 1磅≈0.45千克。——编者注

这位护士这么多。”

医疗小组怀疑，护士的汗液中出现了尼克纳科斯玉米片中的某种红色物质，这种物质可能是红辣椒或是番茄调味料，也可能是红色色素。医疗小组联系了生产尼克纳科斯玉米片的辛巴公司 (Simba)，获取了一份成分表，结果发现护士汗液中的红色色素与添加到玉米片中的番茄色素相同。德·比尔说:“起初，这位护士不相信我们说的话，她认为（辣番茄味的）尼克纳科斯玉米片并非问题所在。但我们让这位护士尝试了饮食排除疗法（elimination diet），几个月后她流红汗的症状就完全消失了。”很快，当再遇到热天出汗时，这位护士的情况已与常人无异:衣服湿黏，汗渍成片，汗味满身。

* * *

即便我拥有化学硕士学位和 10 多年的科学记者经验，但是，在读到这位南非护士的病例之前，我对汗水的认识天真又错误，我以为汗水平平无奇，不过是盐和水的混合物而已。当然，汗水中还有臭味分子，可能还有信息素。但是，想到身体会泄露我们的不良嗜好，这既令人着迷，又让人担忧。

如果一个人对玉米片的迷恋可以通过汗水而泄露，那么还有其他有关生理和行为的秘密信息也可能被泄露吗？“老大哥”（Big Brother，指当权者）会对我们的汗液取样，以此来监视我们吃的食物和服用的药物吗？医生可以通过采集汗液样本来评估我们的健康状况，或者诊断疾病吗？每次我们用出汗的手触摸某物时，会留下自身不良嗜好的痕迹吗？这些秘密可以通过分析沾满汗水的指纹被发现吗？（“剧透”：是的。）就像夜班护士迷上了尼克纳科斯玉米片一样，红色汗液的病例让我迷上了汗液科学。

我不停地思考自己在汗水中留下了什么秘密——尤其是想到我比较爱出汗时。我出的汗比一般人多，这一直让我很苦恼。天热的时候，我似乎总是人群中第一个出汗的人。在健身房锻炼时，常常是热身运动还没做完，我就要拿毛巾擦汗。在做高温瑜伽时，我本该专注于自己的下犬式动作，却在偷偷地看我邻座的垫子，想要找到别人也在垫子上滴汗的证据。意在出汗的活动本应让人感到平静和踏实，有人却在纠结自己流的汗水，而这荒谬的一幕就发生在我身上。我决定把对汗水的关注变成职业的好奇心。我找到了那些靠嗅闻腋窝为业的人和那些通过嗅闻腋窝寻找爱情的人。我和研究汗液的科学家进行了交谈，从让我们发臭的汗液分子谈到了可能让我们坐牢的汗液分子。

当我开始深入研究出汗问题时，我发现有些出汗过多的人很难握住铅笔或手机，因为这些会从他们手中滑落。出汗过多可能会影响我们的社交和工作，有些人还因此患上抑郁症和焦虑症，有些人则求助于创伤性外科手术（如切断与脊髓连接的神经节）来抑制出汗。

作为一种奇妙的生物过程，出汗影响着（有人甚至认为是“折磨着”）所有人。这是一种相当明显的控制体温的方式：当高温肆虐时，体内大量咸的液体从皮肤冒出，原本热得头脑发昏、奄奄一息的人们立刻会感到神清气爽。

出汗可不仅仅是“水花四溅”、引人注目。出汗是人类特有的，因为绝大多数动物都不会通过出汗来调节体温。事实上，一些进化生物学家甚至认为，出汗使人类统治了自然界。当然，如果遇到以下情况，这个说法就完全不让人舒服。比如，你想维持干练的职业形象，不雅的“汗渍斑块”却让你的形象大打折扣。或者，你连合身一点儿的西装都不能穿，因为还没等到达目的地，汗水就会浸透衣服。

这就是为什么止汗除臭成了一门大生意。全世界每年在止汗剂和除臭剂方面花费的金额高达750亿美元[3]，这无非是为了营造这样一种假象：我们根本不出汗，就算有汗，也没有任何异味。这当然没人信服。然而，在西方社会，我们已经把隐藏这一生物本性变成了一个关乎社会接受度的问题：这一人皆有之，亦是人之特性的重要生命过程，却成了尴尬失格之举。缘何如此呢？

具有讽刺意味的是，我们一方面煞费苦心地防止出汗，与此同时，许多人却甘愿为大量出汗而买单。不断有人提供运动时尚和健身计划，保证让你大汗淋漓；那些热衷于锻炼的人，总是运动到T恤湿透才肯罢休。许多文化中也有出汗的仪式，即使不是在现代，也在其文化发展的某个历史节点出现过。中东各地都建有大理石浴室；美洲的原住民有汗蒸屋；韩国人经常出入汗蒸室；俄罗斯人喜欢在巴尼亚桑拿时喝伏特加；芬兰人已将桑拿浴室传遍西方世界。我不禁想，人类内心深处是否真的有那么一种想好好出一身汗的渴望？我们着迷于蜘蛛吐丝的能力，但为什么我们就不能同样为自己排汗的能力感到高兴呢？我敢打赌，蜘蛛绝不会因为身体里流出的黏性物质而感到难为情。

正如医学史家迈克尔·斯托尔伯格所说："汗水可绝不仅仅是一种貌似无害无味的液体，它会让你羞耻和尴尬，也会带来污染和恶臭，但还能起到净化作用，让你性感和阳刚。"[4] 这样一种体液承载了太多人类情感。

如果我们在出汗的过程中感受到宁静而不是羞耻，这样岂不更好？我们不可能很快进化出另一种控制体温的方式。考虑到全球变暖的现实，我们未来的出汗量也不会减少。出汗可能是我们应对即将到来的气候灾难时所需的基础能力。

汗水可能黏腻、酸臭又恶心，但它也是最让人着迷且鲜少了解的分泌物之一。这本书最重要的就是要为汗水正言。汗水已饱受非议，是时候让我们在汗水中找寻快乐了。

目　录

第一部分　汗水的科学

第二部分　汗水和社会

第三部分　汗水之战

第一部分

汗水的科学

1

出汗天性[1]

人活着就会产生很多的热量。即便你一整天都窝在家里，什么活儿都不干，只是把薯片送到嘴边，刷着电视剧，你身体释放的热量也会相当于一个 60 瓦的灯泡[2]。这还是在你身形较小的情况下。如果你高大魁梧，那就相当于一个 100 瓦的灯泡[3]了。即使人完全处于放松状态，身体也会一直散发热量，因为体内的细胞会夜以继日地工作来维持我们的生命：分解营养物质、输送氧气、生成激素、复制脱氧核糖核酸、对抗病原体。完成这些任务需要数十亿次的化学反应，其中很多化学反应都会产生热量。正是这种体内的热量使我们感到温暖。

如果你四处走动（去门口取外卖或者出门遛狗），额外的肌肉活动会增加热量的产生。如果沿着街道慢跑，你的体温就会飙升。当你在赶公交或者追赶一只逃跑的狗时，如果不加以控制，体温将很可能危及生命。因中暑而死亡是很痛苦的[4]：当细胞的微观组织发生不可逆的损坏时，多个器官就会衰竭；静脉开始渗漏，引发全身出血。同时，肠壁受到破坏，消化道中的细菌及其毒素会进入内脏。你还可能会呕吐，四肢抽搐，并失去意识。

同呼吸一样，保持凉爽对人类的生存至关重要。那么人类在进化过程中形成的特殊散热机制是什么呢？是出汗。

出汗散热的原理很简单，即发热的表面（如皮肤）能蒸发液体（如汗水）。这和烹饪收汁的原理一样，我们需要通过加热来蒸掉酱汁中的水分。同样，体热也能蒸掉皮肤上的汗水。

汗液蒸发会消耗热量，皮肤顿觉凉爽。这是人类在进化过程中，把物理学和生物化学巧妙结合形成的结果：皮肤带有热量，身体里含有水分，那么为什么不把水输送到皮肤上来帮助身体降温呢？宾夕法尼亚大学研究汗水进化的遗传学家亚纳·坎贝罗夫说："出汗是释放身体热量的一个好方法，只有人类才能在皮肤上排出水分并以此来降温。"

尽管依靠出汗来调节体温非常巧妙，但是这种散热方式几乎是人类特有的。绝大多数动物采用别的方式来降温，其中有些方式不太寻常，甚至有些怪异。大象用巨大的耳朵[5]来释放身体的热量，狗通过呼吸来降温，而秃鹫在自己身上排便[6]就能降温。这些方式均可以释放多余的热量，但都不如人类进化出来的出汗散热有效。

随着我们的祖先，从毛发旺盛的灵长类动物进化成相对赤裸的直立生物，出汗降温成为我们人类特有的能力之一。天气转冷时，我们用其他动物的毛皮制成的衣物来保暖；但天气变热时，出汗是让我们保持凉爽的最有效方式。

大约 3 500 万年前[7]，人类的祖先进化出遍布全身的汗腺。那时，流汗是一种既奇特又宝贵的功能。许多进化生物学家认为，流汗是使人类主宰自然界的特质之一。哈佛大学进化生物学家丹尼尔 • 利伯曼说：“人人都很清楚人类的脑容量很大，拥有语言能力，还会制造工具。但是人们也应该了解出汗，并为此感到兴奋。在拥挤的地铁上，出汗似乎是一种不愉快的体验，但如果不会出汗，人类也就不存在了。如果不出汗，你就无法拥有活跃的身体；如果不出汗，我们的祖先也不可能成为狩猎采集者。”

有了出汗这一机制，我们即便是在阳光下觅食，[8]身体也不会过热，而其他捕食者必须转移到阴凉的地方才能生存。同时，人类还有其他独特的生理习性与汗腺协同作用，帮助我们保持凉爽。比如，双足行走。由于我们双脚站立，正午炎热的太阳只是让我们的头部变热，而整个背部和躯干不受影响，这样我们就可以长途跋涉，身体也不至于过热。烈日当头时，人类暴露于酷热阳光下的面积仅为身体表面积的 7%[9]，比同样大小的四肢动物少三分之一。尽管我们皮肤的其他部分没有厚厚的毛发，但是暴露在阳光下的头部，比我们的“灵长类表亲”拥有更多的毛发，因而更具保护性。

人类的皮肤具有一种复杂精密的降温机制，让我们能在身体不过热的情况下，进行长距离跑步。比如，马拉松赛跑。这样一来，我们在狩猎时，就可以一直追捕猎物直至猎物死亡。即使猎物跑得更快，在奔跑时保持凉爽的能力也让我们能跑得更远。为了避免身体过热而死亡，我们的猎物迟早会停下来休息。但人类可以一直跑下去，虽然速度会慢一些，但是坚持的时间更长。这样一来，我们可以迫使猎物不断前进，直到猎物因热衰竭而倒地死亡。

人类利用降温机制排出大量咸的汗液。人体有 200 万—500 万个汗孔[10]。人类的汗腺加起来达千万亿个，比银河系中的星星还多。

事实上，如果地球上的近 80 亿人同时蒸桑拿，我们流出的汗液总量几乎等同于尼亚加拉大瀑布夏季一天的流量[11]。（没错，我让尼亚加拉公园管理委员会的专员帮忙算出了这组数据，他对此也感到困惑。）这还是以出汗量中等或偏少的情况计算的。如果出汗非常多，那么 80 亿人同时蒸桑拿流出的汗液总量相当于 4 个尼亚加拉瀑布一天的流量。

负责将咸的令人凉爽的汗液输送到皮肤的微小器官称为小汗腺，人体中的小汗腺有数百万个。在我看来，小汗腺就像嵌在皮肤里的一把把细长的小喇叭。在小汗腺底部有大量螺旋形的导管，这些导管位于真皮深层。导管穿过表皮，在皮肤外部形成一个孔状出口，想象一下：汗液离开小汗腺，就像声音从喇叭中传出来一样。附近皮肤组织中的咸的液体，就在这些小汗腺底部汇集起来。

当汗液通过小汗腺到达皮肤表面时，身体会力所能及地回收盐分（实际上，人体降温只需要蒸发水分；而体液就是盐水，所以盐“搭着便车”就到了汗液里）。然而，如果你尝过人类的汗水，就会知道这种盐分回收机制并非十分有效。在烈日下作业的工人，一天可损失多达 25 克盐[12]，当然，普通人每日损失的量要少得多[13]。

咸的令人凉爽的汗水是人体产生的两种汗液之一。另一种汗液来自大汗腺，大汗腺在青春期变得活跃[14]。青春期时，大汗腺因让腋窝散发狐臭而臭名昭著。

顾名思义，大汗腺比小汗腺大得多[15]。在我看来，大汗腺看起来也像细长的喇叭，尽管是由类固醇组成的喇叭。大汗腺位于青春期开始生长的腋毛下，因此大汗腺上覆盖了皮肤和浓密的腋毛。腋毛的表面为大汗腺的汗液及其臭味释放到空气中提供了更多的空间。换句话说，你的腋毛越多，你的汗臭味就越容易飘进别人的鼻子里①。

① 有时，我们的身体也存在大汗腺和小汗腺的混合腺体，称为大小汗腺。[a]——作者注

汗液从小汗腺和大汗腺排出后，会与皮脂腺的油性分泌物混合，皮脂腺分泌的油性混合物的作用是让皮肤保持湿润。虽然，这种自制的“皮肤保湿霜”不是严格意义上的汗液，但当它流经皮肤时，这种分泌物经常会在我们的汗液中加入奇特的油性化学物质。

所有这些体液结合在一起后，汗液就不只是盐和水那么简单了。那位偏爱辣味番茄玉米片的护士首先发现了这一点。我们吃下去的食物和药物会通过汗液渗出。例如，尼古丁、可卡因、大蒜味、食用色素、安非他明、抗生素[16]等，不管我们是否喜欢，这些物质都会通过汗液流出来。因汗水变色而感到惊慌失措的不只是那位酷爱玉米片的护士。一名男子执着于通过喝大量蔓越莓汁来治疗频繁的膀胱感染，由于制造商在饮料中添加了深红色色素，该男子的汗水也变红了[17]；另一名男子因为便秘反复发作，吃了太多的泻药，结果他的汗水变黄了[18]，与包裹药片的赭色色素（称为柠檬黄）的颜色相同。

除了包含我们大量摄入的食物和药物中的外来化学物质外，汗液的化学成分还包含人体中常见的数百种分子：运动产生的废物（如乳酸和尿素）、葡萄糖以及某些金属元素[19]。免疫系统向我们的汗液中注入蛋白质，从而控制住[20]皮肤上的细菌和真菌。这些蛋白质不仅能让对人体有益的微生物大量繁殖，还能抵御病原体的入侵。有时，我们的汗液甚至带有疾病的生物标记物[21]，这是体内生物反应的分子证据，其中包括癌症或糖尿病特有的蛋白质。

小汗腺汗液中的大部分物质会进入血液，因为这些物质已经在血液中循环。小汗腺汗液的化学成分类似血液的水基，这种汗液几乎是没有红细胞、血小板和免疫细胞的血液。汗液的化学成分还类似一种含盐液体（称为间质液），间质液让我们的内部组织保持水润。大部分化学物质只是偶然出现在我们小汗腺的汗液中，这些化学物质恰好流经我们的血液，然后渗透到间质液，之后汗腺得到了降温指令并将间质液运送到皮肤。

但是，有些人故意在自己的汗水中加入化学物质。当然，他们这样做是为了进行科学研究。迈克尔·泽赫是德累斯顿工业大学的环境研究员，他在桑拿房里酣畅淋漓地享受出汗过程时，突然产生了这一想法。泽赫低头凝视着从皮肤涌出的大量汗水，他想知道一口水从喝下到从汗孔排出来需要多长时间。[22] 人们在蒸桑拿时容易异想天开，但和我们这些人不同，泽赫有各式各样的精妙分析仪器，可以验证自己的想法。

在准备好出汗之前，泽赫往自己最喜欢的桑拿补水饮料（用小麦啤酒和可乐混合而成，比例为1∶1）中加入了一种化学示踪剂[23]。德国人大量饮用这种奇特的混合饮料，这种饮料也因此得名：可乐－威森。实际上，这是一种棕色的、含咖啡因的香迪啤酒。（另外，德国的水疗馆允许饮酒，而且顾客通常都会饮酒。）

泽赫喝了一品脱①加了示踪剂的饮料，脱下衣服，走进桑拿房。泽赫看着秒表，每隔一段时间，他就用小玻璃瓶收集身上流下的汗滴。

随后，泽赫在实验室检查了每份汗液样本，观察是否有示踪剂。结果显示，不到 15 分钟，示踪剂就经过他的胃部[24]，被肠道吸收，并在肝脏和肾脏中得到过滤，之后示踪剂进入血液，通过循环系统到达皮肤的静脉，再通过真皮扩散到汗腺，最后经皮肤上数以百万计的毛孔排出。

疑惑得到解答后，泽赫把科学抛在脑后，又重新开始享受流汗的乐趣。

* * *

尽管流汗是人类的基本生理过程，但纵观历史，研究人员对汗水的关注却少得可怜，至少与其他重要的身体功能相比是如此。例如，我们还不知道到底有多少基因参与了汗腺的产生。

然而，虽然针对汗水的研究相对较少，但这并不意味着过去伟大的科学家们完全忽视了对汗水的研究。公元 2 世纪时，希腊医生盖伦提出，蒸气在不知不觉中不断从身体排

① 1 英制品脱 ≈ 568 毫升。——编者注

出[25]，在某些情况下还会不断增加，从而形成一种液体，即汗液。盖伦还准确地得出汗液源于血液中的水分这一结论。

但是，盖伦对汗水的看法也是错误的，他的错误已经影响了现代人对汗水的认识。盖伦没有意识到出汗是一种控制体温的复杂方式，而认为出汗是另一种清除体内废物的方式，他把汗水看作类似粪便、尿液、经血和鼻涕的身体排泄物。盖伦认为出汗“清除了身体中的多余物质和潜在的有害、危险和污染物质”[26]。医学历史学家斯托尔伯格这样解释道。

经过各种合情合理的观察，盖伦得出了一个错误的结论：可以让肥胖者定期快跑来减肥，这会让他们大量出汗。盖伦错误地推断，人们之所以能通过运动减肥，是因为体内多余的脂肪会溶解在液体中并通过汗孔排出体外，这与更复杂的卡路里和脂肪燃烧的事实相悖。然而，盖伦认为出汗可以清除体内废物，这一错误观点至今仍广为流传，许多人大肆吹捧流汗的排毒功效。但流汗能排毒这一观点，就和流汗能排出脂肪一样牵强。

当然，汗液中会出现各种化学物质。这些化学物质可能是毒素，也可能是营养素或激素，但是身体并不想清除这些有用的物质。化学物质出现在汗液中是因为它们恰好流经血液，而人体天生具有渗出功能，并非因为汗液是身体有意清除毒素的方式。如果身体要通过出汗来排毒，那么你就必须排出 12 品脱的血清，才能清除所有的有害物质。这样一来，你会完全脱水，衰竭而死。

相反，人类进化出肾脏，用于专门过滤血液中的毒素，然后将有问题的化学物质导入尿液并排出体外。肾脏才是人体专门的解毒器官，所以盖伦 2 000 年前的理论是应该遭到反驳的伪科学，就让它留在坟墓里吧。

在盖伦之后的 15 个世纪，关于汗水的科学研究一直停滞不前。但是，在 16 和 17 世纪之交，研究汗水的新曙光出现了，这一切归功于与伽利略同时代的意大利科学家桑托里奥·桑托里奥（Santorio Santorio）[27]。如何进行个人测量这一问题一直困扰着桑托里奥。在伽利略早期工作的基础上，桑托里奥发明了第一个测量脉搏率的装置[28]——他称之为脉搏计（pulsilogium）。

如果桑托里奥生活在今天，他绝对会喜欢“乐活”（Fitbit）[①] 记录器。然而，在 17 世纪，桑托里奥发明了一个精致的吊椅[29]，用于测量自己因汗液和其他体液流失而引起的体重变化。这把椅子几乎就是一个花哨的秤。想象一下，一根厚厚的木制平衡杆，一边挂着一把精雕细刻的椅子，另一边挂着可以调整平衡的砝码，平衡砝码用来准确地测量椅子及其使用者的重量。桑托里奥会花一整天坐在他的吊椅上，测量自己吃喝拉撒后的体重变化，30 年如一日。桑托里奥痴迷于计

① 美国旧金山一家生产记录器产品的公司名。——编者注

算体重的变化，他认为，进出身体的物质质量不一致。他的体重是通过一种叫作不感蒸发（又称不显汗）的神秘现象减轻的。桑托里奥声称，不感气体散失（汗液蒸发和呼吸）减轻的重量超过了其他排泄物的总和，他也因此名声大噪。

桑托里奥体重减轻了多少就会吃掉多重的食物，他对此着迷，因此改装了吊椅。这样一来，他吃食物时，体重逐渐上升，吊椅就会逐渐远离餐桌。当桑托里奥吃到想要的量时，坐在吊椅上的他就够不着食物了。

两个世纪之后，捷克生理学家杨・伊万杰利斯塔・普金内在皮肤中发现了汗液的出口[30]，他于1833年宣布人体存在小汗腺。几十年后，瑞士和德国的生理学家记录了大脑发向汗腺的电信号[31]，这些电信号（即动作电位）沿着脊髓传递，是汗腺“开闸”的命令。

然后事情开始变得很奇怪。

1928年，莫斯科有一位名为维克多・米诺的临床医师，他想弄清楚人们在身体各部位产生的汗量为什么不同，因此他开发了一种可以检测全身汗液分泌的可视化技术[32]。米诺用碘、蓖麻油和酒精制成了一种混合溶液，涂在106名实验对象的皮肤上。碘的颜色是紫棕色的，实验对象皮肤上的溶液干了之后，看起来就像用了美黑喷雾一样。随后，米诺又往碘上撒了淀粉，这样他们看起来就像涂了一层白色的粉末。如果实验对象出汗，汗水就能溶解他们身上干了的碘溶液，使汗水变成紫棕色。

紫棕色的汗水会从白色的淀粉中渗出，身上出汗的区域和不出汗的区域就形成了鲜明的对比。米诺还拍摄了出汗过程的延时照片。照片显示，不同的人最先出汗的部位不同（有些人是脸最先出汗，有些人是躯干最先出汗，有些人则在腿部和臀部最先出汗），最后他们的整个身体都被汗水浸透。

米诺很看好这项技术。随后，他在《德国神经医学杂志》（*German Journal of Nerve Medicine*）上发表了一篇文章，称赞该技术能检查身体各部位的出汗情况——比如，跟腱或男性的光头[33]。他乐观地认为，这种汗液可视化技术，可以用于诊断和研究各种神经疾病和心理疾病。

米诺的技术传到了日本，日本的研究人员重新设计了淀粉加碘的实验。名古屋大学的久野宁和他的同事，还想出了将单个毛细管插入单个汗腺的方法，这样就能准确地测量汗水流出的速度。他们将电极插入指甲盖、前臂和手掌，测量不同皮肤层的电阻。[34] 这太可怕了，幸亏我不是他们的实验对象。

久野宁和他的同事还想办法算出了人体汗腺的数量，并报告了小汗腺的平均宽度：大约70微米[35]，相当于一根发丝的直径。该组数据以及目前被广为接受的、教科书采纳的关于汗腺的信息（如人类有200万—500万汗腺孔[36]）均源于这些

20世纪早期的研究成果，以及久野宁1934年的专著[37]《出汗生理学》（*The Physiology of Human Perspiration*）。

当日本的久野宁从微观角度研究汗腺时，美国科学家爱德华·阿道夫以美国加入第二次世界大战为契机，开始研究汗液在全身层面发挥的作用。1941年，美国开始在北非实施军事行动，美军高层想知道在沙漠部署士兵，特别是要进行长途跋涉的话，到底需要多少饮水补给。因此他们请来了罗切斯特大学的生理学家阿道夫，帮忙计算维持步兵的生理机能和生命所需要的水量[38]。乐观主义者可能认为，可以给士兵们一些精神上的鼓励，这样一来，沙漠行军时就不用带那么多水了。假设没人迷路（乐观主义者认为自己根本不可能迷路），士兵也可以抵达目的地后再补充水分。

这种狂妄的乐观主义在当时的美国军队中非常流行。许多军队高层认为，只有懦夫才需要在沙漠中补充水分：士兵们只需振作起来，无视口渴的感觉，就能继续完成任务。阿道夫在《沙漠中人的生理学》（*Physiology of Man in the Desert*）中写道："为了缓解口渴，人们尝试了各种方法，如咀嚼、口含小石子或服用药物。尽管这些方法让人们有事情可做，能转移注意力，但缓解口渴的效果并不好。"[39]

为了解决口渴的问题，阿道夫让士兵们参与了一项残酷的实验。实验地点在加利福尼亚州的科罗拉多沙漠，这里天气炎热，岩石颇多，中午的温度通常在43.3℃左右。要是放在今天，面对伦理委员会的审查，这种不人道的实验根本无法进行①。士兵们被平均分成了两组，一组士兵在跋涉20英里②（约8小时）后可以喝水，另一组士兵则没有水喝。

这项研究列出了许多中暑的预警信号，包括心率过快、直肠温度过高、血液黏稠、胃肠不适、肌肉运动困难等。除此之外，正如科学家所说的，人脱水时“情绪也会变得不稳定”[40]。

一名士兵在约37.8℃的高温下行进了8英里却没有水喝，他说：“我只想停下来休息。”[41] 阿道夫将他说的话记录了下来。阿道夫还提到了另一名士兵，他写道：“他不合群，还掉队了，最后还是停了下来。”[42] 如果中途有士兵逃跑了，那么他们就只能独自行进，还会受人跟踪，可能还要在沙漠中走更久。要是那样的话，就和他们眼前的情况没什么两样了。

此外，就给前线士兵送多少水的问题，阿道夫向军方提出了建议。脱水率和补水率取决于多个变量，包括个体的生理水平、环境条件、衣服的类型和活动的情况。如今，美国

① 在不人道的塔斯基吉梅毒实验（Tuskegee Syphilis Study）受到广泛关注后，美国国会于1973年成立了伦理委员会[b]，审查和监督针对人类受试者的研究。塔斯基吉梅毒实验得到了美国卫生与公众服务部的赞助。1932—1972年，该实验以亚拉巴马州400名非裔美国男子为实验对象，研究梅毒对人体的危害。即便1950年青霉素已经成为治疗梅毒的有效药物，研究人员也并未使用青霉素对这些黑人患者进行治疗。——译者注

② 1英里≈1.6千米。——编者注

军方将这些变量输入复杂的计算机算法中来估计士兵所需的水量。[43] 但是，在 20 世纪 40 年代，阿道夫给了军方一份介绍平均出汗率的概要，这些凭经验测得的数据至今仍被广为引用。他在概要中写道："气温为约 37.8℃时，一名士兵以每小时 3.5 英里的速度在阳光下行走，平均每小时会损失 1 夸脱①的水；在同样的条件下，士兵开车行进，平均每小时会损失 3/4 夸脱的水；但若是在树荫下休息，则只会损失 1 杯水。"[44] 阿道夫还确定，如果士兵在沙漠中行军时感到口渴，又恰好带了一些水，最好的做法是拿这些水来解渴而不是实行饮用水定量配给。他还指出："把水喝了比带着走更好。"[45]

阿道夫的研究表明，人类虽然不能适应脱水，但能适应高温。如果我们从一个凉爽的地方去到一个炎热的地方，身体就会通过增加血浆量来适应高温环境，实际上就是储存更多的体液，并将其作为汗液排出。我们的出汗率也会有所上升，这样我们出汗更快也更多，只要保证供水充足即可。

有人可能不信，男女身体中的热适应机制是类似的。新墨西哥大学的名誉教授苏珊娜·施耐德说，当时的人们普遍认为"只有男人才会出汗，女人顶多只会面色潮红"，在 20 世纪 70 年代早期，她在博士阶段所做的研究[46]证明了这一说法是错误的。证据表明，男性和女性在出汗方面差别不大[47]：

① 容量单位。1 英制夸脱 = 8 及耳 = 2 品脱 = 1/4 加仑 = 1/32 蒲式耳。——编者注

女性的汗腺更密集，而男性的出汗率更高，但这些差别大多是因为男性和女性在体形、有氧代谢能力和运动强度方面有差异①。

与无人机、罐头食品和互联网等军事研究成果一样，阿道夫的研究成果彻底影响了人们的生活。他建议，在极度炎热和干燥的环境中，人们最好穿长裤和长袖T恤[48]来盖住皮肤，这一建议至今仍被广为接受（当然，中东和其他沙漠地区的人可能在几百年前，甚至几千年前就懂得这样做了）。这样做完全是为了防晒和减少出汗，即尽量避免脱水。在炎热干燥的沙漠中，人体会大量出汗，但空气非常干燥，汗液会迅速离开皮肤跑到干燥的空气中。因此，汗腺会流出更多的汗液作为补偿。这时，宽松的长款衣服就起作用了，通过在皮肤周围营造一个更为潮湿的环境，降低汗液蒸发到空气中的速度，这种衣服让我们能在“滴水难求”的环境中保存水分，维持生命。

在炎热潮湿的环境中，情况却恰恰相反：你会不想穿衣服。因为你穿得越少，汗液就越容易从皮肤上蒸发，带走身体的热量。在极端潮湿的条件下，潮湿的空气中充满水分，阻碍汗液的蒸发，热量就无法通过皮肤散发出来。你可以尽情流汗，但你并不会感觉凉快。这可能会让人丧命，然而一

---

① 女性在更年期潮热时也会大量排汗，并且完全符合体温升高的典型反应。当然，并不是每个女性都会出现更年期潮热症状（这也是个很有意思的研究课题）。——作者注

个多世纪以来，南非的采矿工人每天都要面对这一情况。

1886年，人们在南非的威特沃特斯兰德盆地（Witwatersrand Basin）发现了一大片金矿，金矿的位置离今天的约翰内斯堡很近，约翰内斯堡是在后来的淘金热时期建立的。人们通过开采金矿取得了巨额的利润，还颁布了限制金矿开采的法律，这些都加速了南非种族隔离制度的形成。金矿工人，主要是收入极低的黑人[49]，他们在20世纪最为恶劣和危险的湿热环境中，日复一日地工作。

黄金矿藏只有一小部分位于地表，大部分位于地下。在后来的几十年里，矿工要到地下半英里处开采金矿。[50] 到了20世纪60年代，他们甚至要到地下两英里处[51]进行开采。矿井里不仅炎热，而且极度潮湿，还有致命的危险。一位茨瓦纳（Tswana）矿工将采矿形容为“在坟墓里工作”[52]。

光是要下到这些矿井里就很可怕了。轮班开始时，大部分矿工要进入一部能承载100多人的升降机[53]，通常将其称为“罐笼”。然后操作员会放开制动器，让罐笼全速[54]下降0.5英里。罐笼快到达矿井底部时，操作员会重新拉下制动器。矿工们有时需要连着乘坐好几次罐笼，才能到达当天的目的地。①

在矿井的深处，矿石爆破会产生很多含金的碎片，爆破

① 最新发生的事故：1995年南非金矿升降机事故造成105名矿工死亡；2009年，类似的事故造成9名矿工死亡。[c]——作者注

的声音通过矿石的反射又回到耳中，非常刺耳。爆破后，矿井内的温度可能超过50℃。矿石中不仅含有金，还有二氧化硅，因此，矿石炸开产生的粉尘会对肺部造成严重的损伤。[55]为了减少粉尘的危害，矿工们用水来冲洗矿井。水打湿了粉尘，空气的温度由50℃降至35℃，从酷热变成了极热，但也让矿井内的湿度急剧上升。在如此高的温度和湿度下，矿工在地表下数英里的封闭空间中从事极其剧烈的体力劳动，许多人因为无法降温，中暑而死。20世纪40年代，祖鲁诗人本尼迪克特·沃利特·维拉卡泽写了一首名为《金矿之内》（*Ezinkomponi*）的抗议诗，抨击了金矿开采的种种风险。他在诗中写道："地球将吞噬我们这些挖掘者……我每天都看到周围有人步履蹒跚，随即跌倒，失去生命。"[56]

20世纪中期，全世界金矿工人的工作环境普遍不够安全，但南非的种族隔离制度让黑人矿工的安全更加得不到保障。当时，黑人矿工面临着很多致命的危险，如矿石爆炸、地道坍塌、呼吸道疾病等。最近，50万名患有致命性肺部疾病的金矿工人，向南非金矿产业提起集体诉讼[57]。金矿工人面临众多的健康风险，尽管中暑只是其中一种风险（过去是，现在也是），但它依然具有致命性：20世纪，威特沃特斯兰德有成千上万的金矿工人死于中暑[58]。

金矿行业的高管不想关闭这些利润极高的金矿，因此，从20世纪20年代开始，该行业就开始聘请或者引进医疗研究人员[59]，想要弄清楚矿工为什么容易出现致命性身体过热的情况，也想为新矿工制订热适应训练方案，以避免这一情况的出现。热适应（heat acclimatization）和热适应训练（heat acclimation）是有区别的。热适应是在高温环境中待一段时间后自然适应，而热适应训练则是一种方法，帮助我们更快地适应高温环境。尽管部分研究成果避免了矿工因中暑而死亡，但其本质上还是为了满足经济发展的需要，即通过延长黑人矿工的生命来保证可以持续开采金矿。后来，死于中暑的工人少了，但也还是有的[60]。该研究成果源源不断地为金矿公司带来了生产力和利润。显然，是金矿工人的激进行为最终推翻了种族隔离制度。

我们现在知道：在极端炎热和潮湿的金矿矿井中，人类的生存是一场激烈的数字游戏。在这种环境下，虽然人体所产生的大部分汗水都没法从皮肤上蒸发，但仍有一小部分汗水能蒸发，正是这些少量的、从湿热的身体蒸发的汗水决定了人的生死。块头大的人往往更有机会在这种环境中生存下来。这是因为块头大的人通常有更大的皮肤总面积。因此，他们的汗腺更多，用于散热的皮肤面积也更大。实际上，块头大的人皮肤表面积与核心体积的比率较高，有助于排出体内的热量。

为了让矿工快速排出大量汗水，研究人员制订了多种热适应训练方案。最初，热适应训练方案为矿工指定了工作区域，区域内的温湿度会不断上升。到了20世纪60年代中期[61]，训练方案有所变化：训练时间为8天。大批新矿工每天都要在一个炎热潮湿的帐篷里待上4个小时，在石头上完成踏步登阶训练，同时会定期检查他们的直肠温度[62]，防止他们中暑。显然，矿工们普遍不喜欢[63]这种训练方案。到了20世纪80年代，一些矿井采用了其他方法，例如，让矿工穿上带有干冰的背心[64]来降温。

半个世纪以后，运动员在酷热的环境中备战比赛时，也要进行热适应训练（与金矿工人的训练方式类似，但训练强度小一些）[65]。也就是让运动员在炎热潮湿的环境中锻炼数日，以此来适应环境，同时记录他们的生命体征。通常根据运动项目、运动员的生理水平、比赛地点等标准来制订热适应训练方案，训练的目的是让运动员轻松高效地适应环境。举个例子，现行的训练方案建议，运动员每次在高温下应进行60—90分钟[66]高强度锻炼，这可比金矿工人的240分钟短多了①。

随着全球气候变暖，适应极热的环境变得越来越重要。

① 我们的社会受益于某些早期的科学研究，但这些研究缺乏伦理监督，而且实验对象往往由于种族、残障、性别和社会经济等因素受人歧视。对汗液研究的某些方面来说是如此，对医学的其他领域来说也是如此，其中包括解剖学、传染病学和精神病学。[d] 正如桑兹罗姆在1927年所说，热带环境中的热生理学奠基于“欧洲国家实行殖民政策”[e]，后来在调查“白种人在热带定居的可能性”[f] 时又得到了进一步的发展。——作者注

在 1956 年，汗液科学家久野宁预见性地指出：“天气炎热时，只有出汗能让人感到舒适，这样人类才有机会在热带地区生存下来。”[67] 当世界上的很多地方因气候变暖不再宜居时，我们必须感激汗水给了我们生存的机会，并且欣然接受排汗的过程。

* * *

然而，尽管我们感激汗水，但有时我们即使特别不想出汗，汗腺也可能突然“开闸”。排汗不受意识控制，这是一件令人沮丧的事情。你可以忍住其他不合时宜的身体反应，比如流泪、打嗝、放屁、排尿、排便，至少可以暂时忍住，但你没法忍住排汗。如果我们的体温升高，信息就会无意识地传递到下丘脑，下丘脑会判断是否要激活汗腺，这一过程不受意志控制。

并非只有身体发热时才会排汗，当感到焦虑或者身体不够暖和时也可能导致大量排汗。这是因为肾上腺素及其“兄弟”去甲肾上腺素能让大小汗腺都张开。当我们性欲被唤起、情绪波动或者精神紧张时，这两种激素就会在血液中循环。可能在进化的黄金时期，我们主要是对捕食我们的食肉动物感到焦虑。我觉得难闻的大汗腺会分泌“压力汗”，这可能是一种无声却强大的气味警报，提醒其他人类赶紧逃跑。或者说，控制体温的小汗腺会分泌“压力汗”，这是一个先见之举：

我们的身体预料到要马上逃跑，因此提前开启了降温机制。

即使是今天，人体也依然能预料身体过热的情况然后提前排汗。相比于普通人，很多顶级运动员出汗更快也更多（即便他们没有经过热适应训练）。这是因为，运动员长时间进行高强度运动会导致核心温度过高，经过训练，他们的身体已经能预料这一情况并提前排汗进行补偿。经常蒸桑拿的人也一样，因为经常待在高温环境中，他们的身体一旦感受到热量就会打开汗腺的闸门。

但可以肯定的是，人类的出汗情况构成了一个连续统一体（有个体差异，但大致相同）：有些人比别人出汗多。这是基因变异导致的吗？微小的基因变异会提高人体对温度的敏感度，增加汗腺的数量，或者加快汗液的流速吗？人出生和成长的环境会改变他们出汗的特点吗？

安德鲁·贝斯特表示，出汗情况与先天和后天因素都有一定的关系，他正和马萨诸塞大学阿默斯特分校的杰森·卡米拉一同研究这一问题。贝斯特和卡米拉通过测量不同国家人们的汗腺密度，判断成长环境是否会让汗孔的数量发生变化（即成年后的汗孔数量是否和儿童时期一样多）。当然，经过热适应训练后，汗腺会变得更活跃，但每个人的汗腺活跃度原本就不同。贝斯特和卡米拉想弄清楚汗腺活跃度的决定因素是什么。

在寒带或温带气候中长大的人，成年以后搬到热带地区居住，总会热得汗如雨下，在此居住已久的当地人却只是微微发汗。但可以肯定的是，天气炎热时，尽管当地人看似处之泰然，干爽无比，但他们肯定还是会出汗的，只是出汗的过程较为高效罢了。热带地区的当地人会排出一定的汗水，既能达到最佳的降温效果，又不至于满身大汗。

实际上，人一旦开始滴汗，排汗的过程就不够高效了。大汗淋漓是人体对高温环境的过度反应和过度补偿，会损失很多宝贵的体液。在这种情况下，身体可能正在做一个“魔鬼交易”，为了短期的存活而做出长远的牺牲。即便可能面临长期脱水的风险，身体也要保证短期内有足够的汗水来蒸发掉身体的热量。正如贝斯特所说：“你首先要熬过当下，才能活在未来。在这种情况下，身体最担心的是过度发热，脱水就是次要的考虑因素了。”

* * *

虽然我们对汗液的了解还不够多，但有一点可以肯定：除了少数例外，人体随时都在排汗，每次至少会排一点儿汗。

人体会不断蒸发汗液。即便你没在锻炼，也没在紧张地和你的暗恋对象聊天，身体也会不断地蒸发汗液。通常情况下，我们只有在大汗淋漓时才会注意到自己出汗了，但事实上，汗液的排出和蒸发从未间断，而且几乎难以察觉，因为体温的调节是一个“循序渐进”的过程，不会“一气呵成”。

真正的无汗者是非常罕见的，特殊的基因使他们汗腺稀少，或者没有汗腺。他们只能通过不断地往自己的身上喷水，用水来代替汗液进行蒸发降低体温，否则无法在高温环境中存活下来。

科学家将这种缓慢且难以察觉的流汗现象称为“不显汗”（因为你察觉不到），即使你留下的不显汗的痕迹比比皆是，你也察觉不到它的存在。正是因为有了不显汗，你才能留下指纹，凡是你触摸过的物品都留有你的指纹。如果你想感受不显汗的话，可以往自己赤裸的身体上套一个大垃圾袋（当然，这是一种另类的时尚风格），不显汗就会被困在垃圾袋里，然后重新凝结在皮肤上，不过这种感觉可不好受。通常情况下，我们没法看见不显汗从身体上蒸发，除非你尝试下面这项实验：18 世纪的解剖学家雅各布斯·贝尼格努斯·温斯洛进行了一项实验，他说：“在晴朗的夏日里，我们如果观察不戴帽子的人的头顶落在白墙上的影子，就能清楚地看到头上的水汽在一点点地向上蒸发。”[68]

这种汗液蒸发的可视化方法相当富有诗意。但这一意象又触发了以下问题：如果蒸发的汗液“无处可逃”会怎样呢？如果包裹你的是个垃圾袋，你在大汗淋漓时扯掉就行，但如果包裹你的是密封材料，那又会怎么样呢？如果只有这种密封的材料才能让你活下去呢？

1966 年 6 月 6 日，宇航员塞尔南就面临了这样的窘境。

当时他正准备进行美国历史上第二次太空漫步，这是双子星9A号太空任务（Gemini 9A mission）的内容之一。飞船绕着地球轨道运行时，塞尔南要测试安装在背包上的推进装置。当时，美国航天局（NASA）的工程师并不知道穿着太空服走动有多费劲。毕竟，这只是NASA宇航员第二次进行太空漫步，他们的经验并不多。但对塞尔南而言，单把背包放到太空飞船外面就用光了他所有的力气。在太空的微重力环境下活动本来就够困难了，更何况双子星号太空服还非常硬，穿上它，肢体活动就变得更加困难了。

塞尔南后来在回忆录中写道："天哪，我当时要累死了。我的心跳每分钟155下，汗如雨下，'那玩意儿'真是让人生厌，我还没开始做什么实际的工作呢。"[69]（顺便说一句，人们纷纷猜测塞尔南说的"那玩意儿"是指什么。有人认为"那玩意儿"是指他陷入的困境；有人觉得是指太空服里的某个装置；还有人认为是指他的阴茎[70]。但不幸的是，他已经去世了，没法让他做出解释了。）

塞尔南在太空行走时流了13磅的汗[71]，但由于他穿了密不透风的太空服，这些汗根本没法蒸发出去。因此，汗液的蒸发让他的面罩起雾了，他什么也看不清了。那时，NASA还没开发出用于太空行走的"同伴系统"（buddy system），所以塞尔南在太空里什么也看不清，疲惫又孤独。他花了2小时7分钟才重新爬回太空舱内，奄奄一息。塞尔南写道："这是我这辈子做过的最累的事情。”[72]

后来，NASA 改进了太空服，在宇航员的内衣上缝了管子，这样一来，就可以用凉水或者温水冲洗宇航员的皮肤，让他们保持较为舒适的温度。NASA 还在头盔的内表面喷了防雾涂层，以减轻汗水蒸发的影响。

汗水不是万能的。虽然出汗使人类能在地球上大多数极端环境中存活下来，但是当你穿着太空服，位于离地表 150 英里的太空中时，汗水就成了一个大麻烦。

2

大汗淋漓[1]

如果你觉得在高温下出汗以降低体温令人反感，那么想想别的降温方式，你心里就舒服了。否则，你可能要像许多动物一样，借助其他体液来散热，如腹泻物、呕吐物、唾液和尿液。

以南澳大利亚的雄性海狗为例。雄性海狗会懒洋洋地躺在岩石上沐浴阳光，希望靠岩石可以吸引雌性海狗，岩石是雄性海狗的“家产”，是其寻找配偶的关键因素。雄性海狗有着很强的领地意识，喜欢争夺海边的巨石，独霸一方。出于自尊，它们会将岩石据为己有，绝不与其他雄性海狗共享。但澳洲的阳光很猛烈，岩石附近没有遮阴的地方。这时，如果雄性海狗离开岩石到海里游泳降温，可能会失去自己的地盘，也就没法与雌性海狗进行交配了。1973 年，生物学家罗杰·金特里测算了那些放弃地盘去海里降温的雄性海狗的交配频率[2]，结果显示，其交配次数只有坚守地盘的雄性海狗的一半。

坚守地盘的雄性海狗之所以交配次数更多，是因为其尿液发挥了一定的作用。

金特里写道："在高温环境下，坚守地盘的雄性海狗利用 4 个鳍肢支撑起身体，在岩石上排尿，用尿液打湿腹部和后鳍肢上的毛发。随后，它们会侧躺下来，将打湿的后鳍肢伸向空中。"[3] 尿液从鳍肢上蒸发能让海狗散热，正如汗液从人的手臂上蒸发能让人体降温。这种通过尿液来降温的机制有其专业术语：尿汗（urohidrosis），其中 uro 代表尿液，hidrosis 代表出汗。

同样是用于体表散热的体液，汗液一定比尿液更好吗？毋庸置疑，汗液肯定比尿液好，也比呕吐物好，尽管蜜蜂喜欢用呕吐物来降温。炎炎夏日里，在盛开的花丛中采蜜的蜜蜂容易身体过热。这是因为蜜蜂必须不停地扇动细小的翅膀，才能避免其笨重的身体从空中跌落，但这一过程会产生很多热量，你可能因此会怀疑蜜蜂在进化的时候，航空学是不是不起作用了。生物学家贝恩德·海因里希在《我们为什么奔跑》（*Why We Run*）一书中指出，为了避免身体过热，蜜蜂"会把胃里的东西吐出来，然后用前足将呕吐物涂抹于全身"[4]。

对蜜蜂来说，这还不是最恶心的。

更准确地说，对蜂巢里的其他蜜蜂来说，这还不是最恶心的。蜜蜂是社会性昆虫，蜂群中只有工蜂外出采集花蜜，花蜜非常珍贵，不能浪费。因此，当蜜蜂带着满身的呕吐物回到蜂巢时，其他蜜蜂为了取回花蜜，会“等呕吐物的水分蒸发后，再舔掉这只蜜蜂身上剩余的固体”[5]，海因里希说。这样看来，蜜蜂真是有效节约资源的典范，我们都应该向它们学习。

再举个例子。为了降温，鹳鸟和秃鹫“会先在腿上排便，再加快其腿部的血液循环”，缅因大学的进化生理学家丹尼尔·莱维斯克如此解释道。水分从粪便中蒸发，让流经腿部的血液的温度降低，因而鹳鸟和秃鹫的体温会下降几度。正如海因里希所说：“这样就能解释在炎炎烈日下，土耳其秃鹫为什么会坐在篱笆上，神情冷静、从容不迫地往其赤裸的腿上排便了。”[6]

天气炎热时，利用汗液、呕吐物、尿液或粪便中的水分蒸发，是迄今为止最有效的降温方法。[7] 有时，水分的蒸发会与其他生理现象协同作用，如奇异的静脉血管网（rete mirabile）。rete mirabile是拉丁语，意思是“奇特的网”，当动物的核心温度过高时，静脉血管网会靠近皮肤，让循环的血液尽量贴近体表，便于降温。具体来说，体液蒸发使皮肤（如秃鹫无毛的细腿）的温度下降，而来自核心区域的血液温度较高，当这些血液流经静脉血管网时，其通过与空气或者皮肤接触，能让血液降温。

动物身上能蒸发体液的部位通常没有脂肪、羽毛或者皮毛等隔热物质，散热的部位静脉密集，形态纤瘦，科学家将其称为细长形态（dolichomorphic），dolicho 代表狭窄或者纤瘦，morphic 代表形态。长颈鹿就是典型的细长形态的动物[8]——脖子和腿占了身体的绝大部分，长颈鹿生活在炎热的热带草原中，细长的体形能帮助其散热。而那些没那么“苗条”的动物，则会在自己最为细长的身体部位上蒸发体液。对秃鹫而言，腿最为合适。而海狗之所以会在粗短的鳍肢上撒尿，是因为这一部位隔热物质最少，最为窄小，而且静脉密集，用来散热最为合适。尿液的蒸发使流经海狗鳍肢的血液温度下降，随后，这些温度较低的血液又循环到了温度较高的核心区域，给核心区域降温，这样一来，就能降低动物的体温。

在降温方面，细长形态还有一个好处：由于长得高、站得直、身材又瘦，就能避免正午炽热的阳光直射全身。和膘肥体壮的野猪相比，长颈鹿和双足行走的人类受到的太阳辐射要少得多。为了避免正午阳光直射身体，野猪通常在夜间活动。但是部分动物像人类一样在白天活动，它们通过改变皮肤的颜色，来避免正午阳光的直射[9]。举个例子，在正午时分，爬行动物皮肤的颜色会变浅，因为这样能更好地反射阳光。而正午过后，爬行动物的皮肤又会变回深色，以帮助它们更好地吸收阳光。

动物用最纤瘦的身体部位来调节体温，这一点非常合理。对大象而言，最纤瘦的部位是耳朵。大象的耳朵又大又薄，上面分布了大量的静脉网。大象身体过热时，大脑就会加快耳部的血液循环，这样一来，流经耳部的血液温度下降，随后再循环到温度较高的核心区域，就能帮身体降温。如果下次去非洲旅游时，你恰好带了热成像相机（高温处发亮，低温处偏暗），你就能看到大象除耳朵以外的身体部位都发亮[10]，这是因为耳部血液温度降低后会降低大象的核心温度。

在白天栖息时，蝙蝠会进入蛰眠状态[11]以保存体能，这种生理现象也有助于降低体温。蛰眠不是午休，而是一种“精简”的状态。蛰眠时，蝙蝠的身体机能（科学家将其称为新陈代谢）只有正常状态下的10%，就好比计算机待机时，只会在后台运行最重要的程序。但别忘了，人活着就会产生很大的热量：即便什么事情也不做，人体内也会发生数十亿计的微小化学反应。即便你不用外出觅食、躲避捕食者或者打猎，体内的化学反应也会大量产热。蝙蝠蛰眠时，会开启“待机”模式，核心温度降低，进入假死（suspended animation）状态。哺乳动物在温度零上时也能进入蛰眠状态，这让太空科学家很想了解：人类在飞往火星或更远处的多年时间里能否也进入蛰眠状态[12]。

蛰眠是最复杂的耐热机制。天气炎热时，大部分动物会先采用较为简单的方式进行降温，如换个环境或者换个动作。

人类也是如此：如果感觉很热，人们就会脱毛衣、吹风扇，或者开空调。许多动物则会转移到更阴凉的地方：猪会跑到泥浆里打滚，这样就不会大量出汗了[13]。因此，英文中用“像猪一样流汗”（sweating like a pig）来表示“大汗淋漓”其实是一种误用。其他动物可能会躲在阴凉处或者洞穴中，如果体形足够小的话，还可以躲在地洞里避暑。有些动物还可能去有风的地方，让风吹走身体的热量。天气炎热时，你可能见过松鼠和蜥蜴摊开四肢趴在冰凉的石头上，这样做的目的是让身体尽可能呈细长形，尽量增大与石头的接触面积。考拉[14]身体过热时，会离开心爱的“粮仓”桉树，转而抱住金合欢树，这是因为金合欢树的温度比气温低 9℃，能让考拉感觉凉爽。考拉腹部的毛发比背部少，更容易散热，因此为了更好地降温，考拉会抱住树木，而不是背靠树木坐下来。

* * *

但是，相比上述散热行为，蒸发水分的散热效果要好得多。实际上，如果气温超过动物的正常体温范围，动物只能通过蒸发水分来散热，这样才不会因体温过高而危及生命安全。然而，水分蒸发需要充足的储备：要不断地补水。但是在干旱环境下，往往没有那么多水可以喝。这时，如果没有像人类一样拥有汗腺，就难以控制出汗量，容易造成水分的浪费。

动物如果采用“爆发式的散热策略”(如呕吐)，将体液全都释放出来，就会浑身湿透（这样有助于散热）。但由于呕吐散热会消耗大量体液，动物必须先补充水分，重新形成（宝贵的）体液后，才能再采用这种方式来降温，否则就会有脱水的风险。而且，呕吐的量也不好控制，怎样才能吐出一点点又能为以后节省体液呢？相比呕吐，排尿的过程和排尿量更容易控制，但即便如此，动物在排尿时也会浪费一些尿液，如果这些浪费的水分能用于蒸发，散热效果会更好。

这让我们想到了唾液。和流汗一样，舔舐身体表面也是一种协同高效的方法，既能有效地打湿皮肤，又不会浪费太多体液。举个例子，袋鼠会舔舐自己的前肢[15]，通过唾液蒸发来降温。袋鼠的前肢静脉网密集，又是全身最纤瘦的地方，因此，通过舔舐前肢来散热最为合适。唾液的蒸发会降低流经此处的血液温度。

袋鼠在呼吸时也会蒸发唾液，达到散热的效果。实际上，许多毛发厚重的动物都靠呼吸来降温，这是因为毛发通常会阻碍水分的蒸发。如果你的腋毛很浓或者头发很多，你就会知道，毛发很容易“锁住”水分。即便水分能蒸发，也是先从发尖开始；而发尖离皮肤下方的毛细血管很远，因此水分从发尖上蒸发无法使血液的温度降低。

对毛发厚重的动物而言，鼻腔通道、舌头和喉咙是用于蒸发降温的最佳湿润表面。就拿狗来说，狗在呼吸时会张大嘴，尽量把湿润的舌头伸到空气中，以增大散热面积。尽管狗的舌头又大又湿润，但这一散热面积与人类相比还是太小了，毕竟人类全身的皮肤都可用于散热。因此，靠呼吸散热的动物会反复地哈气，加快唾液蒸发的速度，从而带走体内的热量。

呼吸能带走从舌头表面蒸发的唾液，这样一来，马上就能开始下一轮蒸发。想象一下，如果你热得浑身大汗，而此时恰好有人打开了你面前的大风扇，你很快就会感到凉爽，这是因为风扇快速吹走了从皮肤表面蒸发的汗液，加快了每轮蒸发的速度，体表就能进行更多轮次的蒸发。

你也可以这样想：如果你待在一个非常潮湿的环境里（如热带雨林），周围的空气极度湿润，汗液无法从你皮肤上蒸发，此时就不能靠蒸发汗液来降温了。反过来，如果你待在沙漠里，你根本感觉不到汗液的蒸发，因为在干燥的环境中，汗液蒸发的速度非常快。快速哈气能排出口腔中湿润的空气，嘴巴吸入的干燥空气则有助于唾液从湿润的舌头上蒸发。

部分有蹄动物（如绵羊）的呼吸系统结构非常复杂，尤其是鼻甲骨这一部分。绵羊的鼻甲骨就像汽车里的散热器一样，呈叠层状，层与层之间有狭窄的空气通道。鼻甲骨位于鼻子内部，因此每层的表面都是湿润的。绵羊呼吸的时候，大量的空气会在鼻甲骨的层状结构中来回移动，这样一来，这个狭小的空间就能蒸发大量的水分。干燥的空气经过鼻甲骨后就变湿润了。

动物主动的散热行为（如反复呕吐）会产生热量，这一点与被动出汗不同。但是通过呼吸来散热也有缺点。尽管呼吸散热确实能保存电解质，因为动物只会损失水分，盐分仍会留在体内。呼吸散热的另一个危险是，如果呼吸不当会扰乱肺部的二氧化碳水平。

这是因为动物呼吸时，可能会排出过量二氧化碳，导致肺部二氧化碳浓度过低。肺部需要保持一定的二氧化碳浓度，并以此来判断是否要继续呼吸。如果排出的二氧化碳过多，呼吸循环就会紊乱；大脑担心肺部吸入过多的氧气，让肺部停止呼吸，此时动物就会昏倒。（换气过度的人可能有过这种体验。但幸运的是，呼吸停止后，肺部的二氧化碳浓度就会上升，达到一定浓度时，就会再次开始呼吸。）动物为了避免损失过多的二氧化碳，通常会将换气方式从呼吸调整为特殊的浅呼吸。这样一来，既不会损失过量的二氧化碳，又能保证潮湿的口腔内膜和鼻黏膜上方有大量的空气流通，加快水分的蒸发。

许多鸟类也会呼吸，有时会利用脖子内部的湿润表面和呼吸系统来实现蒸发降温。其他的鸟类（如鹈鹕、苍鹭和鸬鹚）喙下长有喉囊，喉囊不仅可以用于贮存捕到的鱼求偶，还可以进行咽颤[16]降温，咽颤降温和呼吸降温类似，但是咽颤产生的热量要少得多。此外，咽颤还能保存水分，也不会扰乱肺部的二氧化碳水平。

有一些鸟类（如夜鹰、鸵鸟和走鹃）无论体温多高，都以固定的频率呼吸。其他的鸟类则不同，体温升高时，它们会增加呼吸或咽颤的频率。茶色的蛙嘴夜鹰是一种生活在澳大利亚的鸟类，体态粗壮，常被误认为是猫头鹰。蛙嘴夜鹰的体温为 42.5℃时，其呼吸频率可达每分钟 100 次。[17] 母鸡在体温很高时，每分钟可以呼吸 400 次。

最耐热的鸟类当数灰鸽（体形较大）和白鸽（体形较小）。这两种鸽子遍布地球各处，可见它们适应温度的能力非常惊人。要说耐热能力的话，生活在沙漠中的白鸽和灰鸽最耐热，其他鸟类“望尘莫及”。一位鸟类学家悲伤地告诉我，如果气候变化使全球极端炎热，只有这两种鸽子能存活下来。

生活在沙漠中的白鸽耐热能力非常强，它们孵蛋时，甚至还要给蛋降温，而不是像大多数家禽一样让蛋的温度升高。沙漠中的白鸽喜欢在露天环境下筑巢，因此其巢穴会受到阳光直射。沙漠中的温度有时会达到 48.8℃左右，而煮熟鸡蛋只需要 40℃，沙漠中的白鸽必须不断地给身体和蛋降温[18]，才能孵化出小鸽子，而不是把蛋弄熟。

我最喜欢的一项关于鸽子给蛋降温能力的研究[19]发表于 1983 年。为了研究哀鸽的筑巢习性，亚利桑那州立大学的生物学家格伦·沃斯伯格和凯瑟琳·沃斯－罗伯茨在炎炎的盛夏时节去了索诺拉沙漠，那里的温度达到 48.8℃左右[20]。格伦和凯瑟琳只能在正午偷偷地接近鸽巢，测量哀鸽和蛋的温度，随后就可以对比哀鸽的体温和周围的气温了。

> 天一亮，工作人员就迅速在鸽巢下面放了一架梯子。午后测量哀鸽的体温之前，我们有位工作人员在梯子的底部，安静地坐了至少30分钟，这一位置是正在孵蛋的哀鸽的视觉盲区，刚才受到惊扰的哀鸽，应该也已经平静了下来。30分钟后，这位工作人员小心翼翼地爬上了梯子，孵蛋的哀鸽触手可及。但是在炎热的午后，哀鸽通常不愿意离开它的巢……因此，体温测量的工作就变得粗暴而困难；工作人员尝试了22次，只有9次在1分钟内测得了哀鸽的体温值。[21]

换句话说，科学家必须在酷暑中潜伏半小时，然后爬上梯子抓住哀鸽，将温度计插入其泄殖腔（用于排便和交配的小孔），这样才能测得哀鸽的体温。（要是我们都能像野外生物学家这样敬业就好了！）

此研究的科学家发现，哀鸽能让其身体和蛋的温度比周围的气温低5℃[22]。后来，新墨西哥大学的生态学家布莱尔·沃尔夫发现，哀鸽竟然能让其身体和蛋的温度比周围气温低14℃。这简直是一个令人难以置信的“壮举”，而且鸽子在一天中气温最高的8小时内几乎没离开它的巢。（整天待在巢里给蛋降温的是雄性鸽子。）

实际上，生活在沙漠中的哀鸽能采用各种方式来降温。这种鸽子不仅能靠呼吸降温，还具有大部分鸟类所没有的散热方式：通过皮肤排出水分。这种鸽子并没有汗腺。但是，其表皮细胞之间的缝隙大，体内的水分可以从皮肤表面渗出后再蒸发，从而起到降温的效果。

很多没有汗腺的动物，都会采用这种方式从皮肤中渗出液体达到降低体温的目的。就拿沙漠中的一种蝉（Diceroprocta apache）为例。这种蝉以多汁的植物茎部为食，摄取植物内部的汁液，然后将汁液通过腹部和胸腔的毛孔排出体外[23]，通过蒸发水分来降温。有了这种降温机制，这种蝉在中午时分依然能外出活动，但其捕食者就只能躲在阴凉处避暑了。其他很多动物，包括袋鼠和多种青蛙[24]，虽然没有复杂的汗腺，但是也能借助皮肤渗出间质液来降温。有了渗出这一机制，这些动物就能避免中暑了。

* * *

人体中数以百万计的小汗腺会产生带咸味的凉爽汗液。实际上，所有的哺乳动物都有小汗腺，但其他哺乳动物的小汗腺分泌的汗液不用于降温，而用于提供抓力。大部分哺乳动物只有脚底或手掌上有小汗腺。动物感到紧张时，小汗腺会分泌带咸味的液体，为着陆跳跃和攀爬提供摩擦力。只有在身体感受到压力（如从捕食者手中逃跑或者捕猎）时，小汗腺才会分泌液体。人在压力大时，手心会出汗，这是祖先留下的“遗产”。总体而言，人类（在大部分情况下）已不再需要通过爬树躲避危险，但是一紧张就会流汗的天性还是很难改变的。

在灵长类动物进化的过程中，小汗腺的位置不再局限于脚底和手掌，躯干、脸部和四肢也出现了小汗腺。但只有部分灵长类动物全身都有汗腺，如狒狒、猕猴、大猩猩和黑猩猩；而狐猴、狨猴和绢毛猴则没有。大约在 3 500 万年前，人类祖先进化出遍布全身的汗腺，但这个时间是很难推算的。马萨诸塞大学阿默斯特分校的杰森·卡米拉解释道：“汗孔无法成为化石。”因此，你没法拿着化石说：“快看！我们找到了汗腺。”研究人员需要观察现有的灵长类动物哪些全身都有小汗腺（旧大陆猴，又称狭鼻猴），而哪些没有（新大陆猴，又称阔鼻猴），由此反推汗腺遍布全身的时间。

实际上，除了人类以外，其他灵长类动物也不擅长通过流汗来降温。虽然部分灵长类动物会适当地流汗降温，但大部分灵长类动物毛发较多，它们主要采用其他方式进行降温。黑猩猩的基因组与人类基因组的相似度高达 99%，是与人类最“亲近”的灵长类动物之一。但是，黑猩猩毛发过多，蒸发汗水降温的效果不佳，因此主要通过呼吸来降温。

人类区别于其他猿类的显著特征是：爱出汗，而且身体毛发较少，相对赤裸。宾夕法尼亚大学研究汗腺进化的遗传学家亚那·坎贝罗夫表示，“相对赤裸”不代表没有体毛：人类的大部分体毛进化成了细小的毛发，遍布于身体的大部分皮肤。坎贝罗夫还表示：“看似没有毛发，不是真的没有毛发。实际上，人类毛囊的密度和猿类相同。”但是，细小的毛发让人类能更好地利用全身的汗腺。

比起其他灵长类动物，人类皮肤表面的毛发较少，小汗腺较多。坎贝罗夫说：“人类的体积只比黑猩猩大一点点，但小汗腺的密度是黑猩猩的 10 倍。”[25] 大约 600 万年前，人类与黑猩猩走上了不同的进化道路，很显然，那时起人类开始逐渐失去厚重的毛发，汗腺的数量开始增多。先失去毛发还是先增加汗腺这个问题，就相当于先有鸡还是先有蛋。和汗腺一样，毛发也无法形成化石。因此，坎贝罗夫从基因组入手，寻找这个问题的答案[26]。

妊娠的头 3 个月，胎儿还在母亲的子宫里，他们的手掌和脚底会率先出现汗腺。到 20 周时，汗腺遍布胎儿全身。但皮肤的干细胞的可塑性很强：可能分化成牙齿、乳腺、毛囊或汗腺等不同的组织或器官。坎布罗夫和同事想要证明，生物信号在刺激干细胞分化成小汗腺的同时也会抑制毛发的形成。

不得不再次感叹，人类进化的过程高效又巧妙——在毛发较少的地方，小汗腺就能更好地调节体温。在自然选择的过程中，人类的毛发变得越来越细，出汗量也越来越大。坎布罗夫的研究表明，讨论人类在进化的过程中是先掉毛还是先增加汗腺这一问题是没有意义的，因为两者很有可能是同时进行的，共同加剧了出汗量。

坎布罗夫的初步研究还表明：尼安德特人和丹尼索瓦人的出汗量比黑猩猩多。我有时会想象人类的祖先在一起嬉戏时，总是满身大汗的场景。

* * *

除了人类和其余灵长类动物以外，其他动物也会流汗。马也能出汗[27]降温，但并非通过小汗腺来降温。相反，马通过蒸发大汗腺的汗液来降温，而大汗腺通常与化学信息、臭味以及性选择相关。与人类一样，在压力荷尔蒙（肾上腺素）的作用下，马在压力大时也会流汗。在赛马场上，有经验的赌徒往往会在起点处寻找汗流浃背的马。在他们看来，比赛还没开始就满身大汗不是个好兆头[28]：因为这匹马可能太紧张或者太易怒了，很难在比赛中胜出。（实际上，研究人员分析了 67 场比赛中 867 匹马的行为和外观，他们发现“单看赛前的出汗情况，无法准确预测马在比赛中的表现，但如果结合其他因素，就可以判断哪匹马会输”[29]。）我们先把研究人员的分析结果放在一边。抛开赛前马的体温可能还不够高所以马不流汗这一因素外，但是马能根据以往的经验，判断比赛即将开始了，因此在荷尔蒙的作用下，有的马可能在赛前就开始流汗了。

奶牛、骆驼和部分羚羊也通过蒸发大汗腺分泌的汗液来降温。邓肯·米切尔早期负责体温调节方面的研究，他表示，尽管出汗不是人类特有的降温方式，但是“人类的出汗量越大，降温效果越好”。米切尔认为，人类出汗降温的效果比其他哺乳动物要好得多，部分原因是人类的出汗量非常大。

以奶牛为例[30]。10平方英尺①的奶牛皮肤每分钟的出汗量最多达0.5茶匙；而在皮肤面积相同的情况下，出汗量较大的人类[31]皮肤每分钟的出汗量超过6茶匙，约为奶牛的12倍。出汗量越大，身体就能蒸发更多的汗液，降温效果就越好。

米切尔说：“除了人类，所有体形较大的动物都会尽可能地保存体内的水分。不到万不得已，动物都不会通过蒸发水分来降温。因为在炎热的环境中，水非常珍贵。”这的确是个有趣的问题。为什么人类降温需要浪费这么多的水分？这个问题至今没有明确的答案。

* * *

骆驼和河马的出汗方式非常特别。河马体形巨大，以草为食。人们常常认为，河马的汗液是粉红色的，这种汗液还有防晒的作用[32]。但遗憾的是，这种说法不完全正确：河马的

① 1平方英尺≈9平方千米。——编者注

确能分泌一种浅红色的物质，而且这种物质也的确有防晒、保湿和杀菌的作用。但是这种分泌物不是汗液，不能帮河马在炎热的环境中保持凉爽。为了降温，河马会待在水里，并不需要通过出汗来降温。

再来看看骆驼。骆驼是最奇特、适应能力最强的物种之一。骆驼的大汗腺（没错，就是让人的腋窝发臭的大汗腺）会分泌汗液。但骆驼的身体构造很特别，除了出汗，还有很多其他的降温机制，这让它们能在炎热的环境中生存下来。例如，驼峰中的脂肪能帮内部器官降温[33]。即便如此，由于白天的沙漠十分炎热，骆驼的核心温度可能会上升6℃[34]——夜晚，沙漠的温度骤降，骆驼体内的热量又会释放出来。幸亏人类不是这样的，我可不想看到任何人的体温达到约42.7℃。

骆驼的脑部必须保持凉爽。白天，骆驼的核心温度会升高，其鼻部负责给脑部降温。水分从鼻黏膜上蒸发，能让黏膜周围的血液温度降低，这些血液流到脑部，就能降低脑部的温度。[35] 几十年前，有科学家写过一篇报道：骆驼脸部有一种专门的静脉，充当骆驼的“温敏括约肌”。也就是说，正常情况下该静脉管腔处于收缩状态，而在体温升高时，静脉管腔会处于舒张状态。因此，骆驼发生热应激反应时，该静脉能将鼻腔中低温的血液输送到脑部，帮助脑部降温。[36]

尽管骆驼的降温方式令人赞叹，但我并不羡慕，我也不羡慕其他动物的降温方式。虽然大量出汗有时是件烦人的事情，但是想到我们不用像别的动物一样靠其他方式来降温，我又感到很欣慰。如果人类不会出汗，那么夏天乘坐地铁就会很难受。好几百人挤在一个又热又狭小的空间里，几乎接触不到水。随身带水的乘客是很幸运的，他们可以往自己身上喷水降温，这样就不会因中暑而亡。剩下的乘客就比较可怜了，他们只能靠呕吐、小便、大便和舔舐自己来达到热平衡的状态。但是，在出汗后，我们只是坐在椅子上，浑身湿黏，不太舒服罢了。这样一比，你就会发现，能通过出汗来降温简直太幸福了。

3

闻香识你[1]

感官光谱公司（Sensory Spectrum）位于新泽西州郊区，公司主要为食品和化妆品行业提供服务，包括气味分析、口味分析和其他感官上的分析。公司员工安妮丝·雷蒂沃是一位娇小的法国女人，我在公司里见到她时，她披着一条精心搭配的围巾，优雅又干练。不难想象雷蒂沃工作时的样子：轻轻地吸入一种香气，然后快速地发表一条新颖的评论。但今天，雷蒂沃并不测评香水，而是要嗅闻我的腋窝。

在公司大厅里，雷蒂沃的同事们正在测评一家饮料公司的60款速溶咖啡，这家饮料公司希望推出全新的烘焙咖啡系列。与此同时，雷蒂沃的老板正在为另一位客户编写威士忌酒的气味词典，词典中的条目有：皮革味、香草味、苔藓味和烟熏味等。有了气味词典，测评人员就能更好地区分并测评这些威士忌酒。相比之下，雷蒂沃今天的任务太糟糕了，她得是嗅一个来访记者的腋窝，来展示如何测评除臭剂。我跟她聊到这一点时，她耸了耸肩。

雷蒂沃说:“我们受过专业的训练，鼻子是我们测评的工具。无论我们测评的东西好闻还是难闻，我们都不会介意。”对职业气味测评师来说，抱怨气味难闻其实是不礼貌的，甚至是违反职业道德的。气味测评师常常会批评那种简单刻板的复杂气味，如口香糖中的人造肉桂味，又或者是影院爆米花里用的廉价的人造黄油味。真正的肉桂和黄油气味中，含有数百种分子，而人造的通常只有一两种。让测评师闻这种简单刻板的气味，就像是让闻过真实玫瑰香气的人去闻折扣店的玫瑰水一样，令人恼怒。

除了腋窝，雷蒂沃还嗅过其他难闻的东西。他们要评估新款尿布材料能否掩盖大便的臭味，评估新推出的垃圾袋能否掩盖食物腐烂的恶臭等。无论怎样，整天嗅闻东西（即便是香气宜人的东西）其实是很累的。雷蒂沃说，那些测评60种速溶咖啡的同事在休息时，不太可能还愿意再喝一杯咖啡。

事实证明，嗅闻腋窝是一个相对简单的任务。大多数除臭剂公司希望感官分析师评估其新配方能否抑制体味，或者其除臭剂能否击败其他公司的产品。感官分析师要做的很简单：给实验对象的狐臭味打分（满分是10分），而不必描述和分析腋窝散发的臭味。雷蒂沃告诉我说:“我们不必分析体味，只要关注其整体浓度就可以了。”

雷蒂沃从不使用“腋窝”(armpit)这个词，而是坚持使用医学术语“腋下”(axillae)。对我来说，“腋下”这个词太难听了，听起来像一把武器(例如，“他腋下的恶臭把敌人劈成了两半”)。但“腋下”这个词的起源其实是非常平和的。根据《牛津英语词典》(*Oxford English Dictionary*)的描述，“腋下”是拉丁文中“翅膀”的爱称。所以雷蒂沃每次说“腋下”的时候，我都会想象体味乘着翅膀从腋窝底下散发出来。

对大多数人来说，大部分的体味源于腋窝的大汗腺(小汗腺只会在我们运动或者身体过热时释放大量汗液)。当我们进入青春期时，大汗腺就会产生油腻的蜡状分泌物。尽管这种分泌物无臭且量极少，却是腋窝中无数细菌(尤其是棒状杆菌[2])的“佳肴”。细菌吞噬并代谢这种油腻的分泌物时，会产生一些化学废物，而正是这些废物(实际上也就是细菌的粪便)让人体散发臭味。

大部分除臭剂都含有抗菌剂[3]，这是一种能杀灭细菌的化学物质，能在细菌“食用”大汗腺分泌物之前将其消灭。人们通常还会在除臭剂中添加香精[4]，这样一来，即便抗菌物质失去作用，导致细菌再次大量繁殖产生臭味，除臭剂中的香气也能分散他人的注意力。除臭剂中还含有破坏气味分子的化学物质。除臭剂公司会聘请像雷蒂沃一样的感官分析师来评估自己的产品，然后公司就可以宣传，自己的产品能在一定的时间内阻隔异味。

巧的是，腋窝还很适合做科学的对照实验。人有两个腋窝，一个腋窝涂上待测的除臭剂，另一个用来做对照。相反，漱口水测评的难度就大多了，因为一旦实验对象用了漱口水，感官分析师就很难想起实验对象之前的口臭程度了，无法对比漱口水使用前后的效果。在除臭剂测评中，感官分析师会先嗅闻实验对象的一个腋窝，然后停下来呼吸点儿新鲜空气，再嗅闻另一边的腋窝，这样就能形成实验对照[5]。

人类很喜欢通过制造工具来完成非常简单的任务，因此就有了抓背器和电动餐叉。气味测评师也不例外。雷蒂沃拿出了一个嗅探杯，让我看了看。这是一个白色的圆台形纸杯，类似饮水机旁边配的那种杯子，但是纸杯的底部是打通的，而且形状要小得多，看起来就像是迷你宠物狗戴的伊丽莎白圈。雷蒂沃将嗅探杯的底部靠近鼻子，就好像在鼻孔前放了一个迷你扩音器一样。但这个“扩音器”不是用来放大声音的，而是用来收集气味的，在吸气时，这种形状能更好地将腋窝的气味分子引向鼻孔。

我把一只手放在脑后，露出我的腋窝。雷蒂沃说：“鼻子和腋下之间应保持 10—15 厘米的距离。”接着，她弯下腰，身体向我倾斜，然后把嗅闻杯放置在合适的距离。她突然猛吸了 3 下，刻意又滑稽，我差点儿笑了出来。我只好屏住呼吸，看向米白色的墙壁，忍住笑意。一想到有人嗅闻我的腋窝，我觉得既兴奋又尴尬。于是我不再考虑自己是不是愿意让别人（尤其是专业的鼻子）来嗅闻腋窝。在雷蒂沃解释嗅闻方案时，我感觉自己开始出汗了。

雷蒂沃表示，每个嗅闻周期开始时，要先进行3—5次浅的“兔子嗅”，没错，“兔子嗅”是他们的专业术语。“兔子嗅”让感官分析师对气味强度有初步的认知，还有助于辨别闻到的气味。有些分析师还会在“兔子嗅”环节结束后深吸一口气，好让自己更全面地了解这种气味。雷蒂沃说：“但我只喜欢‘兔子嗅’。如果在气味很强烈时还深吸气的话，你很快就会被这种气味刺激到。‘兔子嗅’能减轻疲劳感。”她还补充道，分析师可以根据自己鼻子的敏感程度适当地调整嗅闻的顺序，只要在嗅闻每个腋窝时都保持同样的顺序即可。

雷蒂沃解释得很清楚，在临床中，嗅闻腋窝不是随意进行的：她是根据科学的嗅闻方案来进行的，《腋下除臭剂感官评估标准指南》（*Standard Guide for Sensory Evaluation of Axillary Deodorancy*）[6]详尽地描述了这一嗅闻方案，专业的感官分析师可以根据方案来进行嗅闻。大多数分析师都会采用嗅探杯来评估体味，对先嗅闻哪个腋窝也有严格的规定。

实验对象大多为全职父母、自由职业者、大学生以及退休人员。他们时间灵活，还想赚些钱，参与腋窝实验能给他们带来一定的收入。实验对象必须经过严格的预选程序，腋窝状态良好的才能参与最终的实验。如果其左右腋窝的气味浓度相差超过 20%，腋窝的气味太浓或者太淡，都无法参与最终的实验。测试人员会按照 10 分制给腋臭程度打分。要想进入最终的腋窝实验，测试对象的腋臭程度应该在 3—7 分。这种预选程序让我想起了陪审团遴选制度：不偏不倚才是最好的，不能走极端。

我对雷蒂沃说："评估的整个过程太不可思议了。"她终于露出了笑容，说道："实验对象还会定期回到这里参与腋窝实验，这也算是一种社交活动吧，虽然场面有点儿尴尬。"

实际上，腋窝实验还对实验对象的生活习惯提出了严格的要求。在测试开始之前的一周内，实验对象不能使用除臭剂、止汗剂、抗生素软膏以及其他腋下护理品。同时，他们也不能游泳、打网球、慢跑和剃腋毛，不能涂抹乳液和发胶等有香味的物质。实验对象甚至只能穿"预先清洗过的衣服"。[7]

实验对象还不能清洗自己的腋窝。嗅闻方案中提道："清洗腋下只能在实验现场根据相关程序进行，清洗过程应有专人监督。实验对象在泡澡或淋浴时，应避免弄湿腋下。"[8]腋窝试验除了对实验对象有要求外，对实验的技术人员也有要求。雷蒂沃表示，经过培训的技术人员要准确地把握除臭剂的用量。举个例子，技术人员在测评气雾型除臭剂时，会在实验对象的腋下和除臭剂之间放一把尺子，保证喷射距离为12英寸[①]，确保每个腋窝都能喷上等量的除臭剂。有时，还会在喷前、喷后分别对除臭剂进行称重，好确定除臭剂的具体用量。

这么说我应该算不上一个好的实验对象了。

因为那天早上，我不仅用了除臭剂，还冲了澡，洗了腋窝，用了保湿霜，刚刚还含了一片薄荷糖。到达感官光谱公司后，我还问接待员能不能借用卫生间，然后我在卫生间又补涂了一层除臭剂。

即便我已经尽力掩盖自己的体味了，雷蒂沃嗅闻我的腋窝时，我还是感到无助和羞怯，就好像不小心让人知道了自己尴尬的隐私。提到这一点时，我在想雷蒂沃会不会觉得我们北美人太在乎体味，而我的确如此。她优雅又亲切地说："法国人认为体味没什么大不了的，但是美国人会彻底消除体味。在法国，大家会寻找和体味相匹配的东西，这种东西既不会增强气味，又能掩盖臭味、补充香味。"

和雷蒂沃聊天的时候，我一直在偷偷地嗅闻自己的体味。为了判断我的除臭剂是否还有效，我会把头稍稍偏向一边，假装自己在活动颈部，然后在时机合适的时候闻一闻。当闻到强烈的柑橘花香时，我松了一口气，这说明我的除臭剂还没失效。雷蒂沃也跟我说，我身上的柑橘花香非常浓郁。

---

① 1英寸 = 2.54厘米。——编者注

雷蒂沃还补充道:“你用的除臭剂效果不错，也可能是你的腋下本身就不太臭。”

在我收拾东西准备离开感官光谱公司时，突然想到自己浓郁的香气可能会让雷蒂沃的鼻子感到不适。我涂了很多除臭剂，就像青年男子会在赴约之前猛喷古龙香水一样。这种浓郁的香气让我感到很安心。但是为什么会这样呢？我并不指望别人闻到我的柑橘味除臭剂后，会把我当成柑橘类的水果，更不用说柑橘花了。人类为何如此讨厌自己的体味呢？毕竟，在进化的大部分情况下，人类必须经过亲密接触才能繁衍后代，那我们应该早就接受体味了吧？一些研究人员推测，人类散发难闻的体味是为了驱赶食肉动物。那么，我们不应该把散发体味视为在增强安全感吗？然而，即便面对最亲近的朋友，面对让我们最有安全感的人，我们却把自己的体味藏得比内心深处的秘密还严。

和许多复杂的气味一样，体味也难以描述，对专家来说也是如此。20 世纪八九十年代，感官分析师开始制作香精香料轮盘（wheel），上面罗列了复杂产品（如香水、红酒和咖啡）中各种常见的气味成分。香精香料轮盘就像一本备忘录，列出了产品中所有常见的气味成分。实际上，天气情况、作物生长的土壤特征和气候条件，甚至最终产品的加工方式（如用橡木桶酿葡萄酒、烘烤咖啡豆）等种种因素都会影响产品的气味。轮盘上还有一组用于描述这些复杂气味的词语，帮助渴望从事气味分析师职业的人，在复杂的气味中找到熟悉的气味。

近几年，感官分析师制作的气味轮盘越来越多，无论是槭糖浆还是堆肥，都有自己的气味轮盘。因此，对腋窝气味进行成分拆解，制作成体味轮盘也就不足为奇了。体味轮盘由西柚、羊膻、尿骚、薄荷、芦笋、醋、芝士、变质黄油、莳萝和洋葱等多种味道组成。

气味轮盘上的[9]词汇是研究体味的语言，便于研究人员讨论独特的体味及其所包含的气味成分。由此，感官分析开始转向化学分析。感官分析师从气味组成的角度来描述体味，而化学家则从分子构成的角度进行描述。部分科学家不仅研究体味的气味组成，也研究其分子构成。

2020年初，科学家乔治·普雷蒂先生不幸去世。他虽年过七旬，却精神矍铄，在费城生活了50年也未能改变其布鲁克林口音。我第一次见到普雷蒂时，他称自己为“研究体臭的美国专家”，这是个玩笑也是个事实。普雷蒂于1971年加入费城莫奈尔化学感官中心，研究阴道气味的化学成分。普雷蒂说:“刚结婚时，我和妻子会开车到镇上的各个女性公寓取卫生棉条，收集上面的阴道分泌物。我妻子很喜欢和别人提起这件事情。”普雷蒂让妻子和他一起收集阴道分泌物，这样一来，参与实验的女性会更乐意捐出自己的阴道分泌物，而不会误以为她们要参与怪异科学家的恋物癖实验。很快，普雷蒂又开始研究人类其他的臭味，包括口臭和尿骚味，后来，他开始研究腋臭。在实验室里，普雷蒂向我介绍了他“传奇的”冰箱。冰箱里塞得满满当当，全是装有体液样本的玻璃瓶、塑料袋和试管。冰箱飘出的刺鼻气味足以证明他50多年的体臭研究历程。

普雷蒂提出到楼上的会议室聊会儿天时，我才暗自松了一口气，终于不用再忍受冰箱难闻的气味了。坐下来后，我问他：“为什么研究人员认为每个人都有专属的体味？”毕竟，即便是在全球的体味研究项目中，也不可能把每个人的体味都记录下来。

普雷蒂表示，每个人的腋窝的气味都是独一无二的，感谢犬类为我们证明了这一点。狗只要闻一闻某人穿戴过的物品，就能识别出这个人（当然，同吃同住的同卵双胞胎例外）。执法机关很早就用这种方法来找寻失踪人口了。当然，这种找寻可能是善意的，也可能是恶意的。用狗来寻找森林里迷路的人无疑是善意之举，但事实并非如此。举个例子，在“冷战”期间，东德①的斯塔西情报机构（Stasi）曾经收集异议者和国家政敌的汗液样本[10]，如果他们躲起来或者逃往西德②，情报机构就可以派军犬对他们进行追捕，将其找到。同样，在柏林墙另一侧的西德，人们也会用狗来搜捕可疑的罪犯：1989

① 指德意志民主共和国。——编者注

② 指德意志联邦共和国。——编者注

年，一名西德男子被判谋杀罪[11]，理由是两只德国牧羊犬在受害者的手提包上嗅出了他的体味。2007年，八国首脑峰会在波罗的海沿岸的海利根达姆举行，当时有些左翼激进分子涉嫌扰乱峰会秩序[12]，德国警方先发制人，收集了他们的体味，以便后续开展追捕行动。

由于种种原因，先收集体味再让狗嗅闻的寻人方法，受到了人们猛烈的抨击，原因各种各样，其中主要是因为没人能证明这种方法的准确性。但很多执法官员和科学家坚持认为，狗很擅长辨别体味。可能人类体味的化学成分之间存在着细微的差别，而狗用其灵敏的鼻子能发现这些差别。

人独特的体味有两大主要来源。每个人的大汗腺分泌物，都是由独一无二的混合化学分子构成的①。这些油腻的蜡状分泌物，由长度不一的碳链组成，碳链中间还穿插了氢原子和氧原子。由于每个人的碳链长度存在细微的差别，长链和短链的分子相对丰度也存在区别，最终就形成了特有的大汗腺分泌物。

研究人员发现，人体腋窝微生物群中棒状杆菌的数量越多，腋窝就越容易散发难闻的硫的气味[13]。除了棒状杆菌外，温暖潮湿的腋窝中还有其他菌属：每平方厘米的人类皮肤上有数百万个微生物，包含了不同的菌属，如葡萄球菌、芽孢杆

① 从某种程度上来说，还有皮脂腺。——作者注

菌等细菌，甚至还有假丝酵母菌等真菌。有些微生物虽然数量不多，却能让腋窝散发出极其难闻的气味。这些细菌（如厌氧球菌属[14]和微球菌属[15]）即便在数量上不占优势，却能让腋窝产生恶臭，其地位堪比管弦乐团中的钹（一种打击乐器，轻轻碰撞就能发出响亮的声音）。

这些微生物源于你的住所、饮食和周围的人，甚至和你出生时是顺腹产还是剖宫产也有关系（如果是顺产，你身上可能带有母亲阴道中的微生物群；剖宫产则不会）。这些腋窝中特有的微生物群，以你特有的大汗腺分泌物为食，它们产生的化学废物最终形成了你的专属气味。

尽管人的体味各有不同，但总体上会存在一些共性气味。当乘坐电梯时，体味的共性让你能确定，刚刚离开电梯的是人，而不是气味难闻的一只狗或者一匹马。品酒界存在“前调”（某种复杂气味中最主要的气味）这种说法，其实人的体味也存在“前调”。人类的汗水中几乎都有这种“前调”，这是一种人类都有的臭味。1992 年，普雷蒂和他的同事发现，体味中的“前调”[16] 其实就是反式 -3- 甲基 -2- 己烯酸分子；大多数人将这种气味描述为腐臭的羊膻味，还带有一点儿奶酪发臭的气味。很快，化学家就发现，人的腋窝中存在一个化学物质家族，其气味类似羊膻味，反式 -3- 甲基 -2- 己烯酸只是其中一种物质，这个家族中的每种物质成分类似，只是差了几个氢原子或者氧原子而已。好笑的是，人类独特的体味闻起来却是山羊的味道。

研究人员还在人的体味中发现了另一种“前调”：3- 甲基 -3- 硫酰己醇，这种物质散发着热带水果和洋葱的混合气味。瑞士的芬美意公司（Firmenich）是全球最大的私营香精香料公司。该公司曾进行过一项研究[17]，科学家花了 3 年来对比男性和女性体味中的化学成分①。（其研究报告提到，“在实验对象蒸桑拿时，研究人员用小塑料杯来收集实验对象腋下产生的汗液”。）芬美意公司的研究人员发现，女性汗液中的 3- 甲基 -3- 硫酰己醇含量更高，热带水果和洋葱的混合气味更明显；而男性汗液中的反式 -3- 甲基 -2- 己烯酸含量更高，腐臭的羊膻味更突出。并不是说男性汗液中就不含热带水果和洋葱味的化学物质，也不是说女性就不会散发腐臭羊膻味。只是反过来的情况更突出。

除了这两种“前调”外，大多数人的体味中还会有上百个气味“小配角”。有些“配角”不仅在腋窝中很常见，在植物界也很常见。例如，人的体味中可能包含 α- 紫罗兰酮和 β- 紫罗兰酮，这两种分子是玫瑰和紫罗兰香味的重要成分。（那位女士确实散发着玫瑰的香气！）人的体味中可能还含有丁香酚，这种成分常见于肉桂、丁香、肉豆蔻、罗勒和月桂叶中。

① 这里没有讨论变性人和非二元性别者，尽管研究中没有详细说明，但是研究的对象一般是顺性别者。遗憾的是，在大部分嗅觉和体味的研究中，都忽略了针对变性人和非二元性别者的研究。——作者注

人的体味中可能还含有α-萜品醇乙酸酯，味道类似木头和草药。人体多样复杂的气味启示我们：自然界有一个类似颜料调色盘的气味化学调色盘，通过将不同的化学成分组合在一起，能调制出各种复杂的气味，不仅会有怡人的香气，也会有难闻的臭味。

人的体味中还有其他“配角”，例如，野猪信息素雄甾烯酮和雄甾烯醇。如果你闻到了雄甾烯酮，可能会想到尿骚味；而闻到雄甾烯醇，则可能会想到麝香味。前提是你真的闻到了这些化学物质。人和山羊的体味中含有几种相同的难闻的化学物质（其中包括4-乙基辛酸，一种山羊信息素），这一点就不足为奇了。但是，这些“小配角”在体味中的比例不高，因此人类有人的气味，而没有山羊、野猪或者玫瑰的气味。

为了收集特定个体的体味，普雷蒂通常会对汗液捐赠者提出一些要求。在初步准备阶段，汗液捐赠者每天只能用无香的肥皂洗一次澡，并且10天之内不得使用除臭剂。到了下一个阶段，汗液捐赠者依旧不能使用除臭剂，并且要佩戴腋下吸汗垫，每天佩戴8—10个小时，便于收集大汗腺分泌物和腋下细菌代谢产生的废物。

普雷蒂从吸汗垫中提取气味，将其放入分析仪器，分离汗液样本中所有的化学成分。分离结束后，他会将每种化学成分单独导出到一根试管中，方便进行嗅闻。因此，普雷蒂会坐在仪器前，分别嗅闻每种化学成分。这种方法称为气象色谱嗅觉测量法（简称 GC 嗅觉测量法）。有了这一方法，科学家就能很好地将混合气味中某种成分的化学组成 X 和气味特征 Y 联系在一起。因此，经过多年的研究，普雷蒂最终确定人类体味的“前调”是反式 -3- 甲基 -2- 己烯酸。

GC 嗅觉测量法广泛应用于各行各业，用于寻找气味中最主要的化学成分，也就是“前调”。这样一来，食品行业就能用廉价的合成香料代替昂贵的原料和天然香料。举个例子，加工食品中的肉桂味大多源于肉桂醛（一种人工合成的化学物质），而非提取自肉桂棒，肉桂棒中包含上百种气味分子。同样，黑松露油不过是往橄榄油中添加了人工合成的二甲基硫醚和 2- 甲基丁醛而已。尽管合成香料与天然香料的香气类似，但合成香料的香气比较单调，远不及天然香料那样丰富自然。GC 嗅觉测量法还用于研究“异味”的化学成分，如猫砂、纳豆等。当然，GC 嗅觉测量法也用于寻找腋臭的化学成分。

正因为有了这一方法，研究人员才能更好地锁定腋窝气味中的化学成分（仅限于人类能闻到的化学成分）。实际上，体味中有上千种气味分子，我们只能闻到其中的几百种，而剩下的气味分子我们是闻不到的。普雷蒂说，我们可能闻到周围有臭味，但不会意识到空气中飘浮着那么多的化学物质。比如，一氧化碳对我们来说很危险，原因在于它的有毒物质飘浮在空气中，但我们闻不到。丙烷也一样。因此，丙烷的生产商需要在丙烷中加入硫醇。微量的硫醇就能散发极强的臭味，这样就能有效地提醒我们煤气可能发生泄漏了。

人体鼻部的嗅觉感受器可以很灵敏，也可以很迟钝。有时，只要有一个分子飘到了鼻腔顶部，嗅觉感受器就会给大脑传递强烈的信号。普雷蒂解释道："只有分子的气味很强烈时才会这样。"而有时，即便某种物质在空气中的浓度已经很高了，嗅觉感受器也只给大脑传递了一个微弱的信号。每个人的嗅觉感受器都不一样。普雷蒂说："每个人都生活在自己的感官世界里。"在哺乳动物的基因组中，嗅觉感受器的编码基因大约有800个[18]，而人类仅仅利用了其中的400多个。而且，每个人利用的基因也不同。因此，即便你自以为很了解自己的气味，但你可能不了解其他人的感受。由于每个人对气味的感受不同，某种气味很可能是汝之"蜜糖"，却是彼之"砒霜"。

* * *

无论我们是否喜欢，体味都是一个诚实的信号。体味的产生和释放不受意识的控制。在现代社会中，我们总想着使用除臭剂和止汗剂来掩盖体味。但是在人类历史上，体味能反映情绪和健康状况。为了进一步了解其中的联系，我来到了瑞典首都斯德哥尔摩，拜访卡罗林斯卡医学院的神经学家马茨·奥尔森。

奥尔森的办公室位于一条名为"诺贝尔路"的林荫小道

旁，这个位置真是让人羡慕。20 年前，他开始研究人的体味与性吸引力的关系。很快，人体气味是否能传递一些无法察觉的信息引起了他的兴趣，这些信息暗含着一些令人难过的实情，比如，我们是不是患上了某种疾病。

通过嗅闻患者的体味来分析病情，早已成为医学的一部分。负责包扎的护士有时会通过嗅闻来判断患者的伤口是否发生感染。如果伤口感染了假单胞菌，会有甜腥臭味；如果感染了变形杆菌，则会有鱼腥味。患有链球菌性咽喉炎的病人，其口腔会有粪便的气味。乔伊·米尔恩既是一名护士，也是一位出名的“医学嗅闻师”。丈夫患上阿尔茨海默病时，她察觉到丈夫的体味发生了变化。参加阿尔茨海默病病人联谊会时，米尔恩发现其他病人身上也有同样的味道，因此她将这一发现告诉了研究人员。爱丁堡大学的科学家测试了米尔恩的鼻子，他们给了米尔恩 12 件短袖衬衫，其中有 6 件是阿尔茨海默病患者穿过的，而另外 6 件是未患病的志愿者的。米尔恩不仅准确地识别出了所有患者的短袖衬衫，还认为其中一件志愿者的短袖衬衫也是阿尔茨海默病患者穿过的。当时这名志愿者并不知道自己患了阿尔茨海默病，但是在试验结束的几个月后，他也被确诊为阿尔茨海默病。目前，科学家正在想办法确定米尔恩嗅到的气味分子[19]，希望能研发出一种新的诊断阿尔茨海默病的工具。

由于狗能区分健康人和卵巢癌[20]患者，部分研究人员坚信，一定有办法通过气味来诊断卵巢癌等疾病。但是，在日常生活中，普通人能识别出病人吗？如果可以的话，疾病发展到什么阶段才会改变人的气味呢？这就回到了奥尔森的研究领域。他发现，只要病人的免疫系统被病原体激活，即便病人此时尚未表现出相应的症状，其气味也会发生改变[21]。

在一次实验中，奥尔森和同事在获得8名实验对象的同意后，给他们注射了少量内毒素。内毒素是一种微小的细胞成分，位于大肠杆菌（能引发腹泻）等病原体的表面。当人体免疫系统检测到内毒素后，免疫系统就会被激活，进入“警戒状态”，并对内毒素进行反击。在注射后的4小时内，8名实验对象留在医院接受观察，与此同时，他们还穿上了紧身的短袖衬衫，衬衫的腋下部分缝有吸汗垫，便于研究人员收集体味。实验对象出院后，研究人员对其短袖衬衫和吸汗垫进行冷冻处理。（因为实验对象并非真的感染了细菌，而是细菌中的一种成分激活了他们的免疫系统，最终免疫系统恢复正常。）一个月后，奥尔森和同事让8名实验对象回到医院，给他们注射了生理盐水，还让他们穿着干净的白色短袖衬衫待上几个小时。

科学家招募了40个人来嗅闻短袖衬衫上的气味。嗅闻小组的成员发现，与健康人相比，免疫系统处于激活状态时，人的体味更加难闻。科学家还对短袖衬衫进行了化学分析，他们猜测，实验对象在注射了内毒素后出汗量更大，因而体味更强烈。但是，事实恰恰相反，科学家发现，相比对照组，大部分注射了内毒素的实验对象出汗量更小。（要知道，如果你生病了，通常在退烧后才会出汗，而在感染的最初几个小时里是不会出汗的。）简而言之，嗅闻小组认为注射了内毒素的实验对象体味难闻，并不是因为他们出汗量大；相反，嗅闻小组在这些实验对象的汗液中发现了一种化学物质，表明他们的免疫系统正在“高速运转”，这正是感染的症状。

“过去，传染病是人类最大的威胁。”奥尔森说，“近几年情况才有所改变。”这都得益于卫生条件的改善以及抗生素和疫苗的相继问世。奥尔森说，人类会调动多种感官来避免与传染病患者的接触，在嗅觉方面，人们通过嗅闻患者身上难闻的气味来减少与他们接触。奥尔森说：“患者居然能在感染后的几小时内就散发出难闻的气味，让健康人对其‘敬而远之’，这一点让我感到非常惊讶。”这时，如果某人散发出难闻的气味，就说明其免疫系统正在奋力抵抗病原体的入侵，这就好比美国国务院发布了警告：前方交火，请勿靠近。

* * *

研究人员还将人体气味作为线索，探寻情绪的状态，尤其是恐惧的气味。帕梅拉·道尔顿是普雷蒂的同事，她也在莫奈尔化学感官中心工作，她说：“大量证据表明，人在感到害怕或焦虑时，会散发一种特殊的气味，这种气味是可以识别的。”[22] 道尔顿多年来一直研究这种气味。她说，执法机关的审讯人员表示，即使嫌疑人原本的体味各不相同，但是，只要在审讯中过于紧张，他们就会散发同一种臭味。通过气味表达恐惧，能让我们更好地进化。在危急情况下，如果我们能通过气味向附近的同伴传递恐惧，无声地告诉他们危险（如食肉动物）即将来临，就能更好地保全他们①。

如果科研人员想要研究恐惧的气味，首先，要让实验对象分泌“压力汗水”。这就要求实验对象的发汗是由情绪紧张引起的[23]。显然，单单让他们做运动或者蒸桑拿，是无法分泌“压力汗水”的，因此，得想个别的办法。特里尔社会压力测试（Trier Social Stress Test）[24] 不失为一个好办法，该测试要求被试人员在短时间内准备一场演讲，并对着一群面试官进行展示。我现在明白这种方法为什么能成为业内公认的压力测试标准了：演讲开始前，被试人员的演讲稿会被收走；而在演讲过程中，即便被试人员已经无话可说了，也不能提前结束演讲。此外，被试人员还要在一群人面前进行一项心算测试，从数字 1022 开始，依次减去 13，一旦他们结结巴巴，就要从头开始。这样一来，被试人员的短袖衬衫肯定被“压力汗水”浸透了。

美国军方对“压力汗水”非常感兴趣，目前已对道尔顿

① 一些进化生物学家还假设，人类在恐惧时会散发强烈的臭味，这样就能阻止食肉动物的进攻。——作者注

的部分研究提供了资金支持。设想有一群士兵乘坐在同一辆坦克中，如果其中一名士兵感到害怕流出恐惧的汗水，汗水中散发出带有焦虑气息的化学物质，处于封闭坦克中的其他士兵可能就会有所察觉，也跟着感到害怕。这样一来，军事行动就会以失败告终。如果研究人员能识别让人散发恐惧气味的化学物质，就能想办法捕获和隔绝这些物质，就像“一战”时，士兵们佩戴的防毒面具能隔绝氯气、光气和芥子气，避免士兵吸入这些有毒气体，保障了士兵的安全。

有趣的是，嗅闻恐惧气味有时也会引发恐惧，我们可能都没有注意到这一点。乌得勒支大学的格鲁特和同事让一部分观众看恐怖视频，让另一部分观众看黄石国家公园的BBC纪录片，分别收集他们的汗液[25]，并进行了一系列实验。

科学家将一组女性实验对象与肌电仪（Electromyography，简称EMG）的电极相连，监测她们面部肌肉的电活动，以此了解她们的情绪（例如，肌肉紧张和皱眉代表了恐惧或焦虑）。然后，让女性嗅闻汗液的气味（恐惧的气味或中性的气味）并观看视频（恐怖的视频或中性的视频），与此同时，科学家会测量其面部的电活动。结果显示，在观看中性视频时嗅闻恐惧气味，这些女性也会皱起眉，表现出恐惧的神情；而在观看恐怖视频时嗅闻恐惧气味，她们的面部表情就更夸张了。有趣的是，将男性和女性实验对象同时连至EMG，让他们分别嗅闻恐惧气味和中性气味时，只有女性识别出了恐惧气味，并且表现出恐惧。格鲁特表示，这可能是因为女性比男性更善于辨别气味。还有人推测，这可能是因为女性的体力不如男性，增强气味信息的敏感度能更好地发现危险，但是，这种说法存在争议。[26]

一些执法人员提出可以在机场安装化学检测器来识别恐惧的气味，以帮助当局识别带有焦虑情绪的恐怖分子。实际上，由于很多旅客都害怕乘坐飞机因此会不同程度地焦虑或紧张，化学检测器很可能会不断报警，这样一来，就很可能抓错人。美国国防部在越南战争期间也安装了类似的设备，但是，结果收效甚微。英国记者汤姆·曼戈尔德在其回忆录《飞溅！》(*Splashed!*)[27]中写道，当时，美国陆军为了锁定敌人的位置，在直升机上安装了屁味检测器。这一检测器还可以用来检测敌人的尿液和粪便，但问题是，它根本分不清排泄物到底是越军的，还是美军的（嗯，确实）。曼戈尔德说，越军还在丛林里随意放置了一些水牛的尿液，干扰了检测器的工作。

对军方来说，掌握恐惧气味还有一个好处。如果恐惧气味能削弱士兵的决心和勇气，那也就可以用于向敌军灌输恐惧或者控制民众。当然，如果对敌军使用引起焦虑的化学制剂，可能会被视为使用了化学武器，违反了美国签署的《化学武器公约》(Chemical Weapons Convention，简称 CWC)。

道尔顿说，他听到人们把一些臭味描述成类似声音和闪光灯的心理武器，而不是化学武器。他推测，焦虑气味武器的研发者也许会尽可能地降低气味的浓度，避免刺激感官系统，这样一来，他们就可以将其作为心理武器而非化学武器。道尔顿说：“这是个法律的漏洞。”目前，这种讨论是没有意义的，因为化学家还无法分离和识别焦虑气味，因此，也没办法制备或者装瓶。道尔顿说：“但我们离成功不远了。”

* * *

法医也对体味感兴趣。长期以来，警方都会要求目击者或受害者指认犯罪嫌疑人。如果目击者或受害者没看犯罪嫌疑人，但是和犯罪嫌疑人离得很近，嗅到了犯罪嫌疑人身上的气味，那会怎么样呢？

作为受害者已经够惨了，这时警方还会要求他们去闻一些犯罪嫌疑人的体臭。不过，如果通过气味进行指认能将罪犯绳之以法，那受害者可能愿意闻这些臭味。但是，这样做能识别出犯罪分子的体味吗？如果我们翻看目击者的指认记录，就会大失所望：昭雪计划（The Innocence Project）是一个非营利性的刑事司法组织，该组织显示，目击证人或受害者的错误指认，“是目前造成冤假错案的最主要原因。在全国通过 DNA 检测推翻的冤假错案中，有 75% 的案子都与目击证人或受害者的错误指认有关”[28]。

虽然目击者或受害者的指认不靠谱，但有一项研究表明，我们的鼻子或许“靠得住”，尤其是在暴力犯罪活动中。葡萄牙和瑞典的研究人员进行了一项研究，他们将受试者分为两组。第一组受试者观看暴力犯罪的视频[29]，同时嗅闻玻璃瓶中的体味样本；第二组受试者观看中性的视频，同时也嗅闻体味样本。后来，研究人员又依次给了受试者 3 个、5 个和 8 个体味样本，让他们从中找出嗅闻过的体味。

报告最终显示，受试者在指认嫌犯的体味时，有更大概率识别出暴力视频中那名男子的体味。尽管该统计数据很有科学价值，但是，在法庭上，我们无法仅凭“有更大概率”而“确认无疑地”证明某人有罪。

然而，如果通过化学分析，发现犯罪嫌疑人体味中的化学成分恰好和犯罪现场物证的气味相匹配的话（和狗寻人的办法类似），法官和陪审团会被说服吗？

大到识别爆炸气味的探测器，小到水果成熟度检测仪（根据果肉散发的气味分子判断水果是否成熟），功能类似的设备无处不在。举个例子，奥地利的研究人员分析了一个阿尔卑斯小镇中近 200 名居民的体味[30]。研究人员在分析这些居民穿过的短袖衬衫上捕获到的气味时，发现可以根据体味中 373 种化学物质的含量来识别不同的个体。

想象一下，未来的犯罪嫌疑人不仅要清理犯罪现场的指纹、含 DNA 的头发、组织和体液，还得给犯罪现场通风，避免留下气味。但是，如果他们想要清除在犯罪现场留下的体味，可能要先对基因进行测序，或者至少对 ABCC11 基因进行测序，看看自己的体味大不大。

ABCC11 基因会对大汗腺的运输机制进行编码，这就决定了大汗腺是否会将油腻的蜡状分泌物运输到腋窝表面。ABCC11 基因包括 3 种类型：AA、GG 以及 GA，其中 G 为显性基因，A 为隐性基因。当 ABCC11 基因呈隐性表达时，运输机制就会“失灵”，身体无法将分泌物运输到腋窝表面，腋臭就被扼杀在摇篮里了。有趣的是，耳朵里也有同样的机制，ABCC11 基因还决定了耳垢是否呈黄色。只要用棉签擦拭一下你的内耳，就能大致判断你的基因类型了：如果你的耳垢是白色的，而不是黄色的，那你可能拥有隐性基因，而且有“失灵”的大汗腺运输机制。尽管隐性基因最常出现在东亚人群中，但其他地区的人也有隐性基因[31]。如果你足够幸运，能拥有 AA 型的基因，你的腋窝的气味会相对小一些。[32]

即便是拥有 AA 型基因的人，也是有体味的。实际上，每个人身上都有体味。即便大汗腺的运输机制“失灵”了，一些油性的分泌物也还是会渗出来，油性皮脂腺还会往分泌物里加入一些奇怪的物质。

最不可思议的是，北美人显然很害怕体味，因为他们很鄙视体味。他们仿佛还停留在欧洲的中世纪，当时的人们认为，疾病会通过臭味传播。在美国，如果你闻起来有臭味，大部分人会认为你有问题。不过，完全没有体味也是很诡异的。一本畅销书就以此为主题：在帕特里克·聚斯金德的小说《香水》(*Perfume*)[33] 中，主人公格雷诺耶生来就没有体味，他不仅受到了社会的排斥，还成了一个邪恶的反社会分子。没有体味的人如此可怕，我们只要一想到他们，就会感到极度厌恶。

有体味和没体味都很糟糕。或许，与许多其他方面一样，“入乡随俗”就是适应社会最好的办法，大到时尚和交通规则，小到对体味的态度，皆是如此。

第二部分

汗水和社会

4

喜臭之好[1]

在莫斯科的十月地铁站（Oktyabrskaya Metro Station），有一尊高耸的列宁铜像，他面朝克里姆斯基山谷大道，望向高尔基公园。在列宁的脚下，还有一群无产阶级雕像，其中一个女性高举着一只手臂，腋窝外露，一副胜利昂扬的样子。我认为这是个好兆头，毕竟我正赶赴一场气味约会，在那里，俄罗斯人会评判我的腋窝的气味是否有足够的吸引力。

人们每年花费数十亿美元掩盖自己腋下的气味。对许多人来说，体味一点儿也不讨人喜欢，人们会用各种香水、香体剂和止汗剂来掩盖体味。但如果我们因为热衷于掩盖体味而影响了重要信息的传递怎么办？有些体味能传递出焦虑、疾病，甚至恋爱的信息，这对我们很有用。我们在身上喷洒或涂抹除臭产品，是否会阻碍我们找到真爱？是否会阻碍那些因为气味而对我们产生情愫的人？

在这个通过左右滑动屏幕来寻找约会对象或灵魂伴侣的时代，气味约会更多的是依靠模拟匹配。人们不再靠着“滑动”，而是靠着“擦拭”，也就是将汗水擦拭到化妆棉上。做法很简单：气味约会的参与者们通过高强度的运动出汗，然后把汗液擦拭到化妆棉上，组织者会收集吸满他们汗水的化妆棉，放置在匿名容器中，并让人们排队嗅闻这些气味样品。最后，每位参与者会在私下里对他们最喜欢的气味样品进行评分，并将他们最终选择的样品交给组织者，组织者随后会公布相互匹配成功的人员。气味约会就像约会应用程序“火种”（Tinder）一样，只有当两个人互相挑选到对方的气味才会成功匹配。

爱情配对的标准仅有一个，那就是气味。这与其他筛选约会对象的流程一样合乎逻辑。我的意思是，没人会在乎你们俩是否都喜欢动物标本或村上春树的小说，你早晚都得闻到爱人的体味，而闻到体味的那一刻可能就是决定爱情成败的时刻。气味约会跳过了男女互相追求的环节（或者更准确地说，它完全忽略了追求环节），并把体味作为择偶或选择约会对象的第一轮淘汰赛。

气味约会活动的组织者宣布相互匹配成功后，会让幸运的几对留下来看看长相和性格是否也合拍。通常来说，这些约会活动都安排在晚上，而且约会地点会安排在一个昏暗的场地内，比如，在纽约、伦敦、里约热内卢和柏林的昏暗酒吧。毫无疑问，这些晚会的参加者都是自愿前往的：你首先得有一种想要闻一闻陌生人体味的欲望，才会有动力去参加气味约会。

在莫斯科，气味约会更加随性。高尔基公园是莫斯科最繁华的绿地公园，在这里，每年5月的一个周末会举办一场大规模的科技节，到了下午和晚上，将会在此举办几场气味约会活动。公园里闲逛的路人、参加科技节的科学爱好者、在当地媒体上看到广告被吸引过来的路人都会参与进来，至少活动组织者奥尔加·弗拉德是这么告诉我的。在俄罗斯，气味约会活动中配对成功的人，将获得独家入场手环，进入公园内的VIP休息室，这样配对成功的人就可以互相了解对方，尽情畅饮伏特加鸡尾酒。这样的安排还能有什么问题呢？

我在高尔基公园宏伟的砂石雕刻入口前停了下来，那里有10多个无精打采的俄罗斯老婆婆在卖冰激凌，我就买了一个。这些老婆婆用来装冰激凌的灰色冷冻箱“长”得一模一样，结实耐用，看上去就像1975年前后苏联时期用的。手上拿着蛋筒冰激凌，我退后一步，观赏起这80英尺高的拱门。它有高大的圆柱，门上的浮雕刻着锤子和镰刀以及装满梨、苹果、面包、葡萄的篮子。

莫斯科的高尔基公园相当于纽约的中央公园。这座公园建于 1928 年，即斯大林执政后的第二年。公园的大门象征着斯大林对公共空间的愿景：宏伟气派、引人入胜，但是，同时也与无产阶级家庭所期望的简朴极不协调。

高尔基公园占地 3 000 英亩，一直以来都是冬天溜冰、夏天散步的好地方。有一支俄罗斯重金属乐队，还有一部“冷战”间谍小说，就是以高尔基公园命名的，充分证明了它作为文化标志的地位。然而，在铁幕①拉下之后，由于不受重视，加上举办过一些有问题的商业活动以及游乐设施危险破旧，公园的声誉开始下滑。2011 年，莫斯科市长批准了一项对高尔基公园进行现代化改造的项目，这个项目的方案无可挑剔，预算高达数百万美元，从此公园的发展开始越来越好。

如今，人们可以在大树下乘凉，或者惬意地躺在巨大的豆袋椅上，还有许多人抱着笔记本电脑工作，用着公园的免费无线网络。情侣们手挽手穿过精心修剪过的花园，或经过正在草坪上练习瑜伽的人群。食品车上会售卖猪肉三明治、油炸玉米饼和寿司等食物。

艺术与科学节占据了公园三分之一的场地，其中气味约会活动只是众多展览之一，这里的所有展览都与主题“吸引力”[2]相关（有些展览的相关性比较低）。我在名为《地狱》

① 铁幕（Iron Curtain），特指“冷战”时期将欧洲分为两个受不同政治影响区域的界线。——译者注

（*Inferno*）的展览旁徘徊，那里有一大群游客正在排队等着穿上机器人的外骨骼模型，这是表演的一部分，意在展示"控制的概念与地狱的表征"。

在一条通往一片水域的小路上，有一个梳着蓬蓬头、穿着精美西装的意大利男人，他身材矮小、魅力十足，正对着一个电视摄制组兴致勃勃地谈论他的艺术装置。他用卫星天线制作了一群漂浮的金属天鹅，当金属天鹅在公园的先锋池塘（Pioneer Pond）周围游荡时，会发出电脑生成的怪异音乐。突然，一个身着制服的士兵跳入水中，响亮的水花声分散了大家的注意力。很显然，他喝了不少酒，但在下水时还是镇定地抓住了自己的帽子。他湿淋淋地走了出来，得意扬扬地挥舞着帽子，鞠了一躬，而他的伙伴们（也穿着制服，醉醺醺的）则在疯狂地为他欢呼。

我突然意识到有一大群酩酊大醉的男人混在参加活动的人群中。他们穿着一模一样的绿色制服、黑色靴子，戴着军帽，这些醉醺醺的士兵就像穿着统一的制服的群众演员，显得十分不合时宜。他们无处不在：有的靠在树上，有的懒洋洋地躺在公园的长椅上，有的则闹着玩儿地做着瑜伽的下犬式。在我旁边，一个戴着活动组织者徽章的女人摇了摇头，叹了口气。"这些人每年都会从俄罗斯各地来高尔基公园聚会。他们是……你们管他们叫什么来着？"她拿出手机，用起了谷歌翻译，"啊对，他们是俄罗斯边境巡逻队（Russian Border

Patrol）。我们之前没有想到，这个活动和俄罗斯边境巡逻队的聚会在同一个周末举行，等发现的时候已经来不及了。”

在先锋池塘岸边，一名活动组织者拿着扩音器，交替地用英语和俄语通知人们报名参加气味约会。一个高个的德国女人，满头直发，面带友好的微笑，把我的名字写到了名单上，还递给我一些湿纸巾，示意我擦掉腋窝的除臭剂和任何使用过的香水产品。马雷克·博德是柏林嗅觉艺术团体的一位成员，受俄罗斯艺术节组织者的邀请，他会主持下午和晚上的几场气味约会。

大约有40人在这里闲逛。一位名叫索菲亚的27岁女子正在打量着人群，她身穿蓝色短夹克，头戴由红色小玫瑰花蕾制成的发带。我询问她是否曾经因为体味而被其他人追求。“是的，这是我选择伴侣的唯一方式。我希望我的伴侣不用涂任何除臭产品，体味闻起来也不错。我一直对男人的体臭非常反感。”索菲亚做了一个意味深长的表情，让我有些捉摸不透。

“我有一个问题想问你。你有没有在夏天坐过莫斯科地铁？那么多身体的气味混合在一起，实在太熏人、太可怕了。我认为这是政府应该解决的最重要的问题。”索菲亚笑声中带着讥讽，补充道，“说真的，体味对选择合作伙伴来说很重要。如果是找一个重要的伙伴，我会先把这事儿说清楚。但是如果涉及性的问题，我得先喜欢上他的气味才行。”

这里的人年龄大多都是二三十岁。31岁的阿列克谢身材矮小、肌肉发达，身穿紧身白色 T 恤，他说：“我认为，女人天生的体味对任何一段关系都非常重要。这也可能和我的大鼻子有关。”他指着自己坚挺的鹰钩鼻说。

安妮·玛利亚是一名 21 岁的意大利交换生，她想试着在气味约会中结识一些俄罗斯人。谢尔盖和安雅已经是情侣了，他们想来看看能否在嗅觉约会游戏中成功选到对方的气味，并由组织者成功配对（但我认为，这是毁灭一段关系的完美方法）。阿列克是一个个子很高、十分害羞的 20 岁的小伙子，长着一头金发，他告诉我，他无法确定自己是否会喜欢女人的天然体味，因为他的约会经验非常少。

德米特里眉头紧锁，正打量着人群。他今年 30 岁，皮肤黝黑，神情严肃，留着时髦的浓密胡须。他说他每天都生吃大蒜，因为大蒜对健康有益，这也是他母亲的提议。“3 年来，我只用儿童的那种无味香皂，不用任何体香剂。我的爱情生活也没有什么不同。”他的语气很肯定。当我问他为什么不用个人护理产品时，德米特里回答：“香水造就了一个虚假的文明。以前，人类生活的圈子很小，村里的人们可以闻到彼此的气味。别人身上的气味是个好东西，它让人有安全感，它是家园的味道。”

* * *

从出生起，我们就依靠嗅觉来熟悉我们最爱的或最需要的人的体味。刚出生的婴儿虽然很无助，没法自己翻身，但当把4个不同女性的母乳垫放在婴儿摇篮的4个角落时，婴儿会优先向有妈妈的气味的母乳垫靠近[3]。同样，母亲也可以通过气味识别出刚出生几个小时的婴儿（其他的亲人也能在婴儿出生72小时后凭借气味成功地识别他们）。[4] 新生儿的小脑袋会让人禁不住去闻一闻。我的一个朋友曾经形容婴儿头部的气味是“有利于家庭生活的可卡因”。她说的有一定科学道理。科研人员从刚出生2天的新生儿身上采集体味样本，并让一些女性（包括已经当上母亲的以及还没有成为母亲的）去闻时，新生儿们体味会激活这些女性的大脑的“奖励中枢”。[5] 这让人很好奇，大脑是不是会奖励那些帮我们了解新成员的气味的人。

无论有意还是无意，我们一生中都会不断嗅闻我们所爱之人的气味。兄弟姐妹和已婚夫妇都能正确地辨别与他们同居的人的气味。即使是2年多没有见过（或闻过）彼此的成年兄弟姐妹，仍然可以正确辨别出彼此的独特气味，这是从他们的身体飘出来的带有化学物质的标志性气味。[6]

那些丧失嗅觉的人所要面对的困境，也许最能印证气味对社会凝聚力的重要性。有嗅觉缺失症[7]（丧失嗅觉）的患者经常会面临人际关系方面的挑战：丧失嗅觉的男性可能找不到性伴侣，或者说找性伴侣比正常人困难，丧失嗅觉的女性在两性关系中缺乏安全感，这两类人都更容易抑郁。与此同时，一些研究表明，善解人意的人更容易记住他人的气味。

我们的嗅觉能力以及嗅觉在建立和维持社会结构中的重要性，可能会让一些人感到惊讶，这可能是因为一直以来学者们都在贬低人类的嗅觉：先验唯心主义哲学之父伊曼努尔·康德认为，如果我们都捂着鼻子，把自己与外部世界隔绝开来，生活将会更好。“哪一种感官是最无用的，而且也是最可有可无的？嗅觉。训练或改善嗅觉一点儿也不划算，因为世界上闻起来令人厌恶的东西比令人愉快的东西要多得多（尤其是在人多的地方），即使我们遇到了充满芳香的东西，嗅觉带来的愉悦感也是转瞬即逝的。”[8]

古往今来，许多思想家都认为眼观世界是更文明的体验方式，用鼻子闻则与动物一样粗鄙落后。如果人类都像狗一样互相嗅闻，我们又怎能自居其上呢？又怎能认为自己更文明开化呢？

19 世纪伊始，西方文化对嗅觉的反感转变成了一种信仰，即认为人类的嗅觉是无用多余的。为了否定人类的嗅觉可能还未开化这一观念，人们宁愿自欺欺人地认为：人类的嗅觉功能不是很好。最近，罗格斯大学神经生物学家约翰·麦克甘在著名的《科学》（*Science*）杂志上发表了一篇文章：《人类嗅觉功能不佳是 19 世纪的谬论》（Poor human olfaction is a 19th-century myth）[9]，终于使真相大白。麦克甘尤其指责了一位名叫保罗·布罗卡的神经解剖学家的错误观点。布罗卡将人类归类为“无嗅觉者”，这不是通过感官测试得来的结果，而是他毫无根据地认为人类的大脑是牺牲了嗅觉系统，才进化出了自由意志。每个人都见过狗被某种气味迷得神魂不定的样子，狗也会不由自主地跑去追寻带有这个气味的目标。我们肯定比狗要强吧？

人类非常崇尚自由意志，因此你可以想象得到，我们可能会一致相信这个贬低我们嗅觉能力的谎言，以换取更高的自控力。但这两种特性（嗅觉和自控力）并不是相互排斥的，我们不需要为了控制身体的其余部分而舍弃自己的嗅觉。

实际上，人类的嗅觉非常灵敏。负责探测气味的嗅球①“其实非常大，而且包含的神经元数量与其他哺乳动物也很接近”，麦克甘写道，“我们可以识别和区分出很多种气味，我们对某些气味的敏感度甚至比啮齿类动物和狗更高，我们能追踪气味痕迹，而且嗅觉还会影响我们的行为和情绪状态”。[10]

还有一个更令人高兴的证据，可以证明人类能追踪气味痕迹，这要归功于加州大学伯克利分校的一群本科生。2007年，一位叫诺姆·索贝尔的神经科学家当时在那里任教，他蒙住学生们的眼睛，把他们“放”在一块田地里，并让他们像猎犬追踪野兔那样嗅出巧克力的踪迹[11]。② 索贝尔和他的同

---

① 嗅球（olfactory bulb）是脊椎动物前脑结构中参与嗅觉的部分，用于感知气味。——译者注

② 索贝尔随后去了以色列的魏茨曼科学研究所。——作者注

事发现，人类（或至少是那些饥饿的学生）可以像任何其他哺乳动物一样追踪气味，通过对飘入一个鼻孔的气味和飘入另一个鼻孔的进行比较就可以追踪气味。

听到这附近有巧克力，我肯定会四处闻一闻。对鼻子来说，识别甚至追踪最喜欢的食物、兄弟、孩子或爱人的气味，并不是一个完全不可置信的技能。这关乎我们能否准确记住已经闻过数百次，甚至数千次的气味，这些气味不厌其烦地出现，我们已经牢记在心了。

但是，识别一种熟悉的气味与从陌生人的体味中推断出新的信息，是有很大区别的。根据陌生人的气味，想要凭直觉准确了解他的一些无法用眼睛判断的情况，需要两种前提条件：要么我们已经知道气味 X 对应特征 Y；要么人类具有某种特定的、基因编码的知识，知道气味 X 对应特征 Y。此外，如果想从别人的气味中推断出什么，我们都需要凑近他仔细嗅闻，而在绝大多数的社交圈，这种行为既尴尬又怪异。

或者说，真是这样吗？

大多数人寒暄时都会有一两分钟的近距离接触，按理说，这时我们就可以闻到他人的气味。拥抱和亲吻脸颊显然是相互嗅闻的好机会，特别是在欧洲和中东等地区，在那里，人们互相问候时会反复亲吻多次（科西嘉岛的人们会用连续 5 次的脸颊亲吻来问候对方）。

日本和韩国的鞠躬礼，也能让两个人近距离地闻到彼此。

还有握手礼，虽然握手时鼻子可能不会靠近他人，但你会亲手收集到一个新认识的人的汗液及其手上的其他气味，握完手后，你可以自行决定是否再去闻一下。至少，在新冠疫情之前，有的人会这样做的。

索贝尔还与他的研究生伊丹·弗鲁明进行了一项有趣的实验，想要了解人们在握手后会做什么[12]。他们偷偷录下人们与新认识的人握手后的视频。他们有个神奇的发现：在握手后几秒钟，实验对象一定会去闻自己的手，以获得一些陌生人的气味信息。“当我们给他们看视频时，许多受试者感到非常震惊和难以置信。”弗鲁明告诉我：“有些人认为我们的视频是伪造的，但事实上我们根本没有造假的计算机技术或专业知识。”

当新认识的人和自己性别相同时①，受试者闻手的次数是平常的2倍。相比之下，与异性握手后，受试者闻自己左手的次数增加了1倍以上，而左手通常是没握过手的那一只。科学家们推测，闻含有同性残留物的那只手，可以获取有关潜在的性竞争对手的信息。在动物世界中，许多物种对性竞争对手气味的关注程度，不亚于它们对潜在猎物气味的兴趣。“握手是传递这些信息的一种方式，你可以把气味掌握在手

① 在这项研究和许多关于人类气味信号的研究中，科学家们没有将跨性别或非二元性别的研究对象包括在内（若有会提及）。在那些涵盖了不同性别和性取向的受试者的研究中（这些研究相对较少），研究者倾向于选择那些完全符合同性恋群体的个体作为受试者。——作者注

中。”弗鲁明说，“以便有空的时候闻一闻”。现在弗鲁明去参加会议时，他有时会退后一步，看着人们不自觉地吸鼻子。“有时我发现自己也会这样做。人们说我毁了他们的握手礼，使他们在握手时变得非常不自在，尤其是和我握手。”

科学家推测，这些结果“只是冰山一角”[13]。他们认为握手是人类用来获取彼此气味信息的一种采样策略，这些气味信息可以告诉我们一些有关我们所遇之人的有用信息。

例如，人类有时很擅长通过闻一个人在T恤上留下的汗味来猜测他的性别。虽然我们不可能永远正确，但我们已经找到了足够多的正确答案，以至于一些科学家不断地在汗水中寻找能区分性别的气味分子。尽管科学家们已经挑选出一些在男性与女性身上表现出区分度的体味成分[14]（如羊膻味和洋葱味），但该领域的大多数人认为，性别区分远比找到一两种化学物质要复杂和混乱得多。

许多人认为，一个人身上散发出的气味会化合成有关性别的线索，就像听过很多维瓦尔第和巴赫作品的人，通常可以根据听觉线索来区分两者的作品，即使两个曲子的音调相同。也许人的体味也是如此。也就是说，在闻过足够多的人之后，我们能学会区分男性或女性更常见的气味组合，即使这些气味最初闻起来都差不多。

当然，我们的眼睛（再加上我们头脑中对男性和女性外貌的既定设想）通常足以确定性别，但体味中是否存在某些信息，提示着人们某些不可见的特征？在2005年的一项研究中，莫奈尔化学感官中心的乔治·普雷蒂及其同事，让女同性恋者、男同性恋者、异性恋男性和异性恋女性用化妆棉收集腋下的汗水[15]。目前，我们还不清楚嗅觉是否可以帮我们确定自己的性取向。这项研究将性取向划分为男同性恋、女同性恋和异性恋，但是由于受试者性取向不同，这项试验显然不能证明体味与性取向有任何联系。

* * *

如今，我们在择偶时，希望伴侣能同时满足自己智力、心理、生理的需求。但从进化的角度来说，为了繁衍后代，人类需要的仅仅是基因足够兼容的配偶，以确保后代有充分的存活机会，至少要活到能繁衍子嗣的年纪，以便将人类的DNA传递下去。

1995年克劳斯·韦德金德在读研究生时发表的一篇研究论文[16]最能证明这一点。韦德金德（现为洛桑大学教员）表明，女性可以闻出有相容性基因的伴侣，或者至少是免疫系统相容的伴侣。研究人员收集了一组穿了两天的男性T恤衫，然后组织一些女性来闻这些T恤衫并进行打分排序。同时，研究人员从这些匿名男性身上采集血液样本并分析他们的DNA，特别是一组称为主要组织相容性复合体（MHC）的免疫系统基因。

这些免疫系统基因能帮免疫细胞学习识别外来的致病入侵者。事实证明，女性更喜欢那些MHC基因差异大到足以让她们的后代拥有健康免疫系统的男性的气味。

直到近代，传染病一直都是人类最大的威胁。如果你生出的孩子具有擅长应对各种病原体的免疫系统，那么你的后代和你的基因就能存活并延续下来。

这项研究认为，如果你未来不可避免地要去对抗外来病原体，而且对该病原体的外观和弱点都一无所知，那么你最好先拥有一个多样化的免疫武器库，这样你才能对抗各种各样的微生物。

在韦德金德着手工作时，研究人员已经想到一些动物会用这种方式选择配偶。研究人员发现，老鼠会将鼻子伸进对方的尿液里，以判断其性别和性经历等信息。根据尿液气味，啮齿动物会优先选择与自己具有不同MHC类型的异性交配。

韦德金德说:“跟人一样，老鼠也会由于彼此不认识，而面临近亲交配的危险，那么如果能找到鉴别血缘关系远近的线索，就能避免近亲繁殖和由此产生的所有负面后果。”

“在过去，人类几代人都生活在一个小群体中，可供选择的配偶很少，因此存在近亲结婚的危险，生孩子时总是有风险，怕不小心和有血缘关系的人生了孩子。如果有一个可以帮忙避免这种情况发生的线索，人类就能获得一种进化优势。这可能就是我们最初研究女性对男性气味偏好的原因。”韦德金德很快补充道:“但现在这项研究没有多大意义了。”他解释，因为现在人类可选择的配偶数量庞大，而且大多数人都有族谱。随后的研究普遍证实了韦德金德的初始设想，有些研究者试图梳理出细微差别，或证明这种MHC效应会对现代人类择偶产生重大影响，但结果总是令人不太满意[①]。

然而，韦德金德的MHC研究是迄今为止有关体味与爱情的最著名的研究。他说，自己的研究广为人知，这让他受宠若惊，“在派对上，别人介绍我时总是说我是‘研究臭T恤的’”。关注这项工作的不仅仅有普通公众，科学家也在随后的几十年里开展了很多研究，增加了我们对MHC基因的认识。

但MHC基因的研究仍然存在一个严重的问题：我们如何闻到这些位于细胞核深处的免疫系统基因？你可能很想这样回答：含有MHC基因编码的MHC蛋白先出现在汗液中，再从身体挥发，飘进另一个人的鼻子。

如果真的是这样（之前从未有人证实这一点），那就有一个大问题——这些MHC蛋白非常巨大，比从汗水中自发飘出

---

① 当然也有例外。韦德金德研究了服用口服避孕药[g]的女性，避孕药含的激素会使其误认为自己怀孕了。这些女性与其他女性相反，她们更喜欢具有与自己MHC基因相似的男性。女性在怀孕时（或因服用避孕药使她们误以为自己怀孕时）更偏好具有相似免疫系统的男性的原因，一直是一个备受争议的话题。一种常见的解释是，孕妇可能更想和家人待在一起，因为家人会在抚养孩子的过程中给予帮助。具有相似MHC基因的男性更有可能与孕妇有相关基因，因此更有可能培养出具有相似基因组的后代，至少在理论上是这样。——作者注

的气味分子大得多。要让这些又大又重的 MHC 蛋白从我们的身体中蒸发出来，要比从撒哈拉以南的湖中蒸发出来一只河马还难。

这并不是说我不相信人类 MHC 基因科学研究的最终结果：我们的性偏好可能是由我们潜在伴侣的免疫系统调节的。对此，我没有理由去怀疑。但重要的是要记住，科学家们还没有弄清楚这些信息具体是如何传达的。这个部分像一个黑匣子，韦德金德本人也感到很遗憾。他说："我们还没有找到其中的机制，这也让我感到很困扰。"

然而，还有其他的一些证据表明，汗水传递的信息没准儿能为爱与性铺平道路。其中最常被大众引用的一项研究来自脱衣舞夜总会。已知雌性哺乳动物在月经周期中是最易于繁殖后代的时期（称为发情期），其散发的体味能提高对雄性的吸引力，因此来自新墨西哥州的科学家想调查清楚：人类女性的体味是否也能提高对异性恋男性的吸引力。

当科学家追查舞娘的生理周期状态与所得脱衣舞[17]小费金额的关系时，他们发现，处于排卵期的舞娘得到的小费①金额最高。研究人员虽然没有特意去检测她们的体味，但他们认为舞娘的气味能给她的客户传达"她有生育能力"这一信息。

① 处在排卵期的舞娘每次轮班 5 小时能赚取约 335 美元小费，而在月经期每班赚 185 美元小费。当舞娘们既不在排卵期也不在月经期时，她们平均每班赚取 260 美元小费。——作者注

在整整一个月里，舞娘每天都穿着相似的服装，做着同样的动作来赚取小费。然而不知何故，舞娘的促黄体生成激素（这种激素会刺激卵巢释放一两个卵子）会从体内自然散发，这种激素能让很多观看脱衣舞的顾客都沉沦其中。

除了汗水，另一个有味道的化学信息的来源可能是眼泪[18]。2011年，索贝尔在《科学》杂志上发表文章称，他和他的研究团队收集了女性在观看悲情电影或负面新闻报道时流下的眼泪。男性闻到女性悲伤时的分泌物——眼泪后，他们的性欲望会降低，睾丸素水平也会下降。

因此，单看到女性在哭泣就知道今晚不会发生性爱了。但同时，泪水中的气味也会起作用，进一步巩固这一信号，减少负责产生性欲望的生物化合物。

索贝尔告诉我，他很想做一个反向研究：看看男性的眼泪对女性有什么影响，但当时很难从男性身上获得足够多的眼泪样本，无法进行具有统计学意义的实验。为了弥补这一实验空缺，索贝尔正在收集男性和女性的眼泪，将样本快速冷冻储藏，以保存眼泪中的化学物质，以便在收集到足够样本后进行分析。读到这里，你是否也好奇，我们祖先的眼泪是不是和汗流得一样多？以及这两种体液中究竟承载了哪些信息？

显然，体味是最诚实的信息。正如杜塞尔多夫大学的心理学家贝蒂娜·波斯所说，“体味的产生、释放和信息内容都不受意识操纵”[19]。在亲热时，你得控制言语、控制姿势、控制面部表情，但你无法控制自己的气味。我很欣赏人类在进化过程中保留下的这点恋爱时的坦诚。

* * *

“来吧，让我们一起出汗吧！”在高尔基公园的一片草地上，阿兰娜·林奇挥舞着扩音器，一头乌黑卷发用一条绿色的头巾扎在脑后。她穿着棕色的背心、黑色的瑜伽裤，慢跑着招呼人群，脚上亮粉色运动鞋随着她的脚步上下闪烁。一群踊跃的气味约会者停下来围观，他们在草坪上围成一个半圆形。在提醒每个人擦掉体香剂、香水和止汗剂之后，林奇欢呼道:“我们开始吧！”接着她开始带领大家完成“保你汗流浃背”的健美操。

林奇是一位备受赞誉的艺术家，她正在进行各种各样的研究工作：有的涉及人类对尿液的厌恶反应；有的涉及红茶菌（Kombucha）；她还有一个长期的表演作品，表演时她会穿上用自己的头发纺的线钩成的一套紧身衣。她认为这次汗水约会活动延续了她之前的工作。之前，她和她气味实验室的合作伙伴曾在柏林举办过一次气味约会活动，出席活动的人数众多。“那次活动是在 11 月的一个寒冷的夜晚举办的，那晚有很多人配对成功了，可能以后还会有更多人成功配对。”她告诉我，“我不确定的是，是否每个人都要出足够多的汗才能获得真正优良的气味样本。”

今天的天气很棒，就是气温偏高，而再炎热林奇也毫不懈怠。5月的午后，艳阳高照，但她还是认真地带着我们做了一套高强度的开合跳、波比跳、深蹲、高踢腿和俯卧撑。刚完成第一组动作，我已经大汗淋漓了。我看到林奇的合作伙伴博德一直在盯着我，目光相遇时，她扬起眉毛点了点头，也许是在鼓励我，又或许是出于礼貌。但有人认可了我的努力，这感觉真不错。做完两组动作后，博德分发了一些小棉垫。林奇对着扩音器说：“一定要多擦擦胸部和腋窝。”然后，我们每个人都把沾满汗水的棉垫放进带有个人编号的玻璃罐里。“记着你的编号。”林奇说，“这样你才能知道自己是否配对成功了。”我看到那个害羞的年轻人阿列克，他在把棉垫放进罐子之前还闻了闻。“棉垫上的味道和你的味道闻起来一样吗？”我问道。他点了点头，憨笑着说：“当然。”

每个人都把装着被汗水浸湿的棉垫的罐子递了过来，组织者把罐子放在桌子上。然后大家一拥而上，挨个儿嗅闻这些没有按性别或性取向分开的样本。

我闻了一个罐子，里面充满了浓烈的金属味和羊膻味，就像一个荷尔蒙分泌旺盛的青少年在青春期时肆意运动后留下的味道。我再也不想闻这个罐子了。下一个罐子的气味微乎其微，也可能是因为在闻过青春期荷尔蒙的刺激味道后，我鼻子里的气味接受体“罢工”了。我走到一边，呼吸了几秒钟正常的空气，然后回到刚刚那个罐子面前。我想到了那些以评估腋窝为生的专业嗅探员工作时是如何操作的，然后像小兔子一样轻轻闻了3下。我闻到一股淡淡的洋葱、青草和泥土的味道，就像躺在夏日的田野里，感觉很惬意。我记下了这个编号：23。

在这些瓶瓶罐罐中穿行，我发现这些样品可以大致分为两类：一类有淡淡的气味；一类可以闻出气味，但不是那么特别令人愉悦。也没有让人特别不愉悦，只是没那么吸引我。有的洋葱味很重，可能是女性；其他的一些有羊膻味，更有可能是男性。但到底是男性还是女性，谁能知道呢。有一个闻起来像咖喱，还有一个像卷心菜汤。

我记下了几个样本的数字，但我还在犹豫不决，因为我得挑出来5个最喜欢的样本交给组织者。接着我遇到了15号瓶子，它闻起来有特别的味道。我又闻了一下，试图梳理出气味特征——从中我闻出了另一个人身上的那种标准的羊膻味与洋葱味混合的味道，虽然与所有其他样品都类似，但在这混合的气味中，有某种气味使我还想闻一次，而且越快闻到越好。15号瓶子没有让我性欲勃发，但它的气味很具吸引力；它提醒着我们，有一种很棒的活动可以和另一个人一起参与，那种活动就是性爱。

在采访用的笔记本上，我写下了“15……”我用了一整张纸写下了这个数字。

在交给组织者的那张纸上，我在最喜欢的气味样本列表的首位写下了15号。在我提交自己的选择时，一股青春期时才会有的不安感汹涌而至：我选择的人会选我吗？我能不能匹配成功，能不能和我潜在的伴侣一起拿到梦寐以求的VIP鸡尾酒会入场手环？

* * *

我对15号罐子的反应如此强烈，也正是因为人们像我一样发现了自己会对特定气味产生强烈的反应，才开始相信人类性信息素的存在。这是一种催化交配的有气味的化学物质。昆虫有，两栖动物有，哺乳动物也有，人类怎么会没有呢？

人类的信息素每时每刻都在空气中散播着爱情的信息，但几十年来，热衷于探究信息素的科学家们从未取得什么进展。尽管科学家们付出了巨大的努力，的确也得到了许多间接证据，但还没有人能从成千上万个飘浮在人体周围的分子中提取出人类信息素。并不是说它们不存在，只是还没有人找到化学证据，而人们之前就在包括猪和飞蛾等各种动物身上发现过那种信息素。

一个典型例子是：蚕蛾性诱醇（bombykol）[20]，这是1959年在蚕蛾身上发现的第一种信息素。蚕蛾性诱醇是即时性满足的典型例子。当雌蛾发情时，它要做的就是向它渴望的雄蛾释放蚕蛾性诱醇，雄蛾接收到信息后就会飞过来与它交配。

这就是“异性邀约”的定义，在绝大多数时间，这对绝大多数雄性都有效[21]。

还有另一种信息素是由公猪[22]分泌的，说来奇怪，这种信息素竟在它的唾液中。这些长毛公猪只需要走到发情的母猪身边，朝它大口大口地呼吸，让母猪闻到这种信息素，然后母猪就会转过身来，主动交配。用猪的语言讲，没准儿意思就是“让我们组建家庭吧”。

我简直不敢想象，如果科学家们真的发现了一种对人类具有如此功效的化学物质，会发生些什么。不用太发挥想象力，你就能想象得到人们将会以何种可怕的方式来使用这些化学物质。

就算人类在进化过程中曾经产生过这种信息素，但现代人类的性冲动被各种因素影响着，信息素的效力肯定已经被削弱了。人类现已进化为高度视觉化的生物：当我们考虑未来伴侣的时候，他／她的长相至关重要。我们的性决策能力得到了进化。尽管有时很难，但出于公序良俗、迫于社会压力和畏惧承担法律后果等原因，人类会在性这方面控制自己的欲望。

实际上，真正的信息素的效力不太可能因为这些因素而削减。举个例子，农民通常会用公猪的信息素给母猪进行人工授精。附近没有公猪时也不要紧，母猪一嗅到这种信息素，会主动抬起臀部进行授精（一些授精员还会模仿公猪的动作，摩擦母猪的后腿，模拟受精环境）。闻到气味并做出相应行为，也已成了母猪的生理习性之一，与呼吸和排泄类似。母猪只是在遵循神经生物学指令而已。

这就是信息素的严格定义。尽管科学家对信息素的构成进行了精彩（但是比较深奥）的语义探讨，但大多数人都认为，信息素是一种化学物或是一种化学混合物，会在同一物种之间引发同样的效应。性信息素具有性吸引力很正常，而且这种性吸引力不会因人而异。所以，即使人类有性信息素，也不会且不可能让你成为伴侣的唯一人选或者特殊人选。这与平常生活中人们对“信息素”一词的理解与使用大相径庭，总结起来人们总是说：“我情不自禁地爱上了他/她/他们；爱上了他/她/他们对我释放的信息素。”但根据严格的科学定义，真正的性信息素肯定会让人无法抗拒，所有异性都无法抗拒。

根据严格的定义，性信息素这种化学分子，通常会把同一物种的所有成员都变成产生后代的机器，也有一些细微证据表明：人类会用体味来互相了解并寻找倾心之人，这两者有明显的不同。许多从事这一领域的科学家在谈及相关问题时，从来不去使用“人类信息素”一词。数十年来，致力于研究人类沟通方式的研究人员也避开了“信息素”一词，转而选择使用诸如“化学物质”“化学信号”或“社交信号”等词。因为不论体内释放出来的化学信息类型如何，穿过空气进入鼻腔后，都可能影响我们的决策，但支配不了我们的行为。

卡罗林斯卡研究所（Karolinska Institute）位于斯德哥尔摩，所内的研究人员约翰·伦德斯特伦说：“目前存在一个问题：我们一致认为，人类体内有这种物质，但是我们不知道如何去定义它。‘信息素’这个词的好处在于，你一提到它，大家就能明白你想表达什么。你随便在街上拦住一个人，他绝对听说过信息素。但现在‘信息素’一词已经彻底被商业化滥用，人们都把它和性交配联系在一起，但是其实（其他动物的）信息素很少与交配有关，动物的信息素可能会推动交配，但不会诱发性欲。‘信息素’一词已经被染上了性的色彩。”当你真正了解了性信息素的作用时，你就很难再把人类体内出现的现象归为信息素现象。

还有另一个问题：化学成分。科学家还没有成功提取人类在社交活动中产生的重要分子。这种分子的功效等同于蚕的蚕蛾性诱醇和猪的雄甾烯酮或雄甾烯醇。蚕和猪的信息素已经得到科学界的认证，因为证实了这些分子会漂浮在动物体外并持续影响其性行为。

在人体实验中，每个人的体外都能明显检测出一种或多种飘浮着的化学物质，而且在他人鼻腔内也能检测出相同的化学物质。但这些飘浮的化学物究竟是什么，目前还不得而知。要知道，我们的汗液以及其他体液（如泪水和耳垢）中存在着数百种化学分子，这些分子也可能会携带信息。尽管有许多研究人员都尝试找出这些液体里的分子，列出有说服力的证据证明这是人类信息素，但是，没有一个人成功过。

这并不是说其他信息素也都不会对人类造成影响。

比如，在人的汗液中，常常能发现雄甾烯酮或雄甾烯醇这两种猪信息素的痕迹[23]，因此，科学家们测试了这两种信息素对人类情绪或神经生物学的影响。通过脑部扫描和调查问卷得知：其实这些信息素对人类的影响微乎其微，并且只有在闻到极高浓度（浓度通常比人类汗液中信息素浓度高好几倍）的分子气体时受试者才会有反应。

当然，要是听信了那些网上兜售含有人类信息素的古龙水的小商贩，你可能会想入非非。那些含有猪信息素雄甾烯酮的产品，声称能帮男人引诱那些没什么戒备心的女人，其实这些产品最有可能吸引的是母猪。

虽然在过去数十年中，人类信息素研究取得的效果甚微，有些小商贩也依然在卖毫无功效的信息素产品[24]，但是，这个领域中的许多人都保持着乐观的心态，认为总有一天会发现人类信息素。牛津大学进化生物学家特里斯特拉姆·怀亚特对信息素进行了广泛的研究，他表示："不管怎么说，人们在青春期时都会产生相当强烈的体味。"

伦德斯特伦说："我认为体味多多少少会传递人们的一些社交信息，不论是天生的还是后天习得的，不论这种物质是不是信息素（到底怎么称呼它，那是语义学层面的问题）。体味能传达一个人的身体状态、年龄和性别，它是一种复杂的混合物。”

鉴于这些体味主要从腋窝散发出来，许多研究人员都把关注点放在人们的腋窝上。正如乔治·普雷蒂曾说：“我们是直立动物，腋窝就在鼻子附近，这也解释了为什么大多研究人类信息素的人员都研究过腋窝。”

* * *

“配对成功！”回到气味约会现场，一名组织者正在列出匹配成功的号码。我从口袋里掏出自己的号码：22号。

一喊出配对号码，形形色色的人们开始两两配对，或者三人匹配。我的右手边是索菲亚，她认为在夏天乘坐莫斯科的地铁冒犯了人们的鼻子。和索菲亚配对成功的是德米特里，一个留着胡子的时髦男子，他不喷香水，还生吃大蒜。同时，他们俩还都匹配上了玛丽娜——一个50多岁的女人。玛丽娜穿着一条粉色的精致套裙，正开心地讲着她和女婿的气味有着神秘的联系，女婿可能是自己上辈子的情人。他们边开着玩笑说三人匹配很怪异，边伸出手腕领取了VIP手环。

“22号！”到我了！我走上前去，屏住呼吸。“你匹配上了23号！”我看了看我的笔记，唉，不是15号，光是闻15号的气味就能让我感受到纯粹的性。还好，23号的体味清淡，味道就像割下来晒干了的青草，舒适宜人。

我环顾一周，看到了她。金色的头发，淡褐色眼睛，身着紧身牛仔裤，还套着很酷的驼色皮夹克。看到她后，我觉得自己不光嗅觉，就连视觉都和她匹配上了。我是怎么和这个美人匹配上的？她美丽动人，谁都无法否认这一点。我是不是喜欢女人已经不重要了，我感觉我已经赢得了这场气味约会比赛。我愉快地笑着走近，憨憨地说："我们是一对儿吧？我是22号。"她用一个开朗友好的笑容回应我："嗨，我叫阿纳斯塔西娅。"接着，她告诉我她在时尚界工作，从事配饰进口业务，还兼职写餐馆评价。"等等，你是美食家？也就是说，我的味道被一个鼻子灵敏、口味挑剔的人选中了？"她听到我说的话后开怀大笑，随之我们聊起了科技节看到的一些事儿。我的余光看到了一个又高又瘦的人正走过来，他30多岁，穿着纽扣衬衫，名牌上写着"伊凡"（Ivan）。他慌乱地看了阿纳斯塔西娅一眼，阿纳斯塔西娅回给他一个温暖的笑容。"啊，你是我另一个匹配者，对吗？"

等等，不是吧？我还有竞争者？

阿纳斯塔西娅和我们俩都匹配上了，但伊凡和我都只和阿纳斯塔西娅匹配成功。"看上去我得和你打一架，来争夺阿纳斯塔西娅。"我举起了拳头，咧嘴笑着说道。

"没问题，"他回答，"但咱们还是先去VIP休息室喝一杯，喝完了再打吧。"

黄色 VIP 帐篷里挤满了人。白色帆布幕墙在音响发出的重低音中摇摇欲坠。几十个人围着高高的白色桌子站着，其他人则躺在帐篷周围的沙发上。之前梳着蓬蓬头、操控着漂浮金属天鹅的意大利艺术家正和一群陶醉的俄罗斯人在表演节目。我们沿着长条形酒吧一侧走去，一名调酒师正在无限量供应伏特加浆果鸡尾酒，轮廓分明的颧骨衬得他像个名模。

我们 3 人排队点酒时，和前边两个参加气味约会的人聊了起来。我认出了阿列克谢，就是那个认为自己的大鼻子有助于欣赏女人气味的男人。和阿列克谢站在一起的是米哈伊尔，他留着棕色短发，穿着灰色拉链羊毛衫，看起来有点儿沮丧。米哈伊尔说:“我们俩能配上对真是太奇怪了，明明我们都喜欢女人。但阿列谢克看起来还不错，所以我俩决定来喝点儿免费伏特加酒。”

每个人都端起自己的酒杯，向为数不多的空餐桌走去。

艾里克是一个瘦瘦高高的男生，有着一头蓬松的金发，他之前没有任何约会经验。目前他正在和一位个子不高、穿着印有爱心和“love”字样的女生聊着。这个女生看起来是邻家女孩的类型。我绕到他们身边。“咱俩都是学生！”艾里克大声喊着，仿佛他俩是天造地设的一对。他笑得那么灿烂，我都怕他笑晕过去。那个邻家女孩也满腔热情地点头回应着。他们两个人之间发生了一场强烈的化学反应。我不想打扰这幅美好的画面，于是微笑着举起酒杯向他们示意了一下，转身回到了我的三人组。

和我争夺阿纳斯塔西娅的竞争对手伊凡，正在谈论他在狗狗收容所的工作。

“我放弃了。”我边说边对伊凡鞠了个躬，“你的爱好太善良高尚了，我竞争不过你。”

“别太早放弃哦。”阿纳斯塔西娅调情般地对我说，“至少等到我丈夫来接我，再放弃嘛。”

伊凡的脸色都不好了。老兄，我觉得咱俩连互相竞争的机会都没了。

我喝完了这杯鸡尾酒，祝福伊凡和阿纳斯塔西娅都能在生活和恋爱中越走越顺，然后踉踉跄跄地走出 VIP 帐篷，寻找食物。走过先锋池塘，我听到了一段极不协调的二重奏：醉倒的巡逻护卫员发出的鼾声，夹杂着卫星天线制成的金属天鹅的电流声。就在那时，谢尔盖和安雅这对处了很久的情侣，从气味约会场地里走了出来，和我一样向出口走去。“等等，你们不去 VIP 休息室吗？”我问他们。

“我们去不了！我们没匹配成功，没有手环。我一下子认出了她的气味，选了她，但是……”他转身看向他的女朋友，“她没选我！”

5

热石之蒸[1]

这个壮硕、体毛旺盛的男人，只穿了一件苏格兰男式传统短褶裙，戴了一副巨大的面罩型太阳镜。他大步跨过我身边，进入了温泉浴场的更衣室，我断定我们参加的是同一个活动：世界桑拿剧院锦标赛。

在去参加一年一度的为期一周的锦标赛途中，我来到了阿姆斯特丹郊外的一个荷兰温泉浴场[2]，抢到了已售罄的《邮差》和《黑天鹅》的演出票，我非常兴奋。

在更衣室里，我脱下衣服穿上浴袍，把名片大小的门票塞进口袋里，跟着“短裙先生”走了出去。黄昏时分，我们沿着几个木制桑拿房走到了一个大型恒温泳池附近，旁边是一片森林。水池表面升起的蒸汽被水底灯照亮，空灵缥缈。

赤裸着的人们神情安逸、舒适地泡在水中。突然，我听到与这静谧的田园风光场景极不协调的声音：一阵反反复复的砰砰的重低音。

音乐源于几个室外热水浴缸的后方，这里有一个巨大的圆形桑拿房。有200多人绕着桑拿房排成两队，每个人或多或少地裸露着身体。我突然又看到了“短裙先生”，然后溜到了他的队伍中。

挂在桑拿房外的几个音响正播放着欢快的音乐，这种音乐通常是政客们在选举集会上慢悠悠地入场时播放的。因为现在是9月，到了晚上有点儿冷，人们都跟着音乐蹦蹦跳跳来取暖。与此同时，一名头戴麦克风的服务人员也在暖场。他喊道：“谁的声音更大？”接着两队的人们都争先恐后地叫喊起来。

最后，服务人员打开了桑拿房的门，解开了拦住队伍的绳子，开始检票。我们一个挨一个地挤进去。“别挤别挤！”他斥责了几句。

浴袍都被丢在了外面的吊钩上，人群蜂拥而入，大家都想占据圆形桑拿房里的最佳位置。一些人干脆不顾形象地直冲向最好的座位。

一些人戴上了羊毛毡制成的罗宾汉样式的帽子，保护头发免受桑拿房的高温损伤。一位女士戴着一顶毛毡帽，上面有类似维京人的头盔的角，两边还各有一条红纱做的辫子。

另一位男士的毡帽象征着挪威的同性恋，当他从我身边挤过去时，我看到一团模糊的红蓝相间的帽子。我扔掉浴袍，用围巾随意地盖住了我的前胸，也抢着挤了进去。

* * *

曾经有人告诉我，桑拿剧院有点儿像欧洲歌唱大赛（Eurovision），这个比赛欢快、俗气又夸张，阿巴合唱团（ABBA）和席琳·迪翁就是在这个大赛中声名鹊起的。欧洲歌唱大赛为各种各样的表演者提供平台，从蓄着胡须的变装皇后，到打扮成吸血鬼的重金属音乐家，还有戴着头巾、唱着朗朗上口的传统小调的俄罗斯老奶奶。和欧洲歌唱大赛一样，桑拿剧院也有各种各样的表演者，不同的是，他们是在85℃的高温下对着一群赤身裸体的观众假唱。

桑拿房中央是一个巨大的烤炉，高高的热石上散发着滚滚热浪。舞台占据了整个桑拿房的三分之一，舞台布景是一片营地，其中包括一顶橘色帐篷。我很想知道由纺织纤维构成的帐篷是怎么扛得住这滚滚热浪的。舞台左边是一个巨大的电视屏。剩下的地方是两个座位区，每个座位区都有4层木质长凳。

这个桑拿房只能容纳大概180人，外面还有好多人想挤进来观看表演。前面第二排坐了一名摄影师，正摆弄着三脚架上的摄像机。拍摄的内容会在温泉浴场户外餐厅的大屏幕上播放，让那些没挤进来的人也能观看比赛。我在第一排找到了座位，在摄像机的正下方，这样正好能躲开摄像机，看到自己逼真的表演。

桑拿房里的每个人都在不断地整理着自己的毛巾，以便给最后挤进来的人腾出些空间。主持人对着麦克风不停地发出指令，让我们都坐在木头长凳上，整个身体都坐在毛巾上，脚也不例外。这样弄好后，下一秒从后背和腿上滑下的汗水就能快速被毛巾吸收。观众们挥汗如雨，如果没有毛巾包着，流的汗都能在桑拿地板上形成一个大水坑，甚至会增加观众离场时滑倒的可能性。用毛巾吸汗还可以防止汗液中的盐分腐蚀桑拿木，毕竟把汗液留给毛巾更卫生。

环顾四周，各种身材、体形的人都充满期待地坐着，双脚随着动感的音乐打着节拍。为了让每个人都动起来，工作人员鼓励我们一起做波浪舞。我得补充一点，在做波浪舞时，想保护好隐私部位是不可能的。但如果我现在离开这里，桑拿房里的每一双眼睛都会目送我离场，在大庭广众之下，我裸着的身体就得被大家观赏了。于是，我跟着跳起了这场波浪舞，“入乡随俗”，我边跳边想：这应该是我人生中最荒谬的时刻了。

桑拿剧院比赛有个很尴尬的官方名称：奥弗格斯（Aufguss WM）[3]。在德语里，WM的意思是“世界锦标赛”。Aufguss的意思是“浸泡”。你应该提前想到Aufguss的发音是 OW-FFF-goose，这就像是在说“Ow！ Fuck！”（注：英文里的粗话）。但出于避免说粗话、出洋相，说到“F”的时候你得赶紧住嘴，改为说“goose”。

通常，温泉浴场中的奥弗格斯指的是一个严肃而复杂的桑拿仪式。在这个仪式上，被誉为奥弗格斯大师（Aufguss master）的水疗中心员工，会隆重地将掺有精油的水舀到桑拿房的热岩石上，一瞬间雾气腾腾，芳香四溢。精油撞击着岩石，一股带着小柑橘、薰衣草、松树和桉树香味的热气会笼罩每一个人。

接着是毛巾表演：奥弗格斯大师快速甩动毛巾，制造出一阵阵热风，将热量散发在密闭空间中。就像冬日的寒风会让人感到刺骨凉意，而桑拿房此刻的热浪更让人感到酷热无比。一位优秀的奥弗格斯大师能在 10—15 分钟扇起足够大的风，你会看到旁边的人的头发随风飘动，但同时汗流浃背。

大多数奥弗格斯仪式都是庄严、放松、受人尊崇的，奥弗格斯大师同样十分受人尊敬。（我曾看到过，在一场酣畅淋漓的活动结束后，有些忠实的粉丝会找奥弗格斯大师签名，签在自己的毛巾上。）如果活动中有音乐伴奏，肯定是极简主义音乐或新时代主义音乐。参加传统奥弗格斯仪式的人们不跳波浪舞。但这次可不是一般的奥弗格斯仪式，这是一场奥弗格斯世界锦标赛（Aufguss World Championship）。

突然，温泉浴场的工作人员入场，关上了桑拿房的门。

音响关闭，灯光熄灭，全场陷入了一片黑暗。此时，一个深沉的、上帝般的声音从音响中发出："7！"

我们都跟着跳了起来。同时，舞台上的大屏幕亮起，放映起经典的电影读秒倒计时，白色的屏幕上显示出黑色数字"7"。深沉的声音也紧随着大屏幕一起倒数着。倒数到"1"的那一秒，另一个狡黠性感的声音接管了麦克风，发出了一声低语："桑拿剧院！"

灯光亮起，每个人都把目光转向桑拿房的正门，期待着选手的闪亮登场。第一位上场的是名叫吉瑞·扎科夫斯基的捷克选手，他将为我们表演《山》（*The Mountain*）。但几秒钟过去了，门却一直没开，人们都困惑地向四周观望。

突然，舞台上的橘黄色帐篷里发出了阵阵沙沙声，拉链也随之打开。扎科夫斯基满头大汗地从帐篷里爬了出来，他身穿滑雪服、脚踩靴子，手里拿着一个冰镐，背上还背着登山背包。

全场都沸腾了。

观众都兴奋地欢呼，只要欢呼声稍稍平息，扎科夫斯基就逗趣调侃，鼓舞观众继续为他鼓掌。扎科夫斯基是一个二三十岁的男人，满脸大胡子，头顶上有铁褐色的辫子，下面却剃光了。他这个装束能去扮演《权力的游戏》（*Game of Thrones*）里的野人托蒙德。扎科夫斯基向观众打招呼示意后，开始进行一些比赛要求的规定流程，坐在观众席上的奥弗格斯评委们会基于这些流程打分。扎科夫斯基告诉我们，表演时长大概 13 分钟（如果超过 15 分钟或者少于 10 分钟，会相应地扣分）。他还提醒我们，一会儿身上会出很多汗，要是看完表演后还想泡个温泉，先洗掉身上的汗再去泡。最后，他向我们担保，在观看表演的过程中，如果感到身体不适、头晕目眩，可以随时离场。先别说观众，他自己在这么热的桑拿房里穿着一身冬装，还没有被热晕，真是让人难以置信。

接着，他的脸色骤然沉了下来。扎科夫斯基告诉我们，他的哥哥去年在尝试攀登一座高峰时失踪了，他想去重新征服这一致命高峰，以此来纪念他的哥哥。巨型屏幕上闪过了两兄弟头戴冬季绒帽的照片，还有一些壮观的冬季山地景观照片。在向观众讲述这一故事时，扎科夫斯基在桑拿房里来回踱步，好像真的在攀爬陡峭的雪山一样。突然，他弯下腰，从地板上拾起了哥哥在照片中戴的那顶绒帽，这代表着哥哥大概遇难了。扎科夫斯基的表情极度痛苦，摘下并扔掉了自己的绒帽，戴上了哥哥的那顶。随着重金属音乐响起，扎科夫斯基发誓要征服夺走他哥哥生命的雪山，为哥哥报仇。

接着，他把注入了甘菊精油的锥形山状雪球放在了桑拿热石上，雪球逐渐融化，化作一股蒸汽。雪球释放出的醉人花香弥漫在屋内，让我们感觉像是置身于山野花海中。扎科夫斯基又添了很多水，都倒在炉中的热石上，桑拿房内产生了源源不断的芳香蒸汽。

有氧节目正式开始。

扎科夫斯基拿起一条厚厚的毛巾，就像直升机转动螺旋桨那样快速地甩动毛巾，飞速旋转的毛巾将芳香蒸汽和洋甘菊的香味扩散开来，一股股热气吹过观众的皮肤。这让我想起了体操的彩带动作，但这里的彩带是块毛巾。

在扎科夫斯基往热石上倒水之前，桑拿房就已经很热了，现在这些热气吹到了我的皮肤上，我感觉比之前更热了。

人体是桑拿房里最凉爽的了[4]，这似乎有违直觉。在桑拿房里，你的体温会比平常更高些，大概能到42.7℃，但屋里其他的地方一般能达到79.44—90.56℃，水蒸气更是高达98.89℃。也正是由于你的身体更凉爽些，周围的水蒸气接近你的皮肤时，都会凝结在上面，就像冬天从烧开的水壶中冒来的水蒸气遇冷凝结在玻璃窗上一样。

冷凝其实是一种放热反应，意味着水蒸气把热量释放到了你身上。这与你的身体用出汗来降温相反：出汗时，汗水带着热量从体内蒸发，从而达到降温效果；反之，桑拿房里的热蒸汽凝结在体表，这会让人更热。所以，当桑拿热气凝结在皮肤上让你更热的时候，你会流出更多的汗水来散热。

我感觉我的毛孔全都张开了，每一滴汗水都在试图逃出我的身体。汗水混杂着凝结在皮肤上的水珠形成了一股液体洪流，从我的身体奔泻下来，浸湿了我的毛巾。我发觉有股汗水从胳膊肘处滴落，落在了旁边的人的毛巾上。我试着换个姿势，尽量不把汗滴在别人的毛巾上，但好像没什么用。

我轻微调整姿势带来的结果是：盘着的双腿上的汗，又滴落在我身边另一个人的毛巾上。好在两个人都没注意我，因为表演实在是太吸人的眼球了，所以我决定不去理会我的汗水了。肆意流汗让人感觉像是受到了奇迹般的净化，但也引发了担忧。我开始怀疑我的身体能否控制汗水的排量，也在担心我会不会在桑拿长椅上因脱水晕过去。其实，德国科学家也有同样的困惑，他们在2015年进行了研究[5]，调查了在奥弗格斯表演期间从体表涌出的液体中有多少是汗水，有多少是冷凝水。科学家发现，从身上流下的液体中，有30—55%是冷凝水，其余为汗水。具体比例取决于个人出汗率、桑拿房的温度以及湿度。但这些知识也只能带来一点点的心理安慰，我体内的水分还是大把大把地流了出来。

与此同时，扎科夫斯基还在继续热场。他用两只手分别抓着毛巾的两个角，灵活优雅地上下挥动着毛巾，整个桑拿房都在他的掌控之中。即使是在极热的空间内，热气也会上升。有时候，桑拿房里从地板到天花板的温差可以达到5.5℃甚至更高。通过上下甩动毛巾，参加奥弗格斯比赛的选手就能将顶部的热气向下推，把冷空气向上挤。热风和冷风之间的来回转换让我起了一身鸡皮疙瘩，同时头脑发热却倍感愉悦。

音乐终于渐渐变缓，我想知道演出是否快结束了，我是不是可以逃离这片酷热之地。但这才到第一幕结束，后面还有两幕。我的毛巾已经被汗水完全浸湿了，扎科夫斯基也是如此，由于他穿着精美的服饰，我只能看到他一点点的皮肤，但至少在那些皮肤上都布满了汗水。

第二幕里，扎科夫斯基深陷雪崩之中，当然这是舞台放置的干冰所营造的戏剧效果。当他逃离雪崩时，桑拿房中弥漫起山松的气味。原来他早把浸有松树精油的雪球放在了滚烫的岩石上。很快，扎科夫斯基开始了更复杂、更炫技的毛巾动作：他像个比萨厨师，把毛巾抛到天上，又毫不费力地接住。他在背后旋转毛巾，毛巾飞到天上，又用另一只手抓住毛巾，这一套套动作都是在背着沉重的背包和冰镐的前提下完成的。

突然，音响中传出哥哥在天堂的叮嘱声。空灵的声音劝说扎科夫斯基恢复理智并恳求他放弃这场冒险，毕竟攀登这座致命高峰无异于自杀。扎科夫斯基转而用毛巾表现内心的挣扎。他不再挥动一条毛巾了，而是每只手各拿一条毛巾，同时挥舞。我环顾四周，许多其他选手也在目不转睛地盯着扎科夫斯基的表演，流露出惊叹和不可置信的神情。所有的观众都欢呼雀跃，连他的对手也不例外。有个家伙直接兴奋地从桑拿长椅上蹦了起来。最终，扎科夫斯基屈服了，他觉得自己应该听从哥哥的建议，以免自己也因此丧命。此时，扎科夫斯基在桑拿房里“注入”了一种罕见的花香，这种花只生长在喜马拉雅山上的某些地方，他以此来传达对生命的渴望。

扎科夫斯基露出了微笑。当然这微笑代表着舞台上角色心态的转变，但他也知道自己完成了一出精彩的表演。扎科夫斯基向热情的观众点头示意，同时毫不费力地玩着他的毛巾戏法。就我所见，他没有任何失误。音乐结束，他鞠了一躬，观众们都涌上前来欢呼庆贺，现场一片混乱。当人们接连从桑拿房里出来时，一名气枪爱好者一直在喊“好！好！”一对荷兰夫妇悄悄地跟我打赌，说扎科夫斯基肯定夺得冠军。走到屋外，我看到短裙先生正用意大利语和旁边的观众一起极力称赞这场表演。

看完表演，我走进一间长长的石板浴室，这里同时可以容纳十几个人。我开始冲洗自己的身体，这一刻，我感觉棒极了，就像是我刚刚完成了一场自我挑战，还夺得了胜利。

* * *

蒸桑拿产生的快感得益于人脑的生物化学反应和基本的生理机制：蒸桑拿时，皮肤温度飙升，脉搏也会紧跟着飙升。蒸 10—15 分钟的桑拿，心脏可能会每分钟跳动 120—150 次。对许多人而言，这一心率等同于轻度运动。同时，你的身体会一直受到轻微的热冲击，还会在血液的化学成分中产生有益健康的下游效应（Downstream Effects）。蒸桑拿会提高血液中肾上腺素、生长激素和内啡肽的含量[6]——顺便说一句，内啡肽也是能让跑步者更兴奋的激素（尽管有争议）。有了桑拿，足不出户就能体会运动的快乐。

事实证明，运动和蒸桑拿之间还有其他相似之处。两者都有益于心脏和心脑血管健康。但我们要清楚一点：全世界的桑拿房都在夸大其词地宣扬蒸桑拿能治疗疾病，但大多数都是一派胡言。蒸桑拿不能治愈癌症，也不是一个明智的化学排毒方式。确切地说，蒸桑拿根本不能排毒。畅快流汗能让你摆脱坏情绪，是因为人体血液中释放出了令人快乐的荷尔蒙。但把蒸桑拿称为“排毒方式”揭示了一个问题：人们彻底误解了人体的基本工作原理。

肾脏是排毒器官，它专门负责排出血液中的化学污染物。汗液中也确实会出现各种有趣的物质，包括体内想要排出的化学物质，比如一些重金属物质、可卡因，还有尼克纳科斯辣番茄味红色调味料。但这些物质通常并不会直接出现在你的汗液里，一旦出现，就说明你的身体出了问题。人体在散热时，汗腺会从血液中吸走一些水分，那些漂浮在循环系统中的化学物质也顺带流出。

许多温泉浴场都会误导消费者，声称有研究表明蒸桑拿有益健康，但这些研究都是几十年前的了，并且实验时没有设立对照组。其中有些研究使用的样本量太小，不足以证明任何结论。例如，经常有人声称桑拿可以增强免疫力，降低冬季感冒的发病率。这一观点来自20世纪七八十年代进行的为数不多的研究，但连该研究的支持者也称大多数的研究为

“回顾性的，而且实验进展不佳”[7]。一位德国研究人员在1989年开展了一项更为严谨的实验[8]。他找来50人作为实验对象，其中一半是蒸桑拿组，另一半是不蒸桑拿组。在实验的6个月中，蒸桑拿组的实验对象平均每人蒸了26次桑拿，大约一周蒸一次。最终，蒸桑拿组感冒33次，而不蒸桑拿组感冒46次。这些数字让人联想到也许这个想法是有理可寻的，但感冒的平均持续时间和严重程度，在各组之间没有显著差异。因此可以得出结论，经常蒸桑拿可能会降低感冒的发病率，但还需要进一步的研究来证明[9]。

许多经营温泉浴场的企业家表示，这项长达30年的小型研究证明，蒸桑拿可以帮你预防冬天最常见的疾病。当然，科学家未来可能会提供确凿的证据，证明经常出汗可以促进免疫细胞再生（这可能是因为蒸桑拿过后，人们的睡眠质量经常会有所提高，同时免疫力也随之提升）。但目前还没有确凿证据。

已有研究证明，蒸桑拿有益于心脏健康[10]。在20世纪80年代中期，以芬兰男性为样本，科学家进行了一项有关心血管疾病致病因素的大型研究。研究结果表明，经常蒸桑拿的男性患突发心脏猝死、严重心脏病以及心血管疾病的概率较低，整体死亡率也比较低，简言之，经常蒸桑拿可以延长寿命。

对芬兰人来说，“经常蒸桑拿”指的是每周至少4次。你可能会想：家里需要有个桑拿房才能达到这个频率吧？没错，很多芬兰人家里都有桑拿房。实际上，在 2 327 个样本对象中，只有 12 人从未蒸过桑拿。因此，鉴于大多数人都有定期蒸桑拿的习惯，科学家以每周蒸一次桑拿的男性作为对照组，将他们的健康状况与蒸桑拿频率更高的男性进行对比。结果表明，与每周只蒸一次桑拿的男性相比，每周蒸 2—3 次桑拿的男性死于心血管疾病的风险降低了 27%，每周蒸 4—7 次桑拿的男性死于心血管疾病的风险降低了 50%。

为什么蒸桑拿会对心脏有好处呢？

蒸桑拿会产生热量，让血管膨胀，促使更多血液流入循环系统。血管膨胀后，所需的心脏推力变小，血压下降。血压下降当然对身体有益了，只要别降得太低就好。

血管膨胀使循环系统更活跃，流经皮肤表面的血液也会增加。汗腺会从这些血液中抽离出液体，送至皮肤表面。汗液蒸发会先给皮肤表面降温，接着给流经的血液降温，这些降温后的血液会再次流向温度更高的体内器官，比如，流向大脑这种不能承受过高温度的器官。

当人们感觉到热的时候，血管膨胀使流经皮肤表面的血液增加，导致皮肤变红。皮肤变红其实是件好事，说明有更多的血液涌向了皮肤表面，以对抗皮肤温度的飙升。

原则上来说，在桑拿房中，你似乎处于完全放松的状态，但体内的循环系统并没有放松，而是在高速运作。所以在体内其他器官放松时，心脏正进行着类似锻炼的活动。所有由循环系统泵送的血液都会产生连锁生化效应，可能会进一步促进动脉斑块清除，并有益于循环系统。之所以说“可能会”，是因为所研究的实验对象是仓鼠[11]，而不是人类，因此说服力不足。日本的研究人员将仓鼠放入红外线桑拿区内，观察热量对其微小的心脑血管系统的影响。

研究人员发现，处于高温环境下会促进仓鼠体内一种酶生成，这种酶位于（仓鼠体内）动静脉中的细胞内，称为一氧化氮合成酶–3。这种酶会促使一氧化氮的产生，即由一个氧原子和一个氮原子结合而成的产物。一氧化氮分子虽小，却关乎心血管健康：它能抑制动脉斑块形成；促使平滑肌细胞增殖、降低血压；辅助一种名为血小板的免疫细胞保护机体。所以，蒸桑拿性价比还挺高的，不是吗？

但别急着丢掉健身卡，尽管蒸桑拿和运动一样有益心脏健康，但是这不代表你能完全用蒸桑拿代替运动。坐在桑拿房里并不能像运动一样燃烧那么多卡路里，也不能塑形或增肌，况且蒸桑拿有益心脏健康这一调查结果，只是基于那些每周多次蒸桑拿[12]的人得出的。对不爱运动的人而言，去蒸桑拿可能只是向保护心脏健康迈出了第一步；而对那些经常运动的人而言，蒸桑拿也只能起到辅助作用。

东芬兰大学的亚里·劳卡宁领导的研究人员，对这些芬兰男性进行了30多年的研究，并对芬兰女性开展了最新研究。结果发现，不论男女，定期蒸桑拿都有利于降低中风的风险。

他的团队目前正在研究此结论是否也适用于其他老年病，如阿尔茨海默病。同时，其他研究人员也正在探索，蒸桑拿以及传统的汗舍（Sweat Lodge）仪式①能否有助于戒除毒瘾和酒瘾，以及能否帮助误入歧途的年轻人培养更健康的生活习惯。

新墨西哥州的心理学家斯蒂芬·科尔曼特，发表了一些有关出汗心理疗法的研究[13]。他发现，在炎热的环境下，人们需要面临身体和心理的双重挑战，由此产生了用出汗进行心理疗法这一念头。人们需要在出汗的过程中，培养毅力并保持内心平静，这其实非常有挑战性，培养出这些可贵的品质，可以帮人们克服许多其他方面的困难。

科尔曼特和其他研究人员写道："刚蒸桑拿时，微微的发热会让人感到很舒缓放松。接着身体慢慢发热，开始出汗，肌肉放松下来，身体进入更深的放松状态[14]。但随着温度越来越高，挑战就会到来。此时人们需要让自己保持头脑放松，专注于冥想。身体状态从放松转为忍耐，人们似乎面临着选择：是选择让消极的感受和念想占据思绪，还是选择抛开这些烦恼，转而积极地适应环境、处理问题以及保持良好的心态。"[15] 换句话说，如果你学会了怎样克服高温，你就能学会怎样应对生活中的挑战，而且对自己的能力更有信心。

在桑拿房里待着确实是个不小的挑战，在我第一次参加

---

① 汗舍是一个小屋，通常是圆顶形，采用天然材料制成。北美印第安人用蒸汽浴作为净化手段。——译者注

奥弗格斯表演的过程中，有好几次我都怀疑自己是否有足够的毅力完成这项活动。克服心理挑战能带来很大的成就感，坚持完成几场奥弗格斯表演（只是作为观众的身份）也会产生精疲力竭的愉悦感。而且每次大汗淋漓后，我总能睡个好觉。

在奥弗格斯世界锦标赛上，我又观看了数十场表演，其中的表演故事有禁酒令期间的私酒制造者、库鲁拉·德维尔、101 斑点狗以及一位 F1 赛车手的故事。最终，扎科夫斯基赢得了比赛，成为奥弗格斯世界冠军。

扎科夫斯基对我说:“参加奥弗格斯世锦赛是机缘巧合。我当时在一家健身房做安全员，桑拿房的奥弗格斯大师问我有没有兴趣参与，我对他说，‘没兴趣，我不想像个傻瓜一样挥舞毛巾’。”

耐不住同事一直劝他，扎科夫斯基最终还是去了桑拿房工作。“看着桑拿房里一张张快乐的面庞，我好像爱上了这份工作。当时我就在想，‘我想做一份让别人开心的工作’。”

* * *

在一个下雪天里，我和国际桑拿协会会长里斯托·埃洛马，在他的家乡芬兰首都赫尔辛基喝了杯咖啡。他当时对我说:“我讨厌奥弗格斯剧院。传统的奥弗格斯很棒，但是我完全不能接受在桑拿房里看戏剧表演。”

他并不是唯一一个鄙视桑拿剧院的芬兰人，桑拿剧院世界锦标赛已经举办10多年了，但我从来没听说过有任何一个芬兰人披着国旗参赛。挪威是芬兰的邻国，奥弗格斯戏剧表演很出名，在挪威举办的奥弗格斯世锦赛中，还有加拿大和马来西亚的选手远道而来参赛。但是当你跟芬兰人提起奥弗格斯世锦赛，他们只会轻蔑地嘲笑这一赛事。在赫尔辛基城郊居住区内的阿乐拉桑拿房里，在蒸完桑拿后，我曾和旁边的一位女士聊起过这件事。我跟她讲了有关奥弗格斯戏剧表演的故事，她听后都快笑晕了。“他们盛装打扮，拿着毛巾在桑拿房里跳舞？这也太尴尬了吧！”

埃洛马之所以对奥弗格斯剧院如此鄙视，是因为他想维护桑拿传统的“尊严”。在桑拿房里，你会汗如雨下，还会“漉沥”（芬兰语 *löyly*：浇到滚烫的石头上之后升腾起来的水蒸气），这时你感到放松，会抛开外界的一切。等你从桑拿房出来，整个人都会完成一种蜕变，浑身上下焕然一新，达到这种状态才是真正的桑拿。而人们观看奥弗格斯比赛，只是为了看戏剧表演，并不会全身心投入蒸桑拿本身。

芬兰人给人们留下的刻板印象大都是少言寡语的，但埃洛马不是。这位退休的化学专家一点儿也不拐弯抹角，非常直率坦诚。不久前，一些软件工程师向桑拿协会提出申请，想开发一款桑拿电子游戏，埃洛马听后大发雷霆，对此讨伐不休，连他的妻子埃亚都不耐烦地说她嫁给了一个“桑拿先生”。

“这个想法简直太愚蠢了！不去桑拿房，就坐在桌子前，用电脑模拟蒸桑拿，屏幕显示温度和湿度。然后你用鼠标决定是留下来继续蒸，还是无法忍受高温热气离开这个虚拟桑拿房。我真的很讨厌这个馊主意，我希望人们都能去感受真实的桑拿房，而不是在电脑上模拟蒸桑拿。”

其实芬兰有很多桑拿房：芬兰全国人口只有 500 万，却有 300 多万个桑拿房。说芬兰人尊崇蒸桑拿都不足以表达出他们的酷爱。在 20 世纪之前，芬兰人生活的点点滴滴都离不开桑拿房：许多婴儿会在桑拿房中出生（桑拿房里很温暖，还是无菌环境）；人们会在桑拿房里制作熏肉；在桑拿房里清除衣服上的跳蚤；甚至死都要死在桑拿房里。因此，芬兰人只要听到“蒸桑拿”一词，一种主人翁精神就会油然而生，因为在众多芬兰词语中，只有“蒸桑拿”一词成了国际通用术语。

然而，在加热的房间里，把水倒在石头上并使其产生蒸汽的想法并非源于芬兰。有考古证据表明，从巴基斯坦[16]到墨西哥[17]，蒸汽浴室无处不在。蒸桑拿这一传统可能是从美洲穿越北极传入芬兰的，又或者是中东的旅行者、喜欢蒸汽浴的罗马人、拥有豪华浴室的土耳其人传入芬兰的。再或者，是因为大家都很享受出汗的快感，所以全世界的人都不约而同地形成了蒸桑拿这一习俗。正如埃洛马所说，“蒸桑拿并不难，一个烤炉、一些石头、一些长椅就足够了”。

但在现代西方社会，小型私人桑拿房的普及确实要归功于芬兰。在中世纪，欧洲其他国家的人都不愿意脱衣服蒸桑拿，因为害怕会感染上瘟疫，但芬兰人还是坚持蒸裸体桑拿。埃洛马说："几千年以来，桑拿一直是芬兰的一种活生生的文化。"

这就是芬兰人万分鄙视桑拿剧院的根本原因，因为芬兰的传统桑拿没有受到国际健康界的关注，反而经常在芬兰桑拿房里举行的德国奥弗格斯表演备受关注。比如，在最近召开的全国健康峰会（Global Wellness Summit）[18]中，奥弗格斯位居年度八大健康趋势榜首，紧跟其后的是"沉默"（安静地冥想或类似的活动）和"艺术与创造力健康"（又名成人涂色书）。如果你还没体验过奥弗格斯，那么在未来的10年中，你很有可能在家附近的温泉浴场内就能体验。

从某种层面上讲，奥弗格斯能一直保留下来多亏了芬兰人。在20世纪初，芬兰人将蒸桑拿重新引入欧洲的其他国家，并为德国发明奥弗格斯奠定了基础。至今，我还没有见过任何一位历史学家对奥弗格斯追本溯源，但如果你四处打听一下，所有人都会提到1936年在加尔米施-帕滕基兴（Garmisch-Partenkirchen）的巴伐利亚小镇举办的那场冬季奥运会，当时德国纳粹正处于鼎盛时期。据说，德国运动员赢得的奖牌没有芬兰运动员多，为此希特勒很恼怒，就派一名下属去调查原因，下属打探到芬兰运动员经常会在运动后蒸桑拿放松。因此，芬兰的"漉沥"传统（即进入干燥、炎热的桑拿房，将水泼在滚烫的岩石上，产生大量蒸汽的传统），重新引起了德国人的注意。但实际上，在加尔米施－帕滕基兴奥运会上，芬兰赢得的奖牌数量并不比德国多，两者奖牌总数相同（各6枚），而且德国运动员获得的金牌和银牌数量都比芬兰运动员多。反而是挪威位居奖牌榜首位，获得了15枚奖牌，其中有7枚金牌。挪威人也和芬兰人一样热爱蒸桑拿，所以在流传这个故事时，也许有人把芬兰和挪威弄混了。然而，在许多流传下来的故事中，我们也能发现了一些值得研究的线索。

因为在所有大型运动赛事上，芬兰人都会建桑拿房，所以在德国纳粹时期的那次奥林匹克运动会上，芬兰运动员也建造了一所桑拿房。但芬兰桑拿的奥秘很可能早在20世纪20年代就传出国界了。图莫·萨尔基科夫斯基写了一部有关芬兰桑拿的详细历史[19]，他认为参加1920年奥运会的那些芬兰运动员推动了桑拿浴在全球范围的普及。“芬兰飞人”帕沃·鲁米在整个职业生涯中赢得了12枚奥运奖牌，并创造了22项世界纪录。尽管鲁米经常避开公众的视线，他甚至声称“世俗的名望和声誉还没烂橘子值钱”[20]，但他毫不掩饰自己对桑拿的热爱，认为蒸桑拿能帮他击败竞争对手。

举办1936年柏林奥运会时，德国纳粹宣传员莱妮·里芬施塔尔拍了一张照片，照片上的芬兰运动员正在蒸桑拿以恢复体力。萨尔基科夫斯基说：“因为宣传员的工作是宣传雅利安人的美好形象，使其深入人心，因此，她专门去桑拿房拍下了运动员们健壮的体魄。”芬兰桑拿爱好者和德国纳粹之间的合作并没有就此结束。

萨尔基科夫斯基发现，根据相关历史记载，希特勒的爪牙海因里希·希姆莱[21]对桑拿有极大的兴趣，特别关注出汗能否提高生育率，以此完成雅利安人的优生目标。希姆莱还曾与芬兰的桑拿专家通信，讨论移动桑拿房是否对游击作战的士兵有用。

“二战”结束后，整个德国都处于破产状态，大多数欧洲人（特别是德国人）没钱在周末享受高档的水疗服务。但在20世纪80年代，德语区流行起了一种在桑拿房放松身心的健康风尚。我有一位在东柏林长大的德国朋友，他到现在还很怀念移动桑拿箱。当时在每周六晚上，他们家都会在公寓客厅搭建移动桑拿箱。桑拿箱里只能坐下一个人，但脖子以下的身体都能容纳进去，只有头露在外面，就像套了一件橡胶高领毛衣。到了周末，一家三口会轮流在客厅里大汗淋漓地泡桑拿，另两位家庭成员则在折叠沙发上纳凉。

20世纪90年代，桑拿文化广泛传播，奥弗格斯这种用毛巾把蒸汽挥舞到房间各处的奇怪表演开始兴起，逐渐出现在德国、奥地利和意大利阿尔卑斯山的南蒂罗尔德语区的水疗中心里。

* * *

作为另一个桑拿衍生产业，红外线桑拿也因此获得了巨大商机，2017 年其市场价值为 7 500 万美元[22]。不过，严格来说，红外线桑拿并不是真正意义上的桑拿。你要是称之为桑拿，会立马遭到国际桑拿协会会长埃洛马的训斥：“别叫他们红外线桑拿，那些根本不是桑拿，请称之为‘红外汗舍’。”

听起来好像是埃洛马在吹毛求疵、斤斤计较，但他的立场合理合法。1999 年，国际桑拿协会成员从日本等地不远万里而来，在斯图加特市会合，大家一致同意对桑拿浴制订了严格的规则，红外线桑拿因不符合规则被排除在外。

埃洛马说，国际桑拿协会之所以为“桑拿”制订了严格的规则，动机有很多，其中就包括埃洛马之前说的维护桑拿的“尊严”。

埃洛马解释道：“在 1999 年，德国到处都是打着桑拿房的幌子招嫖的场所。在德国汉堡市，有些桑拿房能达到的最高温甚至不足以让人出汗。”为了禁止性产业玷污桑拿，国际桑拿协会规定，桑拿房长椅上方 1 米处的温度，必须达到 75—80℃才符合标准。

规定最低温也是出于对卫生的考虑。埃洛马说：“在地板上，最低温至少要达到 57.22℃，否则会滋生细菌和真菌，更何况桑拿房里很潮湿，更易滋生病菌。”桑拿房只有达到了最低温标准，人们才可以在桑拿房里赤足行走，不必担心地板上有其他人留下的足部真菌，也不必担心自己感染上病菌。（早在20世纪70年代，位于赫尔辛基的芬兰桑拿协会就制定了这一温度标准，当时，芬兰桑拿协会还在当地医院设立了实验室并聘请了研究人员。在“冷战”时期，这些研究人员还调查了是否可以通过蒸桑拿出汗排出人体内的核放射性物质。结果并不乐观，因为放射性核素是有毒的化学物质，而且负责人体化学解毒的器官是肾脏。）

虽然许多红外线桑拿房的最高温都达不到官方标准，但真正把红外线桑拿排出“桑拿”之外的，是1999年桑拿条令的另一条标准：石头。埃洛马补充说：“桑拿房的墙壁必须是木质的，内部要设有烤炉，最关键的是，还必须要有石头，这样才能在石头上泼水，产生蒸汽。”

红外线桑拿房里没有石头。如果把水泼在热源上，电路可能会直接着火，或者至少会引起短路。美国的“红外线桑拿”，实际上就是在一个封闭空间内，放上一个小型取暖器直接加热，而小型取暖器即冬天放在办公室，或放在烤架上烤肉的即插即用的加热器。用埃洛马的话说，“两者之间的对比，就如同买一辆福特汽车和一辆法拉利的区别”。

* * *

如果蒸红外线桑拿是低级趣味的话，那么蒸老式的烟熏桑拿就是一场高端的体验，特别是在芬兰桑拿协会总部蒸烟熏桑拿。许多桑拿迷一提到它，都会赞叹不已。这个桑拿会所坐落于赫尔辛基郊区的一片森林中，毗邻波罗的海，占地广阔，烟雾缭绕。这里接待皇室、国家元首、外交官，也接待普通民众（如果你碰巧是芬兰桑拿协会的会员或特邀嘉宾的话）。

我想去参观芬兰的烟熏桑拿房，桑拿礼节却让我望而却步。在芬兰的公共桑拿房里，裸体蒸桑拿时，男女需要分开［除非你能寻访到位于赫尔辛基港口的一个工业园区的免费公共桑拿房，这种桑拿房称为松巴（Sompasauna）］。烟熏桑拿房设有独立的女性桑拿日和男性桑拿日，这样既不必穿着衣服束缚身体，又不会被异性的裸体吓到，这与德国和荷兰的桑拿房形成了鲜明的对比。在芬兰的烟熏桑拿房，裸体是司空见惯的事[①]，这种桑拿礼节（或者说是不拘礼节）经常会吓到不知情的游客。

但还有一个难题。只有芬兰桑拿协会的会员才有资格带客人去烟熏桑拿会所，而我只认识一位会员，一名叫埃洛马的男性。所以，埃洛马让妻子埃亚陪我进去参观，尽管埃亚

① 大多数桑拿爱好者都同意这一观点：裸体蒸桑拿比穿泳衣蒸更畅快（前提是你不会因在公共区域裸体而感到尴尬）。桑拿房设定男性日和女性日，也许能让那些在异性面前羞于裸体的人更放松，但这种做法也会将非二元性别的人和变性人排斥在外。相反，不分男女，大家都需裸体的桑拿礼节能避免二元分类所带来的不公平性，但会迫使不想裸体的人们脱下衣服。——作者注

正在忙着组织一场被子展览，她还是很有风度地应允了丈夫的请求。当我问她，浪费一整个下午去照顾一个记者是否很烦，她撇嘴一笑，说道："你可不是第一个。"

在芬兰1月的午后，太阳已经开始落山了，落日余晖穿透云层，在冬日的大地上投下长长的影子。我们到了芬兰桑拿协会。在这个与世隔绝的桑拿会所周围尽是白雪覆盖的白桦树和常青树，一直延伸到波罗的海沿岸。长长的码头穿过冰冻的海草，通向大海。空气中弥漫着柴火的烟味和海水的咸味，温度徘徊在−23℃左右。走出停车场前往协会入口时，我问她："你一会儿要在波罗的海里游泳吗？"

"当然，你呢？"她问。

"当然。"我鹦鹉学舌地说着，却在心里为自己捏了把汗。

烟熏桑拿和其他传统的桑拿类似，也是用柴火加热。不同的是，普通桑拿房只是用炉子来加热岩石，然后把烟雾从烟囱里排出去，而烟熏桑拿房会让烟雾弥漫在桑拿房里，持续5个多小时，使屋内岩石的温度达到93.33℃。温度达到后，冲洗干净桑拿房内部，把黑烟都排出去后，再请客人进入桑拿房。烟熏过的黑色内墙散发着沁人心脾的木香，不仅能让人感受到炙热的温度，更令人心醉神迷。埃洛马告诉我，烟熏桑拿如此令人心旷神怡，部分原因在于其独特的桑拿石。这是一种灰绿色的火山矿质混合物，叫作橄榄岩，只在芬兰小镇奥里马蒂拉（Orimattila）的一座旧矿山上才能采集到。

桑拿石必须有良好的耐热能力，能抵御高温，不易破裂，还要兼顾保温效果，以维持桑拿房的高温。这就是火山岩成为桑拿石首选的原因：比起地球内部灼热的高温，桑拿房的温度不值一提。

最常见的桑拿石是辉绿岩，辉绿岩外形普通，如果给石头举办一场选美比赛，辉绿岩一定榜上无名。除非你是桑拿房老板，想免费找些桑拿石，否则你一定不会去收集这些又灰又粗糙的石头（不过还是有人非常喜欢这种石头，并用它们建造了巨石阵）。现实中，桑拿房里灯光昏暗，大多数人不会在意桑拿石的美丑。辉绿岩材质坚硬、价格实惠，最重要的是孔隙不多，向辉绿岩做成的桑拿石上泼水后，水不会消失在石缝里，而是蒸发为水蒸气持续供热。

无论美丑，桑拿石最终都会破裂，然后被新的石头替代。生意好的桑拿房每过几个月就会换新的石头，私人桑拿房里的桑拿石每隔几年也要更换。因为破裂的桑拿石会产生石灰粉尘，并随着水蒸气蒸发到空气中。也就是说，这些灰尘最终会沉积在你的肺里。没人想在自己的桑拿之旅中吸满一肚子的灰尘吧？

在更衣室里，埃亚看到了我带来的一顶有桦木树枝图案的毡制桑拿帽，她赞赏地点了点头。或许在埃亚眼里，我蒸桑拿的诚意稍稍提高了些。

依照芬兰烟熏桑拿房的传统，我们先去浴室淋浴，将身体打湿。在淋浴间的一侧，埃亚给我指了一处壁龛，在那儿你可以花点儿小钱享受搓澡服务，因为在大汗淋漓几小时后，皮肤上大量的死皮会脱落。搓完澡后（这项服务在世界各地的许多澡堂里都有，如土耳其蒸汽浴室、韩式桑拿房等），全身上下都会像婴儿肌肤一样滑嫩。

淋浴间的另一侧是一段走廊，通向休息室和自助餐厅，出汗后可以去里面围着火炉吃点儿食物，恢复一下出汗消耗的体力。透过巨大的玻璃窗，桑拿会所的庭院以及海景都尽收眼底。

“我们进去吧？”埃亚边问边拉开了一扇小木门。里面全是烟雾，黑漆漆的，勉强能看到屋内左手边的烤炉，还有蒸着桑拿的6个女人，她们坐在离入口几步远的木质台阶上。我深吸了一口气，温暖而浓郁的空气瞬间灌满了我的肺部，烟熏的气味十分宜人，令人回味无穷。在眼睛慢慢适应了从小窗户和通风口透入的微弱灯光后，我注意到了一个木桶和水瓢，里面浸泡着一根白桦树枝。女人们停下了谈话，对我们点头示意了一下，又马上激烈地讨论起来。埃亚探过身子，小声给我翻译着：“她们正在吐槽地铁站的施工。”听到埃亚说英语，女人们毫不费力地切换了语言，想让我也加入聊天。

全世界大多数桑拿房都是很神圣的，去那里是为了放松和独处。在德国的桑拿房里，如果你和朋友大声聊天，人们会瞪着你，比手势让你安静点儿。没人能在德国桑拿房里成功地与陌生人搭讪。但在芬兰，人们袒胸露背，聊天交友。我曾经看到过一句话：如果你想让芬兰人张嘴说话，去桑拿房就能轻松搞定。

“要不要来点儿‘漉沥’？”埃亚环顾四周，询问大家。每个人都点了点头。她伸手去拿桶中的水瓢，舀了一些水倒在了滚烫的岩石上，烤炉中立刻冒出一阵蒸汽。在满屋的木质烟熏香气中，我又闻到了热浪中飘出的白桦树的香气，原来是白桦树枝把桶里的水都浸上了白桦的味道，给我们带来了一份“香气之礼”。与普遍使用精油的德国奥弗格斯桑拿馆不同，在芬兰桑拿馆中，除了烟香，只添加了一种来自桦树或松枝的香气。

埃亚又往岩石上倒了一瓢水，第二股蒸汽环绕在了我们身边。每个人都开始安静地吸入潮湿的空气，整个房间都静了下来。背上的汗珠如洪水般涌出，我询问了一下能否使用泡在桶里的桦树枝。接着我开始慢慢地用桦树枝抽打自己，先是为我的皮肤带来了更多的热风，接着我感受到了湿树叶抽打到身上的刺痛感。

感觉还不错，我像是在享受一场自虐按摩。我们又安静地坐了一会儿，感受着灼烧的热量，闻着天然香气。大约10分钟后，我感觉自己到了极限。埃亚转过头，用内行的眼光看着我：“你准备走了吗？现在感觉怎么样？”

“感觉很棒，但我确实有点儿头晕。”

“我们去游泳？”

我早已忘了之前说过的要在隆冬跳入波罗的海游泳那回事儿。

“好呀！”我佯装兴奋地说。与桑拿房里的其他人告别后，我们走到露天平台上。（其实告别的时候我一直在心里想，她们能撑到何时？）露台上的冷空气让我感到前所未有的清爽。我把自己裹在桑拿浴巾里，和其他几个女人站在一起欣赏海景。电子显示屏显示，现在的气温约 –7°C，水温约 2°C。

“机不可失，时不再来。”我边说边迈起了轻快的步伐，跟上埃亚，沿着一条小路从露台向码头走去。

既然下了决心，就要一鼓作气。在码头尽头，我们甩掉了各自的毛巾和人字拖。我抓住扶梯扶手，把脚探进水里。水里竟然比外面还暖和，因为水温比气温高。于是，我从梯子上跳下来，一头扎入海里。

大约过了一两秒钟，我才浮出水面。我出来后看到埃亚正盯着海面，神色忧虑。看到我后，她的眼睛睁得大大的，叫了声“天哪”，然后才大口呼了几口气。“你还好吗？我们从来不会把头埋进水里的！对这儿不好。”说完敲了敲自己的头。

“感觉很好！”我发自内心地回答，然后沿着扶梯爬了上来。埃亚也把身体浸到水里，小心翼翼地下水，把头露在水面上，过了一会儿，我俩上了岸，顺着小路准备回到屋里。

等回到露台，我们都快冻僵了。埃亚建议去餐厅的炉火旁喝些热气腾腾的鲑鱼汤，暖暖身子。等汤的时候，我看到了墙上贴着的英国菲利普亲王和前美国驻芬兰大使的信件。这让我想起了埃洛马之前跟我说过的芬兰桑拿外交谈判的故事。

“桑拿房里没地方藏枪械，是很安全的外交场所。而且无法进行电话通信，受到网络监控的风险很小，因此人们可以畅快地谈判。”他解释道。但是桑拿外交最重要的前提条件是让你的谈判对手进入桑拿房，让他们一直出汗，直到他们愿意开口谈判。埃洛马告诉我：“去桑拿房是芬兰的待客礼仪之一，也是所有外交访问要进行的社交礼仪之一。”

“不是所有人都会接受桑拿邀请，但来自俄罗斯的访客通常会很乐意蒸桑拿。”

据芬兰历史学家汉努·劳特卡利奥记载，苏联领导人尼基塔·赫鲁晓夫[23]确实在几十年前，也就是20世纪50年代，和芬兰政治精英一起蒸了几次桑拿。

* * *

埃亚喝完鲑鱼汤就先回家了，她还有一些工作要做，把我留在了这里。“‘尽情’享受吧。”她笑着说，隐隐暗示着我不要再傻傻地把头泡在海水里。

道别之后，我又回到了桑拿房，继续享受我的桑拿之旅。这一次，我决定试着亲自把水倒在岩石上，感受一下“漉沥”。

我进来时，两个30多岁的女人正在桑拿房里聊天。过了一会儿，我问她们想不想来点“漉沥”。埃亚之前告诉我，如果大家都觉得桑拿房已经够热了，就别再往岩石上浇水产生更多的热气了。实际上，大多数人都会同意，或者他们会趁机再去海里游两圈降降温。

看到大家都同意，我舀起一些水，把身子探到岩石边。

“站住！退后！”一个声音大声喊道。

我转过头，看到那两个女人正惊恐地看着我。其中一个说：“你必须把胳膊伸出去，扭过头，才不会被蒸汽伤到，然后才能慢慢地倒水，必须是慢慢地浇上去。”

我坦诚地说：“这是我第一次浇‘漉沥’。”

“猜到了。”她回了一句，并没有责备我的意思。

我照着她的指示做了一遍，即便如此，还是产生了一股扑面而来的热气。多亏了她提醒我，不然我早把脸烫伤了。我感激地笑了笑，坐下来继续享受氤氲美妙的蒸汽。

6

汗液指纹[1]

2016年，英国北部的西约克郡（West Yorkshire）警方接到报警，调查一起发生在一位妇女家中的非法入侵案[2]。经过调查，警方在被害妇女的窗框上提取了行凶者的指纹，并通过指纹，锁定了一名跟踪她的男子。调查人员还把指纹寄给了谢菲尔德哈勒姆大学的化学家西蒙娜·弗兰切塞，弗兰切塞擅长分析遗留在指纹上的微量化学物质[3]，实际上就是汗渍。

当我们留下指纹时，其实就是用人体透明的“生物墨水”留下了手指的印记。生物墨水，是一种释放在汗液中的复杂化学混合物。当弗兰切塞及其研究团队分析犯罪现场的指纹纹路时，发现了可卡因的化学痕迹[4]，这说明行凶者吸毒。他们还发现了一种更不寻常的分子：一种名为可卡乙碱[5]的分子。

如果一个人既吸食了可卡因，又喝了酒，这两种致醉物会同时进入血液循环。循环到肝脏后，肝脏会尝试分解这两种物质。在药物代谢的过程中，部分分解后的可卡因分子和酒精分子会在肝脏中再次结合，生成一种名为“可卡乙碱”的分子[6]。可卡乙碱会继续进入血液循环，最终出现在汗液里，也就出现在行凶者的指纹上。

弗兰切塞说：“酒精会加剧可卡因的毒效，通过这一结论，我们就能判断行凶者当时的精神状态。”

弗兰切塞后来得知，该男子在警察局的可卡因检测结果为阳性，最终他也承认自己喝了酒，这证实了弗兰切塞在男子指纹中发现的信息。

爱吃蒜味食物或者整日酗酒的人都知道，胡吃海塞的那些食物都会渗出在汗液里。出现在汗液中的物质有时可能会有气味，甚至还会有颜色。但汗液中的其他物质呢？数百种无色无味的化学物质会随着汗液渗出来，从而透露出你正在服用的药物（包括治疗药物和毒品）、身份特征、健康状态和幸福指数等信息。

尽管人在指纹中留下的私人信息微乎其微，但是这些信息能表明其生活状态。益得于先进的分析技术，研究人员能从最微小的汗水痕迹中推断出隐私，就连指纹中的汗渍也不在话下。

自 19 世纪 80 年代末以来，执法机关就一直在研究指纹。

查尔斯·达尔文的堂弟弗朗西斯·高尔顿曾发表过一个观点[7]，即每个人的手指上都有独特的螺旋纹路，利用指纹纹路可以识别出嫌犯。20世纪以来，警方主要致力于寻找显现指纹汗渍的方法，以便将犯罪现场的指纹和潜在嫌犯的指纹做对比。

许多刑侦技术都是利用汗液中的化学物质，让无色指纹肉眼可见。举个例子：在刑侦中，常常用茚三酮将指纹染成鲜艳的粉紫色[8]。小汗孔流出的汗液含有微量的蛋白质和氨基酸，遇到茚三酮会发生化学反应，将指纹染成鲜艳的粉紫色。

道理类似，刑侦小组还会用硝酸银溶液[9]将指纹染黑，因为汗液中的盐分（氯离子）遇到硝酸银会发生反应，生成一种明显的黑色化合物。

执法人员想获得非常清晰的指纹，以便将其与潜在犯罪嫌疑人或罪犯指纹数据库中的指纹进行对比匹配。但如果犯罪现场的指纹与这些指纹都无法匹配呢？案件还是毫无进展。因此，刑侦研究人员想到，能否从指纹遗留下的化学物质中收集其他信息。1969年，英国原子能管理局发表了一项研究[10]，该研究调查了500个人的指纹，以确定是否可以从小汗腺汗液中最丰富的成分（盐分）中收集有用的信息。

这项研究将重点放在指纹汗液中的氯离子浓度上。这样做有一定的道理，因为患者患上囊胞性纤维症后，汗液中盐的浓度会高于平均水平[11]，医生可以通过汗液中盐的浓度诊断病人是否患病。科学家们试图寻找指纹中盐的浓度与个人特征之间的更多关联信息，如年龄、性别和职业。但研究人员并未研发出新的刑侦技术，部分原因在于研究人员不应该把重点放在指纹中的氯离子浓度上。即便是同样健康的人，人与人之间的汗液的含盐量也会有巨大差异：有些人的汗液含盐量过高，可能会被误诊为囊胞性纤维症。

50 年前，刑侦科学家把研究重点放在盐的含量上，可能是因为盐是汗液的成分之一，测量起来比较简单。当时的分析技术不够先进，无法精确测量指纹中的其他微量化学物质，如蛋白质或荷尔蒙。指纹中的这些分子过于微量，超出了机器的测量范围。

但到了 2005 年左右，情况有所改变。[12] 实验室里的仪器大幅升级，刑侦科学家们仅凭指纹中的化学成分就能找到更多的信息。比如，此人最近是否吸食了可卡因等毒品，或者是否沉迷于咖啡因等更温和的致醉物[13]。

从那以后，包括英国内政部在内的很多执法机关都提供了资金，用于资助研究人员研究指纹中的每一种化学物质，以调查能否在留下的指纹中找到有关性别和年龄等信息[14]。执法机关还让弗兰切塞等科学家，研究了正在审理的案件和悬案中的指纹样本，看看能否找到别的线索。刑侦指纹化学分析仍处于起步阶段，但如果得到充分的发展，指纹化学分析可能会和 DNA 测序一样，在破解刑事案件时发挥重要作用。

这也是我前往英国谢菲尔德的原因，我想知道弗兰切塞能从我的指纹汗液中得到哪些信息。

* * *

因为其钢铁工业和丑陋的建筑风格，近几个世纪以来，谢菲尔德一直声名狼藉。1785 年，法国公爵罗什富科访问谢菲尔德时曾写道："永远不会有人认为谢菲尔德是座好城市，这里的建筑简陋，工厂外形古怪。"[15] 大约过了 100 年，作家沃尔特·怀特讽刺道："如果谢菲尔德不在这里，这儿会是个多美丽的地方呀！"[16] 连英国小说家乔治·奥威尔也表达了对谢菲尔德的蔑视。"谢菲尔德可以号称旧世界中最丑的城镇了，"[17] 奥威尔写道，"还散发着恶臭！在谢菲尔德，你总能闻到硫黄味儿，要是偶尔闻不到硫黄味儿了，那是因为更臭的瓦斯味儿把你的鼻子熏麻了"[18]。这些无情的文字写于 1937 年，后来在"二战"期间，德国人猛烈地轰炸了这座工业城市。

在谢菲尔德火车站外，沿着一条蜿蜒的小路，我艰难地走着，穿过一个无人问津的公园，到了旅馆。然后我开始播放谢菲尔德著名电子乐队——伏尔泰酒馆乐队（Cabaret Voltaire）的一首音乐。[谢菲尔德曾是"合成器流行乐"的大本营[19]，但在诞生了一支庸俗的金属乐队——威豹乐队（Def Leppard）后，原本高雅的音乐风格变得越来越糟糕。] 在盛开的罂粟花间，有一座细长的新哥特式纪念碑，纪念着因感染霍乱去世的人们。我想，谢菲尔德这座城市的运气也太差了，就连纪念碑的碑顶也在1990年被闪电击中[20]，需要更换。

原本平平无奇的城市天际线，出现了4座巨大的钢铁建筑，形状类似奥运会上运动员们沿着冰面用刷子来引导的冰壶[21]。这些稀奇古怪的建筑物，就是谢菲尔德哈勒姆大学的学生活动大楼，明天早上我会在这里和西蒙娜·弗兰切塞见面。

弗兰切塞穿着运动牛仔裤，踩着高跟鞋，身披红色实验服，说话时带着悦耳的意大利口音。在过去的10年里，她一直致力于指纹研究，想从中获取尽可能多的化学信息。“我一直都对刑侦学很感兴趣。”当我们穿过错综复杂的楼梯和建筑物前往实验室时，她对我说，“但我以前在意大利读大学时，学校里没有刑侦学课程。”于是，弗兰切塞学习了化学专业，开始用质谱法研究医学问题。例如，药物是怎样渗入皮肤的。

最初，弗兰切塞用猪皮来研究药物的吸收。实验取得进展后，她开始向当地皮肤组织库提出申请，希望能得到研究用的人体皮肤样本。“不久，医院给我寄来了一个箱子，是人体皮肤样本。”她说。

此后不久，弗兰切塞决定不再研究药物如何渗入皮肤，转而着手研究指纹上渗出的化学物质。

“我对指纹实在是太着迷了，它们是如此美丽。对学过化学的人来说，指纹显然不仅是无生命的物体。指纹里的有机物和无机物正等着我去发现和探索。”

以我为例，通过观察我在喝完咖啡后指纹中出现的咖啡因，弗兰切塞能推测出我对咖啡因的嗜好。我本来是想让尼克纳科斯辣味番茄红色调味料出现在我的汗液中的，但因为这种口味已经停产很久了，这一计划落空了。但能监测到咖啡因是如何渗透至指纹，听起来也不错。后来我才知道，在去谢菲尔德哈勒姆大学做实验之前，我整个早上都不能喝咖啡：因为弗兰切塞想用不含咖啡因的干净指纹开始实验，这样我们可以得到一些原始指纹做参照。

弗兰切塞带我走进了一个明亮的实验室，里面有很多窗户，还摆满了嗡嗡作响的仪器和计算机。然后她介绍我和吉利安·牛顿互相认识。牛顿是该校质谱分析中心的一位高级研究员，她将操作机器分析我的指纹中的化学物质。我并不是第一个参与到她的“人体骇客”(body-hacking）项目的记者，我的这个项目还是相对温和的——她做过最难忘的项目是研究腐烂的小鸡的尸体散发的臭味[22]。这一项目是英国广播公司的一位制片人的创意，她曾让牛顿计算腐烂的鸡肉散发的甲烷量，进而评估食物腐烂对温室气体排放的影响。你现在还能在网上找到这一腐烂过程的延时摄影作品[23]。“幸运”的是，腐烂的臭味飘进了学校保洁人员的办公室。牛顿说：“我可不能得罪保洁人员，所以我有时还得负责处理一些人际关系。”

目前，牛顿还在思考另一个难题。她有一项工作是将冷冻的蚊子切分成两半。这样做是为了研究昆虫切片上的生物分子。“但是，刀子一碰到蚊子，其脆弱、皱巴的身体就碎了。”牛顿说道。她的下一步计划，是将蚊子嵌入一种延展性材料，以便在切割的过程中固定蚊子。得到完整切片后，牛顿会用质谱仪扫描蚊子的体表，过一会儿，她也会用质谱仪检测我的指纹表面的化学物质。

弗兰切塞回来时，为我拿了件实验服。我穿上后，她把一块小的金属薄片放在了我面前的桌子上。“按这里，”她说，“哪根手指都行。别太用力，能按上指纹就行。”牛顿和弗兰切塞两人充满期待地盯着我。我聚精会神，生怕把按指印的这个极其简单的任务搞砸。我决定用食指，在小薄片按下一个勉强能看见的指纹。

牛顿把小薄片放入质谱仪，并用激光扫描指纹。激光的作用是将指纹中的分子分离到空气中（但是不会完全破坏这些分子），以便将其送入质谱仪的另一边进行分析。在此之前，牛顿还在我的指纹上喷了一层聚合物基质涂层，帮助汗液中的化学分子沿着飞行管进入质谱仪的另一边。

只要分子在空气中移动，就能测量它们的质量了（这也是该机器被称为“质”谱仪的原因）。最终的结果以列表的形式显示了指纹上所有分子的质量。例如，当我体内含有咖啡因时，研究人员会看到一个数据的数值为195，相当于一个咖啡因分子（化学式 $C_8H_{10}N_4O_2$，含8个碳原子、10个氢原子、4个氮原子和2个氧原子）中各原子质量之和，加上一个聚合物基质分子的质量。

在牛顿对我“不含咖啡因指纹”进行数据采集时，弗兰切塞告诉了我一个好消息:“走，我带你去喝咖啡。”

我们去了楼下的咖啡馆，在我喝着白咖啡时，弗兰切塞向我讲述了她与英国和荷兰两国执法部门合作的故事。她说:“科研人员仍在不断地改进指纹化学分析技术，国内外的警方也都很乐意给我们提供正在调查的案件中的指纹样本，期待我们能从中发现某些信息。”

除了与警方合作外，弗兰切塞还曾和一家戒毒所合作，检测鸦片吸食者在戒毒过程中的指纹样本。“我们预想能从指纹中检测到美沙酮（一种戒毒治疗药物），”弗兰切塞说，“但还发现了可卡因。”即一组质量为304、290和200的3个分子，分别对应着可卡因和其余两种化学物质：芽子碱甲酯和苯甲酰芽子碱，这两种化学物质是可卡因的毒性代谢物。弗兰切塞的结果表明，一些戒毒人员确实不吸食鸦片了，却开始吸食可卡因了。

弗兰切塞看了看手表，又看了看我喝空了的咖啡杯，已经过去了一个小时。“走，我们去看看能不能在指纹里找到咖啡因。”

回到实验室后，我对接下来的指纹采集工作信心大增。我又按了一次指纹，这次薄片上的指纹应该就含有咖啡因了。牛顿往薄片上喷了一些保护性聚合物，然后把它放入了质谱仪。接着，她打开激光，用光束扫描我的指纹。

质谱仪将指纹中出现的上百种分子制成了表格，显示在我们面前的电脑屏幕上。牛顿浏览着屏幕上的数据，我坐在一旁看着，同时被质谱仪检测出的大量分子弄得不知所措。从理性的角度看，我知道汗液中可能会有数百种化学物质。但现在，就在我面前的屏幕上，在指纹上最微量的汗渍里也有着大量的分子。看到我的身体在泄露信息，我内心感到惶恐不安。

在咖啡因的那一行的数据中，出现了一个巨大的峰值。

“就在这儿。”牛顿说道。

“天哪，我一定不能犯罪。”

弗兰切塞咯咯地笑，说道：“当然不会！除非喝咖啡也算违法犯罪。”

* * *

像弗兰切塞这样的刑侦研究人员，不但对从指纹中寻找吸毒有关的线索感兴趣。还热衷于了解人们的生活习惯。比如，你是纯素食主义者还是肉食主义者[24]。在肉食与素食之间相互切换的人，经常会发现自己体味发生的变化，这是因为体味是由汗液中各种有气味的化合物质混合在一起形成的。汗液中还会有更多无味的化学物质，也会透露出我们的食物偏好，虽然鼻子闻不到，但灵敏的分析设备能检测出来。

还有你对避孕措施的偏好。弗兰切塞及其他研究人员发现，他们可以通过分析指纹上渗出的微量润滑剂与汗水的混合物，来确定一个人平时喜欢用什么牌子的避孕套[25]。弗兰切塞告诉我，随着用于检测受害者身上生物和物理证据的强奸检测工具和DNA检测方法的问世，性侵者都开始佩戴避孕套了，这样他们就不会留下任何精子，也就不会留下任何DNA信息。指纹中渗出的避孕套润滑剂算不上确凿证据，但能有力证明受害者证词的真实性，还能缩小犯罪嫌疑人的范围。犯罪嫌疑人使用的不同寻常的微量化学物质，如护肤液、防晒霜、驱虫喷雾以及其他涂抹在手指上的个人护理产品，也能帮助定位犯罪嫌疑人。

你的汗液还会不自主地流出一些化学物质，可能会泄露有关性别和健康状态的信息。几个研究小组都发现，男人和女人在汗液中释放的蛋白质和多肽的含量不同[26]。蛋白质和多肽这种大分子来自我们的免疫系统，对人体有重要作用：蛋白质和多肽是汗腺释放到皮肤上的天然抗菌剂，构成了抵御微小病原体的第一道防线。虽然男人和女人都会释放蛋白质和多肽，但由于男女的激素（大多为蛋白质）存在差异，我们可以根据蛋白质和多肽在汗液中的相对丰度判断性别。弗兰切塞的指纹性别判断技术的准确率可以达到85%。“但如果想将该技术运用到刑侦学，还需要大幅提升其准确率，把任何技术带到法庭，都需要保证其达到相当高的准确率。”因此，弗兰切塞目前从来自各行各业的人群中收集大了约 200 个指纹，以提高性别识别技术的准确性。

纽约州立大学奥尔巴尼分校的化学家[27]也在研究同一个问题。他们的初步研究表明，可以通过汗液中的氨基酸相对含量区分男女[28]。通常，女性体内的氨基酸含量大约是男性的 2 倍。

“我非常想搞清楚性别研究问题，”弗兰切塞说，“有一个很愚蠢的观点，即认为大多数杀人案的凶手都是男性。这个观点并不正确。你不能忽视女性也可能杀人。想象一下，在有些杀人案场景中，犯罪嫌疑人是一个 50 多岁的女性，她有着这样或那样的种族背景，而且一直服用某些药物。”弗兰切塞也在寻找一些刑侦学证据，用来证明对方处于某种生病状态。“想象一下，你说的话可以让某个人难过一整天，”弗兰切塞说，“因为你可以说，‘我发现你犯了罪，顺便说一句，你还得了癌症’。”

对警方或者想马上知道癌症诊断结果的病人来说（因为医院通常数周后才能出癌症结果），指纹技术是非常有用的。但隐私呢？人力资源部门在招聘时会不会故意利用该技术，筛除那些患有不可见疾病的人呢？“我能理解这些担忧，”弗兰切塞说，“但我认为，我们不能仅因为可能出现技术滥用的情况就停止技术进步。我并不是说滥用不会发生，也许人类一觉醒来后，就开始滥用指纹技术。但这不能成为阻止技术进步的充分理由。对我而言，技术进步以及政府正确地对指纹技术进行引导使用，才是最重要的事。”

政府是否会迅速做出反应，制订相关法律来避免新兴指纹分析技术的滥用？多年来，美国及其他国家的警方在部署窃听电话前，需要先获得法官的授权令；没有哪个国家可以采集犯罪嫌疑人的生物遗留物，却不需要授权令的[29]。但按理说，采集电话信息比采集 DNA 信息的隐私侵犯性要小很多。

侦探要做的事情就是在犯罪嫌疑人吸烟、喝咖啡或是吃饭时监视他。在犯罪嫌疑人丢弃烟头、饮料杯或是餐具时，侦探就可以悄悄走过去收集垃圾，采集他的 DNA 进行分析。支持这种做法的人认为[30]，如果某人明知该垃圾中含有其DNA信息还故意将其丢弃，那么别人秘密收集他的 DNA 不算违法行为。如果在没有授权令的情况下，采集和分析某人的 DNA 是合理的行为，那采集和分析指纹上的汗水物质也同样可行。

并非所有人都同意这一观点，倡导保护隐私的人目前正介入这类 DNA 案件，秘密采样很可能被告上最高法院。就连专为执法部门服务的新闻网站，都在提醒大众需获得 DNA 采样的授权令，正如美国警方论坛网站 PoliceOne.com 上的文章所说，“DNA 秘密采样正在敲响最高法院的大门。了解了这些问题后，你的 DNA 采样行为才能得到舆论的支持，并且不会意外地受到美国最高法院的裁决”[31]。

在最高法院还没有做出裁决之前，侦探还可以在做好侦探本职工作和侵犯他人隐私之间的灰色地带徘徊。无论法院对 DNA 采集和分析的裁决结果如何，都将为指纹化学分析提供一个先例[32]，但愿这发生在指纹刑侦学分析普及之前。

与此同时，弗兰切塞研究的指纹技术，还需时日才能成为标准的刑侦鉴定工具。弗兰切塞认为，等到刑侦指纹第一次作为证据出庭时，指纹检测技术的未来发展可能会迎来一个转折点。“因为这是一项全新的技术，当然，对方的法律团队一定会试图质疑这项技术，因为它以前从未在法庭上出现过。我目前的计划是尽可能多地为执法部门做些贡献。”

弗兰切塞打开了一个文件，里面是我的“咖啡因指纹”的分析数据。“让我们最后再看一眼你的数据，看看里面还有什么信息。”她说。

“啊！这是什么？”牛顿惊叫了一声。

在指纹上的数百种化学物质中，有一种质量为 398 的化学物质，数量极多。

“我现在很好奇这是什么物质。”弗兰切塞边说边放大了这一行质量为 398 的数据，“我从未在指纹中，见过数量如此之多的化学物质，嗯……可能是你的皮肤上分泌了一种特殊的分子，它和你的汗液混合在一起了。也可能是你的面霜，我记得你在按指印之前摸过自己的脸。”我感到有点儿不好意思。

弗兰切塞操作了一下软件，软件就能显示这种化学物质所在的指纹区域了。这种物质无处不在，而且在每条指纹螺纹上的含量都很丰富，我们甚至能通过这个奇怪的大质量分子看出我的指纹轮廓。

“所以你的意思是，这可能是我特有的指纹分子？”

“也许这是精神病患者的生物标志物。”牛顿调侃说。

“好了好了！”我笑着答道，“我的秘密泄露了”。

“很好！”弗兰切塞补充道，“千万别犯罪，像这样罕见的汗液分子信息能瞬间定位到你，直接把你送入监狱。”

“那你真是破坏了我未来的‘好’计划。”我回应她。

“好，”弗兰切塞说，“我最后给你看一样东西。”

弗兰切塞在电脑屏幕上打开了一张图片。图片上的指纹混乱交叠着，像是一群人触摸了同一块地方。指纹痕迹重叠混乱，连两个指纹都无法区分，也没法提取单个指纹将其放入数据库中检索。

“想象一个场景，有一个人被另一个人侵犯了。假设一个物体表面不仅有受害者的指纹，还叠加了袭击者的指纹。警察遇到这种问题会束手无策，因为他们没法分开这两个指纹图案，但是，”她停顿了一下说道，“我们可以。”

这是因为，就像我的面霜汗液和混合分子一样，每个人的汗液中都会有自己独特的分子，而这些独特的分子会残留在指纹中。当你看到这些杂乱交叠的混乱指纹时，可以用可视化软件，让其只显示其中一种独特的分子，这种独特分子只属于其中一个人。我们把其他的指纹上的化学物质都过滤后，杂乱的指纹会消失，最后只剩下产生这种化学物质的人的指纹。这就是数字化分离重叠的指纹的过程，分离出来后，就可以将其输入指纹数据库了。

“你只要对软件说一句‘给我找出这两个指纹各自特有的分子’，软件就会显示这两个指纹的独立图像。”弗兰切塞在屏幕上向我展示了如何将杂乱重叠的指纹分开，形成独立、清晰的图像。

突然，弗兰切塞看了看她的手表。“我得走了，我约了一位在匈牙利政府兼执法部门工作的人。”

* * *

也许有一天，我们都会戴上手套，避免留下自己汗液中的生物痕迹。但目前出现了一种相反的势头：现有的商业化需求希望能开发出可以探究我们身体内部“工作”状态的汗液采集技术。

数百万的人们使用 Fitbit 计步器或苹果运动手表（Apple Watch）来测量他们每天所走的步数，以此记录健康数据。运动员（不论是专业的，还是业余的）会在运动中监测心率，帮助自己实现训练目标。女性会密切关注自己的体温，判断自己是否怀孕。这些常见的自我监测手段，都不需要科研人员或医生的帮助，他们最多只需要一张信用卡和一些好奇心。

现有的自我监测设备主要依靠物理测量，即通过巧妙结合物理学和工程学，测量体温、心率和步数，然后将数据传送至智能手机（通常还会传送至公司云端数据库）。

自我监测的下一个发展里程碑是化学监测[33]。设想有一种设备，在接触皮肤后能检测汗液中的化学成分，当你体内酒精含量过高而无法开车时，它会向你发出警报；或者是汽车引擎能识别指纹并评估指纹中的化学物质，检测合格后才能启动，以确保你没有受到酒精或受到其他会造成意识不清的药物的影响，如大麻、可卡因、甲基苯丙胺、阿片类药物或非处方晕车药物。你将会怎么看待这种设备？

不论是职业运动员，还是业余运动爱好者，都希望能实时监测汗液中的乳酸水平，以确定目前的运动属于有氧运动，还是无氧运动。也就是说，想要了解身体目前是在消耗碳水化合物，还是在消耗脂肪。人的肌肉细胞会根据体内氧气的可用含量，自动在有氧运动和无氧运动之间来回切换。这种及时的信息反馈，可以提醒运动员增加或减少肌肉运动，当然，还得取决于运动员是在训练短跑，还是在训练马拉松。

或者，还可以想象有一支球队，赛场上的每个队员都配备了汗液监测贴片。当一名球员的汗液中出现了一种代表身体处于极度疲惫或体力紧张状态的化学信号，站在场边的教练会在智能手机或平板电脑上收到提醒：该换人了。军方和运输业也可以利用这种汗液监测设备，密切关注作战中的士兵、长途飞行中的飞行员或运输途中的卡车司机的身体状况。

再比如糖尿病患者。监测汗液中的葡萄糖含量经常被称为化学监测的“重大突破”[34]。想要持续监测血糖含量，目前对人体伤害最小的方法，仍然是将针头和导管刺入患者皮肤，再用医用胶布粘住。如果不需要用针头扎入身体，而是用一个智能手表监测汗液，糖尿病患者的生活质量将会大大提高。

欧莱雅（L’Oréal）[35]正在推出一款利用汗液测量pH值的皮肤贴片，以帮助客户选择购买哪种护肤品。一种可以追踪汗液中氯化物含量的粘贴式设备也即将上市，可被用于诊断囊胞性纤维症。

这一新兴产业尽管前景光明，却遭遇过巨大的挫败，为汗液监测行业敲响了警钟。2001年，天鹅座公司（Cygnus Incorporated）获得了美国食品药品监督管理局（FDA）的批准，推出了葡萄糖手表（GlucoWatch）[36]，这是一款面向糖尿病患者的设备，可以帮他们监测血糖含量。葡萄糖手表会在皮肤上释放小电流[37]，电流会吸出组织液（一种来自小汗腺的生物液体，最终以汗液的形式流出皮肤）。接着，葡萄糖手表会测量组织液中的含糖量。手表中的酶[38]遇到葡萄糖后会产生过氧化氢。过氧化氢含量越高，代表糖含量越高。这款设备并不能精准地测量血糖含量，它只是一个辅助替代品。糖尿病患者尚不用其计算胰岛素需求。但是，这个设备可以用来追踪葡萄糖含量变化的大致趋势，以提醒患者体内的葡萄糖含量发生了变化。

该公司并没有对外宣传葡萄糖手表可以代替指刺测量（finger pricking）[39]，只是宣传它能提供体内血糖含量的一些补充信息。但是，这并没能阻止媒体随后对葡萄糖手表的大肆鼓吹。“《每日邮报》（*Daily Mail*）称这款设备为‘缓解糖尿病的手表’。美国食品药品监督管理局的代理首席副局长称这项技术是‘开发新产品的第一步，也许未来有一天这些产品会完全替代糖尿病患者的每日指刺检测’。”[40] 记者凯瑟琳·奥福特这样写道，“这种兴奋是实实在在的”[41]。

然而，对糖尿病患者而言，这种兴奋转瞬即逝[42]。一些患者使用这款设备后出现了疼痛性皮疹。[43] 此外，人们发现葡萄糖手表对血糖含量的评估并不可靠——其中有一篇研究发现其误报率为51%[44]。短短几年后，葡萄糖手表停产，其总公司最终被强生公司收购[45]。

但是，人们仍然热切希望有一款设备能让人舒适安心地监测血糖含量，这对产品设计来说，挑战性极大。[46] 试想一下，人体皮肤上存在着细菌，许多细菌也像我们一样喜欢吃糖。为了避免这些饥饿的细菌干扰血糖的测量，必须保证在汗液刚到达皮肤表层时，就立即测量糖的分值。也就是说，传感器最好能写上测量刚从皮肤流出的汗水或组织液。还有另一个问题：运动能让人瞬间出汗，但做开合跳等运动会降低血糖含量，影响测量结果的精确度。正如德国物理学家海森堡提出的不确定性原理，即在测量系统的某些值时，如果你改变了系统的内在属性，也就干扰了试验测量的准确性。

一种名为毛果芸香碱（Pilocarpine）的药物[47]可以避免陷入这种两难的困境，这种药物会在电流作用于皮肤时人为地打开汗腺。然而，使用毛果芸香碱监测血糖含量需要不断地更换药物，花费成本高、过程也更烦琐。虽然定期少量接触毛果芸香碱对人体无害，但长期频繁地接触这些药物是否有害还不得而知。目前我们只知道，给老鼠注射高浓度的毛果芸香碱会使其癫痫发作[48]。

即使研发人员找到了办法，但是要确保葡萄糖监测设备中有稳定的汗液供应，还有另外一个最大、最难克服的问题[49]：血液中的葡萄糖含量与组织液或汗液中的葡萄糖含量并不是一一对应的关系。虽然它们的变化趋势通常相同（当血糖含量上升，汗液或组织液中的葡萄糖含量也会上升；反之亦然），但对那些追求精准数据的人来说，设备需要达到完美，或接近完美。

* * *

汗液中的其他生物标志物比葡萄糖更容易监测[50]。如果有公司想在汗液监测领域大赚一笔，最好先着手开发一款用于监测汗液中含量相对稳定的化学物质的设备。他们应该解答一些有关生活方式的问题，而不是那种生死攸关的问题。比如，监测酒精含量。

目前，市场上已有监测汗液中酒精含量的设备，尽管它们比 Fitbit 计步器或 Apple Watch 笨重得多；而且当人们戴上它时，并不会表现得像戴上血糖监测手表那么兴奋。2003 年，斯凯姆公司（SCRAM Systems）推出了一款汗液监测设备[51]，名为斯凯姆实时酒精监测仪（SCRAM Continuous Alcohol Monitor，简称 SCRAM CAM）。该设备很快被应用于法院和执法机构，以监测因喝酒入狱的犯人体内的酒精含量，特别是在戒酒成为假释条件的情况下，来确定他们有没有喝酒。

斯凯姆酒精监测仪的外表像一个笨重的脚链，实际上却是一个皮肤酒精检测仪。这样的设计令穿戴者即便出汗不多，戴着脚链的那块皮肤也会分泌出少量的汗液，从而反映出体内酒精的含量。这个传感器并不完美，但是，在穿戴者喝了超过一杯啤酒的量时，检测准确率会相当高——得克萨斯大学圣安东尼奥分校健康科学中心的研究人员进行了一项独立研究，发现当测试对象分别喝完 2 杯和 3 杯啤酒后，检测准确率分别高达 95% 和 100%。[52]

此前，警官对罪犯体内的酒精含量的测量频率仅为每日一次或每周一次，而斯凯姆酒精监测仪每 30 分钟就会测量一次体内的酒精含量[53]，这也提升了该设备在司法监测方面的可用性。在过去，罪犯可以趁着警官巡视的间隙喝酒，等体内酒精代谢完后再进行戒酒测试。如果绑上酒精探测仪，这种情况就不可能再发生了，因为测酒数据会通过无线电波实时传送给警官。

斯凯姆公司称，每天都有2.2万人戴着这款酒精探测仪[54]，而且自从产品推出以来，已经有超过76万人验体过这款设备[55]。曾有几位名人因喝酒入狱而向大众“推广”过这一酒精监测仪：流行歌手林赛·罗韩、男演员崔西·摩根[56]和女演员米歇尔·罗德里格兹[57]。罗德里格兹曾将这款设备称为“录像机狗牌”[58]，可能是因为比起我们常用的小型电子设备，这个传呼机大小的监测仪又大又笨重。

有些人可能会对警察监测他们汗液中的酒精含量感到十分恼火，但另一些人可能很乐意让这一设备监测体内的酒精含量，以便在醉到不能开车时，及时收到手机推送的通知。尽管斯凯姆酒精监测仪的新闻发言人告诉我，公司目前没有计划生产服务大众的商用酒精监测仪，但她提到，其他公司对这种设备产生了浓厚的兴趣。这就不难想象，未来的Fitbit计步器和Apple Watch，都可能加入一种用于测量汗液酒精含量的微型组件。

与此同时，在有关可穿戴化学传感技术的权威期刊上，每月都有大量的论文发表。其中大多数科研人员都把这种传感设备，设想成了一种类似创可贴的皮肤贴片，其中可以嵌入微型电子电路，来监测汗液的化学成分。

研究人员目前正在努力克服许多有关贴片的设计问题和化学测量问题[59]：怎样能让这种贴片足以黏合皮肤，既在流汗时不会溶解变形，又不会伤害皮肤。怎样能在不损害贴片的前提下，让它同时具有可弯曲性和可伸展性，既符合身体曲线，让使用者穿戴舒适，又能适应体育活动中的各种运动姿势？如何开发出不需要电池就能运行的贴片电路？还有数据传送问题：将信息发送到服务器或智能手机的最高效的方式是什么？如果用这个小贴片来诊断和监测慢性病，能否同时提供药物来缓解症状？

汗液监测装置迟早会作为一种普通附加组件，配备到我们随身携带的设备上。等这些设备大幅投入市场，科技公司获取并汇总我们的私密信息的能力会大幅上升。当然，公司也会给用户开放一些隐藏个人信息的权限，Fitbit 计步器和其他类似的软件已经提供了这一功能。但为了保护个人信息（虽然黑客袭击也在所难免），用户也要积极地探索隐私设置。

当警方利用免费提供给私人公司的 DNA 和族谱数据，解决了一宗几十年前发生在加州的连环杀人案后，一些人开始对健康监测数据的隐私性感到不安。但许多人很快就把这件事抛在脑后，就像他们也经常对气候变化感到不安一样。人们会对这个问题的严重性感到不知所措，但也有许多人可能认为这项技术打开了潘多拉魔盒。

许多人都对把自己的数据和隐私安全托付给私人公司习以为常（虽然 Fitbit 计步器、Spotify 音乐软件、23andMe 基因测序公司和亚马逊公司，都在数据隐私方面做得很好），人们不会过于担心留下汗液中的数据，反而更怕会给别人留下体臭的印象。

令我担心的是，企业迟早会开始利用汗液数据对求职者进行分类、为医疗保险定价、暗中检查药物使用情况，或者确定父母是否适合抚养孩子。

7

人造汗水[1]

西塞尔·托拉斯长着一头铂金色头发，有着埃及艳后式的波浪发型，蓝色的双眼炯炯有神。她涂着色调鲜艳的口红，脚上的高跟鞋更将她那完美的身材显露无遗。除了光彩夺目的外表，她还是世界上顶级的气味艺术家之一：她经常利用气味来完成作品。

托拉斯从上到下打量了我，然后把我带到了她在柏林的一处公寓。这是一座建成于世纪之交的公寓，通风良好，房屋宽敞，天花板高到不可思议。在她的工作室内，满墙的架子上摆放着成千上万瓶香水。正如画家有自己的颜料盘，这满墙摆放的瓶瓶罐罐正是这位气味艺术家的“气味调色板”。

这位挪威艺术家最初是一位香水化学家，但她并未致力于设计出下一款著名的“香奈儿5号”香水，相反，她利用特殊的技能和收集来的各种气味，创作或者重现了各种成分复杂、新奇别致的气味。例如，为了给德累斯顿国家军事历史博物馆（Dresden’s Museum of Military History）重现第一次世界大战的气味，托拉斯约见了退伍老兵和历史学家之后，得到了泥土、死尸、战马、火药、坏疽和其他令人作呕的腐烂味道，并将它们适当地混合在一起。只要在展馆中按下嗅闻按钮，第一次世界大战的味道就会从管口喷涌而出，毫不夸张地说，你立刻就能身临其境地感受到战争爆发的场景。这种气味实在是太可怕了，以至于第一批气味用完后，博物馆的全体员工都要求托拉斯在创作第二批时调低气味浓度。

托拉斯还成功地重现了堪萨斯城、上海市和墨西哥城的标志性气味。为了创造出底特律市的气味，她闻了许多物品的气味，最终从一辆报废的雪佛兰低底盘汽车[2]烧毁的轮胎中得到了灵感。

托拉斯还会创造体臭味，特别是腋下的汗臭。2004年，托拉斯在麻省理工学院做访问艺术家期间，联系到一些精神科医生，这些医生经常为患有极端焦虑症的病人治疗。这些病人中，有的是患有创伤后应激障碍（PTSD）的退伍军人，有的是患有旷野恐惧症的普通人。“那时还是布什当政期间。”托拉斯说，“当时我对恐怖主义和偏执妄想这些概念有着极大的兴趣，我很好奇人能不能闻到恐惧的味道。”她会见了21

名患者，向患者们介绍了她的项目，并承诺实验将会匿名进行。托拉斯说："在和他们接触很久并获得他们的信任后，他们最终同意给我一些汗液。"她告诉这些男性，只要在焦虑或恐慌发作时，就收集自己的腋窝的汗水。"有一个心理病患者，在穿上乳胶衣去夜总会时，又会突然感到畏惧，因为他患有严重的社交恐惧症。"托拉斯说，"我和他一起去了夜总会，亲自收集了他的汗水。"

为了捕获体臭，托拉斯运用了一种最初由调香师研发的技术，该技术用来收集野外稀有花卉的气味。在搜寻奇异、新颖的气味来研发出畅销香水时，气味化学家总会竭尽全力地收集那些罕见的香气。由于在飞艇上收集一种稀有兰花的气味，化学家兼气味探险家罗曼·凯泽名声大噪。[3]这种兰花生长在丛林的树冠上，只在黎明或黄昏时分释放香气。

气味转瞬即逝，为了捕获它，托拉斯使用了一个微型真空装置：将一根橡胶管连至一个微型玻璃安瓿。这种安瓿比小拇指还要小，里面装有一些类似薄纱的材料。这些材料会在气味分子穿过玻璃安瓿时捕获它。这样一来，托拉斯就可以继续分析气味了。整个装置小巧袖珍，大约只有一摞扑克牌的大小，便于人们收集和携带一天中遇到的各种各样的奇异气味：你只需打开一个新的安瓿，开启真空装置，就能将气味吸入。

收集了这些焦虑患者的体味后，托拉斯对它们做出分析并用她满墙的“气味调色板”重现了这些气味。通过与麻省理工学院的科学家合作，她封装了这些重现的焦虑气味，展馆的参观者可以通过刮嗅的方式体验这种气味。这个名为《21/21：气味的恐惧——恐惧的气味》（*21/21: The Fear of Smell—the Smell of Fear*）的展览10多年来仍在全球进行巡展，在旧金山现代艺术博物馆、东京都当代艺术博物馆和许多其他展馆，都能嗅闻到这一气味。“不同地区的人们对这种气味展览有不同的看法，”托拉斯告诉我，“在美国，人们会对展出的体味产生过多无端的畏惧。在展馆中，人们总是犹豫不决，不敢上前嗅闻。他们会问‘嗅闻这些味道安全、卫生吗’？这不过就是些化学物质而已。”

“在韩国，曾有一位军人和自己的外孙一起来观看展览。当他闻到6号气味瓶时，突然哭了出来。我问他：‘发生了什么’？他告诉我这个气味触动了他的内心，让他回忆起了过去的战争和与战友并肩作战的日子。此外，他还回忆起了和战友们的身体接触。他问我能不能带走一些气味，于是我赠予了他许多气体，这些气味足够让他回忆那段珍贵的时光。”

托拉斯不仅把这些气味挂到博物馆的墙上，她还喜欢将自己的汗水制成香水，再喷回自己身上。“我的目标是将自己打造成一个讨厌鬼。气味是什么？其实，它是一种人类的沟通工具，你可以用气味表达‘来和我玩呀’，也可以表达‘别过来，我想自己静静’。”

当我询问托拉斯这样做的原因时，她告诉我："我是一名专业的'挑衅者'。企业想要控制这个星球上与嗅觉和味觉相关的所有事情。他们都在除臭，在掩饰，想掩盖真实。而我想展示真实。我们不会掩盖令人不悦的声音或画面。掩盖体味会让我们失去很多，我认为我们应该运用所知来展现真实。"

要重现恐惧气味或其他任何一种气味，托拉斯都需要经过反复实验。"在创造气味的过程中，如果不小心多滴了一种成分，就只能重新再来一遍。"托拉斯制出的一些合成气味中包含了数百种分子，她曾在一款特定的重现气味中加入了大约500种芳香剂原料。

不同焦虑程度的汗液，气味也会截然不同。有的是腐烂的臭味，有的则有麝香味。除了人类腋窝中特有的羊膻味和洋葱味外，托拉斯在所有气味配方中加入了一种从奶酪中发现的分子物质[4]："所有男性体内都有这种物质，这是一种细菌分子。"托拉斯解释说，但她不愿意透露这种物质的具体名称，正如畅销香水的设计者往往会对香水成分信息严格保密一样。

我不禁想，如果仿制是最高级别的赞誉，那么托拉斯的汗液香水，就是一首写给汗液的表白诗。

* * *

托拉斯创作的汗液香水并不是世界上唯一的假汗液。小瓶装的人造汗液在全球范围大有市场。为了遵守政府规定或保证产品质量，法医、纺织、珠宝等多个行业，都对人造汗液有稳定的需求。其实，人们很难相信人造汗液会大有市场，毕竟大多数人自己就能分泌充足的汗液。那么，为什么会有人花 150 美元买一瓶[5]假的大 / 小汗腺的汗液呢？

举个例子，服装制造商[6]购买人造汗液，是为了确保人们在穿他们生产的衣服时，不会因出汗而掉色，或是确保腋窝这种出汗多的地方，不会出现变色或褪色的现象；吉他弦厂家要确保吉他弦[7]不会因手指出汗而受损；生产手持电子产品[8]的厂家要确保手汗不会影响手机和平板电脑的操作。

同时，还有生产接触皮肤的金属物品的厂家，如耳饰、手表和衣服拉链等产品，他们必须确保汗液不会让珠宝中的金属镍大量渗出[9]。当金属镍接触皮肤后，会引发一种名为接触性皮炎的丘疹。此外，绝不会有顾客想买汗手一碰就变色或掉色的镀金产品。人工合成汗液行业，会生产含有特定 pH 值或特殊成分的汗液，因为汗液包含的数百种化学物质中，其中任何一种成分都可能对日常生活中的产品造成影响，从乳胶衣到戴在易出汗的鼻子上的眼镜框，无一例外。

犯罪取证实验室也一直对人造汗液有稳定的需求[10]。当法医需要显现指纹时，他们通常会使用一种名为茚三酮的试剂，这种试剂能将指纹染为鲜艳的粉紫色。但遇到指纹无法着色的情况怎么办？是那里根本就没有指纹，还是茚三酮试剂出了问题？人造汗液在这时就会发挥重要的作用。在对每一个与犯罪案件相关的指纹进行分析时，法医学家通常会用自己的指纹作为对照，以检查是否是茚三酮试剂出了问题。但并不是所有的法医学家都有指汗，并且他们每天需要做很多组对照指纹，中途还要反复洗手，等手指出够汗后，再做指纹对照很浪费时间。因此他们会选择将手指浸入人造汗液，沾满汗液后再按下自己的对照指纹。

由于汗液是个人化学物质的集合，因此不可能创造出完美的假汗。因而合成的汗液产品，通常需要满足特定行业的特定需求。对法医来说，他们所需的人造汗液需要咸度合适、pH 值适当，最重要的是，汗液中要含有蛋白质和氨基酸，这样才能与茚三酮发生反应，将对照指纹染成粉紫色。

皮克林实验室（Pickering Labs）是一家人造汗液公司，这家公司生产了 50 多种合成汗液产品，每一种产品的包装瓶上都贴有“人造汗液”的标签。当我问起皮克林实验室人造汗液的销量情况时，公司的运营总监丽贝卡·史密斯不愿透露具体情况。但她表示：“可以肯定地说，我们每年卖出的人造汗液，都是以数百加仑①计数的。”[11] 售卖人工汗液的公司很少，“皮克林”就是其中之一，与唾液、尿液和耳垢等其他体液合成品相比，“人造汗液的确是我们公司的产品中最畅销的一款”。

* * *

运动饮料市场是一个更暴利的人造汗液市场。运动饮料公司许诺，他们可以帮人们补充在剧烈运动出汗时流失的宝贵成分。20 世纪 70 年代，这一价值数十亿美元的产业出现在市场中。在此之前，运动员通常通过喝水来补充流失的体液，或者发挥创意补充体液，就像 1962 年上映的纪录片《环法万岁》（*Vive le Tour*）[12] 中记载的环法自行车赛。

> 欢快的音乐配着略微失焦的镜头，镜头里骑手们正穿过一座阳光明媚的小村庄。片中配有英文字幕，解说员说着法语，将骑手们描绘成了可爱的淘气鬼，他们认真运动的同时也不乏俏皮，尤其是当他们到达赛道沿线的小村庄时，此时他们口渴难耐。
>
> 这是环法自行车赛中最重要的一个环节：饮酒突袭。骑手们会进入一个小餐馆，推开身旁所有的人。这并不是在抢劫，但他们需要拿走全部饮品：红酒、香槟和啤酒，就算是水也要全部拿走。但实际上，他们最应该喝的就是水。

① 1 美制加仑 = 3.78 立方分米。——编者注

通常情况下，他们拿完后会立马上路，等自行车赛结束后再根据账单缴费；但有时，骑手们会停下两三分钟付钱，然后在后续的20千米中追赶上其他骑手。

这样做是有原因的。骑手们出的汗太多了。经计算，在高温天气中完成一场环法自行车赛后，车手的体重会减掉4千克，也就是流出了4升的汗液。所以需要不停地喝水来补充体液[13]。

20世纪60年代的环法自行车赛中，骑手们从餐馆老板那里消费了不少酒水饮料，而同一时代的马拉松选手，在完成长达数小时的比赛期间，却不喝一口水。南非体育学家蒂莫西·诺阿克斯写道：“20世纪70年代前，团队训练时不倡导运动员在途中喝水，因为他们担心喝水会影响跑步速度。一些人还认为，在跑马拉松的途中喝水是一种懦夫行为。”[14]

在20世纪五六十年代跑过超级马拉松的运动员杰基·梅克勒告诉诺阿克斯：“在不喝任何一种补液的前提下跑完一整场马拉松，是大多数马拉松运动员的终极目标，也是对运动员身体素质的一场考验。”[15]

这些奇闻逸事似乎体现了男子气概，可听起来又有点儿离奇有趣。现今，所有的运动员都很重视补充水分。在皮肤出现薄汗的那一刻，甚至在出汗之前，运动员就开始补水了，而不是等大脑发出口渴的指令后再去喝水。但如果你不渴，其实没必要在比赛开始前就大量喝水。目前许多职业马拉松运动员在跑完一场马拉松后，体重会变轻很多[16]，而有些运动员则刻意追求减少体重，前提是确保体重较轻时肌肉的运动状态更好。当然，人也有可能会因脱水而死。但这种情况只会在体内水合程度低于大约 15%[17] 时才会发生。比如，在沙漠中迷路，几天喝不到水时，而不是在跑完一场标准马拉松之后发生。

阿姆斯特丹自由大学的运动生理学家海因·达宁表示，实际上，为了获得最佳成绩，在冲过终点线时，身体不需要处于满水状态。虽然研究还未得出最终结论，但他认为在马拉松结束时脱水，可能是“非常好的征兆，因为这时你的身体更轻盈，能跑得更好”。

在不影响跑步表现的前提下，脱水到哪种程度是安全的呢？“这在科学界存在争论，”达宁说，“许多运动学家认为，只要体重的减轻控制在 3% 以内，就是在合理地安全脱水。但还是要视情况而定，这取决于运动员特有的生理机能、正在进行的运动类型、训练方式以及比赛的环境条件。”

韦恩州立大学的运动补水学家塔米·休－巴特勒（Tami Hew-Butler）解释道，另一方面，饮水过多会导致水中毒，这是一种潜在的致命疾病，医学上称为低钠血症。饮水过多会导致大脑内部肿胀，将脑干推离原位，从而导致脑干死亡。1993—2019 年，有 5 名马拉松运动员死于低钠血症[18]，但没有一人死于脱水。

20 世纪 90 年代，休 - 巴特勒曾在休斯敦马拉松医疗小组进行志愿服务，当时她目睹了低钠血症，这也是她对运动科学产生兴趣的原因。不幸中的万幸，这些患者幸存了下来，并向休 - 巴特勒解释了他们喝这么多水的原因。休 - 巴特勒说："他们认为自己根本不渴，喝这么多水是因为害怕脱水。"他们之所以饮水过量，是因为听说运动过程中补充水分至关重要，而不是因为身体提醒他们去喝水。

当我们真正需要补水时，身体会发出口渴的信号。在收到口渴信号前，我们的体内一直运转着一套节水系统[19]，它已经经过了数百万年的进化，复杂且精密。"人体在生理上的一个神奇特质是，人体在运动时会刺激生成一种名为抗利尿激素（ADH）的物质，这种激素有助于为我们保存体内的水分和盐分。"休 - 巴特勒解释道。为防止汗液流失，不管自己是否口渴就去喝水，这只是一种销售噱头，最终获利的只有饮料销售业。"因此，请听从自己的身体信号，"休 - 巴特勒说，"等到口渴时再去喝水。"

那么，当你真正收到口渴信号之后应该怎样做呢？答案是：想喝什么就喝什么。水就很好；果汁、无酒精啤酒或者牛奶都可以；或者你非要喝瓶运动饮料也没问题——但你要知道，为了引诱你购买运动饮料，厂家已经投入很多资金进行洗脑式营销了。

* * *

20世纪60年代，一位肾病医生及其同事研制了第一款运动饮料商品[20]——佳得乐（Gatorade）。这是一款专为佛罗里达大学橄榄球队鳄鱼队（the Gators）设计的康复饮料，这也是佳得乐名字的由来①。其实，这款饮料中的成分明显与补液盐类似，补液盐就是当你在腹泻一段时间后，为补充流失的电解质而服用的药剂，它的成分为：水、盐、糖和柑橘调味料[21]。尽管大多数人都可以在厨房自制出这种简单的混合饮料，但佳得乐很快在美式橄榄球联盟中名声大噪，部分原因在于他们声称自己的产品具有药用价值，而且能提高比赛成绩，虽然这种宣传激情满满，但从科学角度来讲存在争议。

诺阿克斯写道，20世纪70年代，佳得乐总公司开始关注其他市场，尤其是那些大量从事体育活动的人群，包括那些"渴望成为马拉松运动员的新一代慢跑者"[22]。该公司依靠明星代言、依靠诸如"佳得乐止渴剂"（Gatorade Thirst Quencher）、"佳得乐让你更顽强"（Be Tough）、"跑步就带上佳得乐"（Bring It）等朗朗上口的宣传语，让人们逐渐认为只要喝上运动饮料，就能参与健身革命了。

佳得乐很快迎来了一小群竞争对手，例如，"动乐"（Powerade）和"葡萄适"（Lucozade）。葡萄适的前身是一款长期

① 佳得乐与鳄鱼队的英文发音类似。——译者注

治疗肠胃感冒的补液药物，改名为葡萄适后进入了运动饮料市场。

运动饮料之所以比补液盐味道更好，是因为它含糖量较高，（通常）含盐量较低，而且添加了调味剂。正如一位营养学家所说[23]，运动饮料其实就是没气儿的咸味苏打水。这也说明，许多饮料行业分析师在进行市场预测时，会把运动饮料和普通软饮料归为一类。

所有跑过马拉松的人都可以证明，在经过数小时的锻炼后，喝一杯甜味运动饮料能让人恢复活力。但运动饮料的卡路里太高了，在补足水的前提下，普通人做的大部分运动根本无法抵消喝完一杯运动饮料摄入的热量。

实际上，如果运动时间不足 90 分钟，大多数运动饮料往往会因为卡路里含量过高，起到适得其反的效果[24]。在一项关于运动饮料的长期研究中，牛津大学的卡尔·海尼根带领研究团队得出上述结论，该研究发表在了《英国医学杂志》（*British Medical Journal*）上。海尼根及其团队调研了一家饮料公司[25]过去的一些研究，这些研究称其品牌的运动饮料能让人健康地补水。

海尼根研究团队的分析具有强有力的说服力："如果采用循证的方法进行调研，那么 40 年来的运动饮料研究并没有多大意义，尤其是当把研究结果应用于普通人群时。"[26]

牛津大学研究团队发现并批评的问题之一是：之前的运动

饮料用于研究使用的样本数量较小（降低了研究结果的可信度）。研究中许多运动员的训练环境和条件极其特殊，与大多数人锻炼时的普通环境不同。此外，实验中的数据通常是在未设置盲控制的情况下得来的，不具备说服力。

* * *

但除了糖含量过高这一缺点，运动饮料有没有存在的意义？也就是说，它能补充汗液中流失的盐分吗？有一个充分的理由可以证明运动饮料存在的意义：当汗液从汗腺中流出时，汗腺会努力地尝试吸收汗液中的盐分。盐是人体内一种很珍贵的成分：盐浓度稳定，我们的体液才能维持各种正常的生命活动，如神经元放电和心肌收缩等。查阅历史记载，其中满满都是为争夺可食用盐而发起的探险和战争[27]，足以说明盐对人类的重要性。然而，就像人体的出汗率千差万别，每个人汗液中的含盐量也各不相同。有些人的汗腺吸收盐的能力较强。在进入汗腺之前，组织液中的盐浓度大约为 140 毫摩尔。当汗液到达皮肤时，大多数人的汗液盐浓度已降到 40 毫摩尔[28]。但有些人随汗液流失的盐分是常人的 2—3 倍[29]。

即使你是个出汗少的人，也大概率见过汗量大的人：运动后，他们身穿的运动衫会变得像岩石一样硬，还会结成一道道白色条纹，这是因为含盐的汗液结成了块，把原本有弹性的衣服变成了一种矿物和织物的“混合体”。职业摩托车选手尤金·拉弗蒂就是这样一个人。摩托车赛不仅是一项让人肾上腺素飙升的运动，更是皮革机车服下的极限运动。尽管设计赛车服时采用了各种巧妙的设计元素，尽可能让机车服透气，但皮革绝不是一种透气衣料。因此，摩托车赛的选手经常会汗流浃背。

拉弗蒂起初在爱尔兰参加激烈的循环赛时，身体感觉良好。后来他又去了西班牙，最终到达气候更炎热的法国参赛。就在那时，拉弗蒂发现自己的精力越来越差，并且连肌肉都开始过度抽筋。“在空闲时，我只能在沙发上躺着，什么事都做不了。”他这样说道。这是因为比赛过于劳累，还是另有其因？拉弗蒂想知道自己的身体不适是否与盐相关，开始尝试服用盐补充剂，服用后感觉好多了。几年后，他接受了一次专业的汗液测试，发现自己的汗液中流失的盐分比常人多得多。他说，从那以后，他就开始喝一种含盐量极高的补液饮料，这款饮料含盐量为佳得乐的 3 倍，而含糖量只有它的三分之一。喝完后，他的精力恢复了，肌肉抽筋的症状也减轻了。

休 - 巴特勒和艾伦·麦克库宾等运动科学研究人员表示，目前关于维持体内电解质平衡，是否真的能提升运动成绩或预防肌肉抽筋的研究很少。“许多人认为这个问题的答案必然是肯定的，但专门探究这些问题的研究很少。”麦克库宾说。过去发表的研究表明，运动员应该逐步补充流失的电解质[30]，但过程到底要慢到什么程度，还在探究中。“假设一名铁人三项运动员或一名超级马拉松运动员，每小时会流失 600 毫克的盐。那么，他们应该每小时补充 600 毫克盐，还是补充 300 毫克盐？又或是 1 200 毫克盐？他们应该补充所有流失的营养物质吗？补充盐分和补充其他营养物质的区别在哪儿？这就是我正在研究的内容。”

与此同时，运动员（如拉弗蒂）开始关注这些提供定制补液的公司，如精准水合公司（Precision Hydration）。这家公司会检测运动员汗水中的盐分含量，然后向他们出售定制化运动饮料。

* * *

精准水合公司的展位，位于东伦敦的高档码头区的大型会展中心，在铁人三项表演展览的中央。这里有各种值得试用和购买的商品，从在游泳、骑行和跑步中都具有良好性能的精良运动套装到昂贵的石榴树提取物。如果你逛累了，可以去舞台观看健壮的铁人三项运动员的励志演讲。在我排队等待汗水盐度测试时，看到波浪起伏的开阔水面上正在进行游泳竞赛，一名肌肉发达的游泳运动员正在一下接一下地拍打着水面。

运动科学家偶尔会让运动员脱光衣服进入大塑料袋[31]，收集其汗液进行分析。但如今，许多研究人员都用一种更温和的方法收集汗液，这让我感到既欣慰，又有点儿失望：我要做的盐汗测试是通过一种名为毛果芸香碱的药物，把含有毛果芸香碱的凝胶盘放到手臂上直径为1英寸的圆圈区域内，给凝胶盘连上电路，释放小电流，利用电流将药物推入皮肤，接着皮肤会因受到药物刺激排汗[32]。

我问排在前面的人感觉如何。“还行，有点儿像文身。”他说道。听他这么一说，我有点儿害怕。轮到我的时候，我感觉到一阵刺痛感，伴随着嗡嗡响的电流声涌遍全身。然后我需要等几分钟，让药物刺激汗腺，这时精准水合公司的首席执行官安迪·布罗取掉我手臂上的凝胶盘，并在出汗的地方又放了一个新的圆盘。新圆盘上有小型导管，导管盘卷着，形成了一个微型塑料卷。我看着自己的汗水一圈一圈地移动，填满了导管。用这几微升的汗水，就能测出我体内的盐含量。

布罗转过身来，查看我的汗水收集情况。他很满意我的汗液收集速度，点了点头。“我出了很多汗。”我骄傲地说。

“确实很快，”他说，“但并不意味着你的汗水含盐量高。”

汗液分析只用了不到1分钟，然后布罗告诉我，我的汗液含盐量处于平均水平。“你的汗盐浓度为50毫摩尔，处于中等水平，”他说，“虽然每天可能会有一点儿波动。”

“跟我比起来，”布罗补充道，“在1升汗水中，我流失的盐分是你的2倍。”在合资创立精准水合公司之前，布罗是一名铁人三项竞技运动员。“如果在很热的天气下比赛，我会很崩溃。我之前喝的是为普通人设计的运动饮料，但我发现自己的盐分流失比常人多很多。”

“我们的业务是帮运动员鉴定他们汗液中的含盐量，并给他们提供盐分流失时的对策。运动饮料市场会把所有顾客都视为中等水平，”布罗说，“但是，其实对汗液含盐量不同的人来说，需求也不同。我们公司就提供了含有不同浓度盐分的产品。”几款热门的运动饮料公司也正在进入个性化补液的市场。比如，佳得乐一直在开发汗液监测贴片，以实时测量电解质的流失量。他们还向容易抽筋的运动员推销干粉包装的电解质。但是问题在于，任何公司的运动饮料都不能完全补充汗液中流失的盐分，就连精准水合公司的含盐量最高的产品也无法做到。

对很多人而言，汗液流失的电解质是无法完全通过喝运动饮料来补充的。把汗液中流失的盐都加入运动饮料，味道一定差到极点[33]。我们可以想想汗液的咸度，世界上没有人能成功咽下一小口这种齁咸的液体。即使运动饮料公司用了大量的糖来掩盖咸味，饮料中的盐含量还是远低于汗液。我们别无选择：大部分盐分只能靠吃咸味的食物来补充。

问题在于盐分补充方面，吃一盘咸土豆，是否与运动中喝补液饮料具有相同的效果，或者是否都可避免抽筋？“如果你锻炼了很多天，比如，在足球赛季前训练开始时，每天需要在炎热的天气下训练 2 次，而且身体没有适应环境；或者如果你参加的比赛超过 18 小时，而且持续高温，你将会流失很多的钠。”休－巴特勒说，“这时服用一些盐类补充剂很重要。但是，如果你只是出去跑 5 000 米或是进行体重训练，运动饮料的口味会更好，但是它真的有用吗？它真在给你补充你需要的钠量吗？也许没有。”

在一本涉及很多运动恢复策略的伪科学书《万事俱备》（*Good to Go*）中，记者克里斯蒂·阿什旺登总结说：“没有必要在水中加盐（或在啤酒中加盐：一位澳大利亚研究人员曾经试图制造一种更补水的啤酒，但他失败了）。”[34] 即便你运动了好几个小时，“因为身体的饥饿机制会帮你补回这些失去的盐分。你一定有过这样的时刻，比如，你想吃点儿咸味食物，这就是身体在提醒你需要补充流失的盐分。研究表明，不管有意还是无意，人们总会自然而然地选择食物，以补充汗液中流失的盐分或矿物质。因此，即使你需要补充盐分，也并不是说必须要喝运动饮料。”[35]

第三部分

汗水之战

8

玫瑰他名[1]

在人类发展的历史长河中，我们常常用香料来遮盖身体的气味[2]。这里的“我们”指的是“富人”，因为绝大多数的历史文献都只记载权贵之人。毫无疑问，有钱人享受的是“好闻的”生活。

依据时代背景和地理环境的不同，我们偶尔会洗完澡[3]后才使用香水。然而人类一直以来就执着于通过喷洒香水来遮盖体味。喷洒香水可不仅仅是为了掩盖自身的臭味。香水可以形成保护屏障，使我们闻不到别人身上散发的臭味，也可以防止疾病入侵[4]，因为过去人们认为污浊的空气会传播疾病。遇到难闻的气味时，可以把涂了香水的宝石戒指和吊坠凑到鼻前闻一闻，香气会形成一堵“芬芳之墙”。

古时候，对香水最为痴迷的当数古埃及人。巴黎的卢浮宫有一块大约建造于公元前600年的古埃及石灰石浮雕[5]。浮雕描绘了一座长满百合花的花园，数名裸胸的女子在采摘这些与她们差不多高的百合花。还有一些女子将百合花用布包起来，缠绕到两根木棍上，然后悬在一个巨大的器皿上，拧出油或水分，从而提取花香。顺着浮雕看去，制成的香水献给了埃及第二十六王朝的贵族佩尔凯普（Païrkep）。

古埃及人喜欢的不止有百合花的香气，他们的身上还散发着各种各样的香味，比如，玫瑰、肉桂、欧芹、柠檬草和没药。他们甚至调制了名为“奇斐”（*kyphi*）的复杂香料，原料多达16种[6]，包括葡萄干、乳香、没药、松木、蜂蜜、葡萄酒和杜松等。首先，人们把原料在研钵中研磨。其次，在红酒中浸泡。随后，可以直接涂抹，也可以加热生产出浓稠辛甜的香膏。当时的人们用这种香料来治疗肺部和肝部疾病，有时它们也作为熏香被放在热炭上。文化历史学家康斯坦斯·克拉森曾写道：“今天，当我们想到香水时，会自然而然地将其想象为液体。但是，在古代，人们更青睐能随意涂抹在身上的香膏，或者可以弥漫在空气中的香薰。事实上，英文单词‘perfume’的意思正是‘透过烟雾’（to through smoke），暗示了这种焚香方法对我们祖先的重要性。”[7]

古埃及人对香水的偏爱很可能源于苏美尔人。苏美尔文明属于青铜时代早期的文明，位于现今的伊拉克和科威特地区。古埃及的香水配方也传到了地中海沿岸各国：在塞浦路斯的皮尔戈斯镇，考古学家挖掘出了一个 4 000 年前的香水工厂[8]，当时的工人用附近磨坊中榨出的橄榄油来提取植物的香气。作家安提法奈斯（Antiphanes）对公元前 4 世纪的一位希腊富有男子的描述，可谓集中体现了地中海沿岸地区人们的用香妙招：

> 他将腿脚浸泡在埃及油膏中；
> 他用浓稠的棕榈油擦拭下巴和胸脯；
> 他的双臂散发出薄荷的甜味；
> 他的眉毛和头发散发出墨角兰的阵阵香气；
> 他的膝盖和脖子上涂抹着研磨后的百里香精华。[9]

在罗马帝国时期，香水更是融入了富人生活的方方面面。罗马有完备的管道系统，在宴会厅的天花板上往往安装了隐蔽的管道，可以通过管道释放不同的香气来搭配不同的主菜，而每道菜也会加入香水。现在，在地中海沿岸仍然可以寻到“香气扑鼻”的菜肴[10]：用蜂蜜和玫瑰水（或蜂蜜和橘子水）浸泡而制成的糕点，让人不禁回想起过去那个连盘子都喷洒香水的时代。

* * *

除了著名的法国宫殿，凡尔赛城还拥有一座迷人的香水历史档案馆——奥斯墨赛克（Osmothèque）香水档案馆。该馆坐落于镇上一处不起眼的地方。在档案馆里，参观者可以品闻到公元1世纪时，罗马帝国精英阶层所使用的香水；还可以体验法国小偷偷窃瘟疫患者时所用的保护性香水，它能防止自身受到感染；此外，参观者还可以闻一闻过去平民所使用的流行香水。

档案馆的陈列室墙上摆满了来自各个世纪的香水瓶，它们宛如精雕细琢的艺术品。许多瓶子由精美的水晶或琉璃制成，瓶身有的仿佛栩栩如生的鸟儿、有的仿佛绽放的花儿，还有各式各样的小雕像。根据历史学家尤金妮·布里奥的说法，即使在今天，这些瓶子本身的价值，也往往高于其所盛的香水的价值。

奥斯墨赛克香水档案馆的创始人，是已退休的调香师让·克利奥[11]，他曾主创了“傲慢”（Sublime）和“1000”在内的多款畅销香水品牌。克利奥查阅大量史料，寻找古老的香水配方，在实验室中重现古老的香味。在担任法国让·巴杜香水公司的首席调香师时，他还设计了赠予来访贵宾的香水、为法国鳄鱼品牌（Lacoste）调配了运动型香水系列产品，还为日本著名时装设计师山本耀司设计了标志性香水。由于让·巴杜公司有些早期出产的香水没有留下气味档案，克利奥决定在退休前为后世重现这些香水。克利奥告诉我，人们在闻到这些古老的香水时很开心，这也进一步激励了他重现更多古式香水的做法和决心，同时，他也开始从各香水公司收集现有产品，进行归档整理。克利奥表示："时装设计师可以前往纺织博物馆，从过去汲取灵感，调香师却没有类似的场所可去。"

克利奥身穿黑色高领毛衣和量身定制的灰褐色运动夹克，带我参观了奥斯墨赛克的香水档案馆和实验室。这里的人将其称为"酒窖"，这是因为该馆大部分的香水（约 4 500 种）都存放在温控葡萄酒柜中。这里的香水已从精致的瓶中取出，放入棕色玻璃容器，以防止光线穿透玻璃罐降解脆弱的气味分子。为了保护这些稀有香水，瓶罐中灌满了氩气这种惰性气体，这样可以保护香水，避免其与氧气接触，防止脆弱的气味分子氧化。

克利奥说："这瓶很有意思。"说着向我展示了一瓶天然海狸麝香，这是从海狸肛门的气味囊中提取的，闻起来像皮革和桦木，但是气味更甜。克利奥解释道，现代香水中的麝香大多数都是合成的，因为天然麝香成本实在太高了。此外，为了保护动物，大多数地方已禁止使用侵入性手段，因此无法从海狸、鹿和果子狸等动物的肛腺体中提取液体。

由于奥斯墨赛克是档案馆，一些国家和地区禁用的香水成分也可以贮藏在这里，其中包括从丁香中提取的丁香油酚，该成分可能会导致皮肤过敏。克利奥继续说道："我们可以使用违禁成分来重现过去的香水，这是因为来这里的人们只是闻闻（样品棒上的）气味，而不是涂在自己的皮肤上。"

克利奥最开始复制的香水，是奥斯墨赛克的镇馆之宝。这是一款来自公元1世纪的香水，罗马哲学家老普林尼记录下了其部分成分。这款香水被称为皇家香水（Royal Perfume），因为它专供帕提亚帝国[①]皇室御用。克利奥随手递给我一瓶样品，向我说道："因此，伊朗流亡皇后法拉赫·巴列维来法国时，送给她一瓶这个香水，才符合她的身份。"

我闭上眼睛缓缓吸气，仿佛瞬间置身于天主教堂的亚麻织品衣橱，空气中弥漫着熏香的纺织品气味。这种气味时刻提醒着我：基督教宗教仪式上用的香味，是从古代传承下来的。苹果奶酥的味道，混杂在浓郁的熏香气味中，像是有人把甜点偷偷放进了天主教衣橱；肉桂和小豆蔻的气味混合在熏香的气味中，一种神圣感油然而生。当然，还有饥饿感。我喃喃自语："天呐，这气味既富有宗教意味又美味，我从没想到香水还能让我想起食物。"

克利奥推测："让人能联想到食物，实际上是有意为之。在罗马帝国时期，精英阶层从不早起，起床之后便会泡温泉、洗

① 存于公元前247—224年，现代伊朗周边地区。——译者注

澡，然后奴隶们为他们带来干净的衣服，并为一天中最重要的时刻做准备：午餐。吃完午餐再放松放松。”克利奥认为，也许这些精英阶层喷香水不仅仅是为了好闻，也是为了增加食欲。

凭借着当调香师的经验，克利奥复制了香水配方。老普林尼的配方中，列出了27种成分[12]，但是，没有提及具体的成分配比。“在当时，对调香师来说，制作香水的方法非常简单，不需要大量的说明。”这就如同厨师制作最喜欢的菜肴一样，古代调香师只需要一份基本清单即可，他们从不会忘记添加没药、岩玫瑰，或是藏红花、香茅、莲花、马郁兰、蜂蜜、葡萄酒，或者3种分别来自锡兰、中国和阿拉伯的肉桂。为了获得皇家香水的原料，克利奥不得不依靠植物学家来帮他寻找那些鲜为人知的成分。例如，叙利亚芦苇和索马里坚果，后者要从非洲之角的抗旱辣木树的荚果中获取。此外，克利奥还必须学习古老的香味提取技术：把坚果浸软，再将其置于阳光下晒至成熟。大多数现代调香师都不会这么做。花了两年的心血，克利奥终于复原了2 000年前的香水配方，他小心地称其为“一种阐释”，因为虽然他查证了大量历史资料，但在复原过程中，还是会有大量的即兴创作的成分。

在克利奥重现的其他香水中，我们嗅到了一种香味，据说是14世纪匈牙利女王使用的香水。商人将其包装为“永葆青春的灵丹妙药”四处兜售。因为使用这款香水的匈牙利女王活到了75岁的高龄，还嫁给了比她年轻很多的男人。女王的香水运用了当时所引进的酒精蒸馏技术，该技术由公元10世纪的阿拉伯人发明[13]并传至欧洲。从葡萄酒中蒸馏出来的酒精，从古至今都是存储植物香气的理想载体。匈牙利女王的香水散发着香草的气味，仿佛她怀里一直揣着一枝迷迭香。克利奥说，这款香水也受到风湿病患者的青睐，喷洒酒精类的物质可能会使关节发热并有助于缓解疼痛。我们还闻到了一款特别版的古龙香水，据说，拿破仑流亡到南大西洋的偏远地区时，他最喜欢的柑橘香水用完了，他的仆人就为其调制了这款香水。当时的拿破仑无法从数千英里外的德国科隆[14]弄到香水，流亡生活中的日常沐浴也就更别提了。

克利奥说："我猜你对那4个小偷用的香水也很感兴趣。"据传，在瘟疫时代（13—17世纪），有4个臭名昭著的小偷，专从感染病人或染病去世的人那里偷取珠宝和金钱。光论偷盗的贵重物品数量之多，还不足以让这些肆无忌惮的小偷们出名，真正让他们出名的是：尽管接触了许多感染源，他们却在肆虐的瘟疫中幸存了下来。被警方抓获后，他们被判处死刑，但他们可以选择死亡的方式。克利奥解释："一是受酷刑折磨而死；二是供出避免感染的秘诀，换取一个痛快的死法。"这个秘诀就是他们所喷洒的香水混合物：四贼醋（*le vinaigre des quatre voleurs*），克利奥边说边把样品递给了我。

醋的刺鼻气味使我的鼻子产生了阵阵刺痛感。除了轻微的热辣感，我还闻到了鲜薄荷和其他绿药草的浓烈香味。这种“防疫香水”闻起来像是美味的沙拉酱，我好奇地笑着问克利奥：“它如何能保护人们免受瘟疫的侵害呢？”

克利奥回答：“这似乎不太可能，但是，醋具有抗菌、杀菌的特性。”

毫无疑问，喷洒醋是一种可取的方法，可以遮盖任何难闻的气味，无论是你自己散发的气味，还是被盗尸体的臭味。即使在今天，许多人仍将浓醋作为家庭清洁剂和空气清新剂，这都源于醋具有杀死细菌、消除异味的功效。尽管小偷们自己也不太清楚为什么醋会这么有用，但不得不说，他们的配方的确很管用。几个世纪后，科学家才发现小型微生物生命形式的存在，及其在传染病中所起到的作用。小偷的做法似乎更先一步，他们所喷洒的香水中的消毒醋可能已杀死了鼠疫病原体，但更为重要的是，消毒剂是现代防臭技术的关键。

我突然觉得自己的嗅觉能力已到极限，它就如同一块没锻炼过的肌肉，硬是负重了 200 磅。我的嗅觉疲惫极了，变得不灵敏、反应迟钝。我突然明白了，当我询问克利奥喷了哪款香水时，他表示拒绝，说：“我不喷香水，因为我要把自身的气味降到最低限度。”他继续说道，“如果你每天都在与气味打交道，那么如果自己身上的气味过重，就会使鼻子过度劳累，这是非常不明智的做法。”感谢克利奥给我带来了一场芳香的时光之旅，我走出门去，缓缓地吸了几口冬日清新的空气，才让我的嗅觉从刚才的气味中解放。顿时，我感到心旷神怡。

* * *

奥斯墨赛克香水档案馆重现的浓烈的古老香水，主要是富裕的精英阶层在使用，普通人无法承担如此昂贵的花费。但后来这一现象发生了变化。由于工业革命和科学发现[15]，香水成为大众商品，生产成本大大降低。没过多久，任何人都可以购买便宜的香水，来遮盖自身的难闻气味。

在工业革命前，大部分香水的制作都需要人工参与。但是，在工业革命后，人们可以利用机器和工业蒸汽以更快、更有效的方式提取和制成令人愉悦的气味。举例来说，有一种称为“enfleurage”的古老制香过程。enfleurage是法语词汇，表示脂吸法（一种提取植物精油的方式）。在实践中，人们将鲜花暴露在油脂或油中[16]，进而将其香气吸附至液体中。今天，人们借助“饱和器”这种工业发明，每天能处理大约800千克的热脂油[17]。脂吸法只能在1天内进行，而非35天。

也许香水制作过程中最重要的技术进步发生在试管中，因为合成化学家努力尝试在实验室中重现一些气味[18]，而不是从农场种植的、有香味的作物中提取。合成香水发展之后，调香师无须担心植物生长季节的多变天气，无须担心作物的收割时间，也无须担心通过蒸馏法、脂吸法和冷萃法（保护容易被热破坏的香气）提取所需气味的精细过程出现偏差。香水制造者可以依靠化学家在实验室重现一种香水的主要香气，而这通常只需花费一小部分成本和时间。

香草，是一种流行的香水成分。据称，西班牙征服者赫尔南多·科尔特兹当时注意到，阿兹特克帝国皇帝蒙特祖玛[19]，饮用了一种用香草调制的巧克力饮料。16世纪，这种豆类以及香草大受欢迎。人们对香草的需求很大，以至于欧洲殖民大国试图在世界各地建立香草种植园，结果却不尽如人意。事实证明，这种香草需要依靠中美洲的蜜蜂才能进行授粉。1841年，法国留尼汪岛殖民地的一个男孩，用一根棍子给每朵花授粉，从而实现了人工授粉。对香草工业来说，人工授粉是一个福音，但过程艰辛。因此，香草也成为一种较为昂贵的香水成分。在19世纪70年代，化学家找到了一种方法，能在实验室制作出香草的一种主要成分：香草醛分子。这彻底改变了香草在香水行业的作用。

1876—1906年，香草醛的价格下降了99%，因此，以此为基础的产品、食品和香水销量都呈爆炸式增长。任何真正了解香草的人都知道，其所含的许多成分可以使味道更加完美，更具吸引力；但香水生产商以及客户，似乎都不介意这些新的香味是人工合成的。新的人工合成的香草醛首次出现在“姬琪”（Jicky）中[20]。姬琪是1889年推出的一款巴黎香水，推出后不久，很快就受到全球很多人（无论男女）的青睐。卢卡·都灵（Luca Turin）是一名生物学家，也是嗅觉科学领域的著名学者。他在《香水》（*Perfumes*）一书中写道：“中性香水不是现代才发明的。在电动汽车‘永不满足’（Jamais Contente）打破世界速度纪录并达到每小时 100 千米之前的 10 年，无论男女都用这款香水。”[21]

技术的进步使下层阶级也能享受香水的芬芳。但是，随着普通民众也开始使用有名的香水品牌，资产阶级附加在香水上的特权和威望也逐渐消失。举例来说，合成天芥菜以带有香草樱桃香气的花朵命名，它最初被化学家制作出时，是巴黎最受欢迎的合成香水之一[22]。然而，随着上流阶层对这一香水的“冷落”[23]，该款香水的价格开始下降，并逐渐为普通大众所使用。

上述现象也给香水行业带来了一个财务难题：是否应该把产品定位到大多数的普通大众来提高销售量，还是应该将香水标记为奢侈品并以高价出售给占少数的富人？事实证明，营销是最佳的解决方案。平民可在集市上大量购买香水，同时，类似的香水也可以装在精致的瓶瓶罐罐中[24]，配上吸引人的彩色标签后，放在精品店中以高价出售给精英阶层。尊贵与否并不完全在于香水本身，而在于香水的包装和营销。

9

保卫腋窝[1]

1912年的夏天，在大西洋城参加博览会的人们热得汗流浃背，这对艾德娜·墨菲来说，无疑是天赐良机。墨菲是一名来自辛辛那提的创业高中生，2年以来她一直都在尝试推广一种止汗剂[2]，但都以失败告终。这种止汗剂是她身为外科医生的父亲发明的，用于在手术室保持双手始终处于无汗状态，尤其适用于潮湿的夏季。十几岁的时候，墨菲曾在她的腋窝下使用过父亲发明的止汗剂，发现可以除湿去味。她将止汗剂命名为“奥德瑞诺”（Odorono，字面意思为“和气味说拜拜”），并创办了一家公司，专门销售这种止汗剂。

墨菲从祖父那里借了150美元[3]，租了一个办公车间。她雇了一些女销售员上门推销，却无法获得足够的利润。于是，她不得不把工厂搬到她父母的地下室。药店零售商要么拒绝进她的货，要么把卖不动的产品原封不动地退回来。

这一切的原因在于：在当时，谈论出汗是一件失礼的事情。广告史学家朱利安·西武尔卡解释道："这仍然是一个维多利亚时代（民风保守）的社会，没有人会在公共场合谈论出汗，或者讨论其他任何与身体机能相关的问题。"[4]

在20世纪初期，由于室内管道的普及，绝大多数人在处理自己的体味问题时，往往会选择用香皂和水经常清洗[5]，然后用香水、古龙水或稀释的醋遮盖一切臭味。担心汗液渗透衣服的人们，则会选择在腋窝处垫一种棉质或者橡胶材质的护垫，以保护衣物不受汗液的浸染。

早期的止汗产品创业者认为，他们可以做得更好。他们试图兜售小苏打[6]、红辣椒[7]和甲醛[8]等产品，以达到除湿、去味的效果。1867年，来自弗吉尼亚州彼得斯堡的亨利·伯德获得了美国首批除臭剂专利之一[9]。如果氯化铵、重铬酸钾和氯化石灰可以对医院进行消毒，那么腋窝为什么不能呢？伯德在他的专利中写道："上述化学物质虽已单独用作消毒剂，但其以给定比例组成的混合物，对消除人体异味非常有效。"[10]

来自纽约市林森小丘社区的乔治·索斯盖特（George T. Southgate），是另一位有望获准的专利申请者，他认为应该用面包酵母[11]制作除臭剂。根据他的大胆设想，酵母能消灭引起异味的细菌。正如他在专利中所阐述的："酵母发酵的活性要高于细菌感染。”[12] 这就是除臭剂的工作原理。简而言之，他是在向大家推介酵母菌感染的知识。

第一个拥有注册商标的除臭剂于1888年推出[13]，名为“玛姆”（Mum）。它通过防腐氧化锌来破坏腋窝细菌[14]，从而防止异味的出现。1903年，第一个拥有注册商标的止汗剂“干爽净”（Everdry）[15] 也问世了。它利用氧化铝来堵塞汗孔，有效地切断了细菌的食物来源，这与墨菲在“奥德瑞诺”中使用的策略和活性成分相同。对除臭剂和止汗剂而言，绝大多数的配方设计师还在其产品中加入了品质上等的古老香水，以防止腋窝细菌数量反弹或汗孔堵塞。

当墨菲开始兜售“奥德瑞诺”时，已经出现了像“酷灵”（Coolene）[16] 这样的产品，其品牌方承诺这是一种“药物厕所芳香剂”[17]。还有“除臭灵”（Odorcide），其品牌方声称可以帮助解决“厕所的问题”，因为“没有什么比汗水排泄物发出的气味更令人厌恶了”[18]。

腋窝产品的创业者确信止汗产品会是未来一大趋势，并试图让专利局和商标局相信他们的想法是新颖的。但很遗憾，这一想法并未引起公众的兴趣。听说过止汗产品的绝大多数人都认为，防汗用品用处不大，且对身体不利。

1912年，在大西洋城博览会上出售“奥德瑞诺”时，墨菲着实学到了一些经验。最初，销售并不顺利，“奥德瑞诺”似乎又将以失败告终。公司发展史曾这样记载：“展览摊位工作人员刚开始没有任何销售业绩，于是就给墨菲发电报，要求送一些润肤霜过来销售，以便支付展览费用。”[19] 幸运的是，展览持续了整个夏天，天气热得让参观者无力招架，汗水完全浸湿了衣物，他们对“奥德瑞诺”除汗剂的需求也增加了。在这场博览会上，墨菲凭借“奥德瑞诺”赚到了第一桶金（30 000 美元），还获得了一些客户资源。

到 1914 年，墨菲已经赚到足够的钱来聘请专业广告商。她选择了总部位于纽约市的广告公司智威汤逊（J. Walter Thompson）。该公司派出广告文案员詹姆斯·韦伯·杨负责这个项目。1912 年，杨被派去开办该公司在辛辛那提的办事处，而这正是墨菲生活的地方。杨过去的工作是挨家挨户上门推销《圣经》[20]。他只有高中文凭，没有接受过专业广告培训，通过肯塔基州一个儿时朋友的关系，他获得了智威汤逊公司广告文案的工作。但他随后的成功最终证明了公司的慧眼识珠。借助“奥德瑞诺”这块“跳板”，杨后来成为 20 世纪最伟大的广告文案策划人之一[21]。

杨首先必须克服一些主要障碍：虽然“奥德瑞诺”的止汗时间长达 3 天[22]，比现代同类产品更持久，但其有效成分氯化铝必须在酸性环境下才能保持活性[23]。（早期止汗剂都有这个问题，几十年后化学家才找到了弱酸的配方。）

“奥德瑞诺”所含的酸性液体，会刺激敏感的腋窝皮肤。1914 年，代表美国医学会实验室的科学家调查了“奥德瑞诺”

所含的化学成分，最后科学家在调查报告中将产品列为“剧烈刺激物”和危险“止汗剂”[24]。但是，该公司在产品标签上声称，“‘奥德瑞诺’制造商保证绝对无害”。[25]

雪上加霜的是，“奥德瑞诺”的颜色是红色的[26]，即使其酸性成分不一定会瞬间腐蚀衣物，但也可能会掉色染在衣物上。据公司记录，当时一些客户投诉，说该产品毁掉了很多高档礼服（其中就包含一名女士的婚纱）[27]，而且还会引起腋下皮肤红肿，产生烧灼感。为避免上述问题的出现，“奥德瑞诺”建议其用户[28]在使用前不要剃腋毛，并在晚上睡觉前将产品涂至腋窝处，留出足够长的时间让止汗剂彻底干透，这样才能渗入毛孔有效止汗。

“奥德瑞诺”虽说有一些天然的缺陷，但公司需要让女性相信该产品是值得拥有的。因此，杨早期在宣传广告中向大众说明“出汗过量”[29]是一种令人难堪的轻微生理病态，需要药物治疗。人们往往在服用药物时感到不适，而杨将该产品描述为“可解决生物学问题”，希望人们可以忽略其所带来的皮肤和衣物的问题。当人们的观念改变后，“奥德瑞诺”的销量翻了一番，还远销至英国和中国。可是，好景不长，1919年，“奥德瑞诺”的销量增长趋缓[30]，杨倍感压力，如果不能推陈出新，他就可能失去继续为“奥德瑞诺”设计广告的工作机会。

也就是在那时，杨开始独辟蹊径。随后，他声名鹊起。智威汤逊广告公司针对止汗剂进行了一次上门调查，西武尔卡说："结果显示，几乎所有的女性都知道'奥德瑞诺'这种产品，大约三分之一的人使用过[31]，不过还有三分之二的人觉得自己不需要。"

杨意识到，提高销量的关键，不在于让人们知道止汗产品的存在，而是让剩下三分之二的目标客户相信，出汗是非常尴尬的行为。随后，杨尝试在广告中向女性传达这样一种观念："出汗实际上是一种严重的社交失礼行为，周围的人不会直接告诉你，却会在私下议论，影响你的人际关系。"

1919年，杨在杂志《女士家庭期刊》（*Ladies' Home Journal*）上刊登的广告更为直截了当。画面是一个男人和女人亲密浪漫的场面，上面的大标题是："女性手臂的曲线：坦率讨论了我们经常回避的一个话题。"[32]

"女人的手臂！诗人曾歌颂过它的优雅，艺术家曾描绘过它的美丽。那应是世上最精致、最圣洁的部位。不过很可惜，事实并非总是如此。"[33]

广告继续解释道，女性可能因为出汗产生的体味而招致厌恶，但是，她们甚至都不知道这一情况。这个广告的关键信息显而易见：如果你想留住身边的男人，最好不要有汗味。

这则广告在1919年引起了美国社会的轰动。大约200名《女士家庭期刊》杂志的读者认为受到了"侮辱"，愤然取消订阅。杨本身也遭遇困境，他在回忆录[34]中说，广告刊登之后，他社交圈中的女性朋友都疏远他，甚至不跟他说话。他的一名女同事认为他“侮辱了所有的美国女性”。

然而这个策略果真奏效了。广告刊登后1年内，“奥德瑞诺”的销量提高了112%，销售额达到41.7万美元。[35] 截至1927年，墨菲见证了自己公司的年销量突破100万美元。1929年，墨菲把公司卖给了著名的指甲油产品卡泰克斯（Cutex）的生产商诺塞姆·沃伦（Northam Warren）公司[36]，之后这家公司继续雇用智威汤逊广告公司，杨也继续负责推广这款止汗剂。

如果说“奥德瑞诺”早期的广告具有攻击性，那么后期的广告连最后一点儿隐晦都荡然无存了。1939年，“奥德瑞诺”的主打广告描绘了一个从不使用止汗剂的女性，她魅力十足却郁郁寡欢；广告的标题是“美丽却愚蠢：不懂得长久保持吸引力的第一秘诀！”[37]

同时，广告商突然意识到，一旦女性结婚，就有可能不再购买他们的产品了。对此，文案撰稿人继续绞尽脑汁，以保住那些已婚客户。1936年，“奥德瑞诺”推出了一则广告，广告一开始就问道：“为什么如此多的已婚女性，会认为自己的婚姻很稳定呢？”[38]

> 是因为她们对单身女性具有吸引力的秘诀视而不见或莫不关心吗……“于是，他们过上了幸福的生活。”所有的故事过去都是这样结尾的。现在这却是故事的开始：

婚姻是舞台布景，而不是戏剧的结局。真的存在永远美满的婚姻吗？[39]

杨利用女性缺乏安全感改变了广告策略，获得了经济上的巨大成功，这也很容易被竞争者模仿。很快，其他除臭剂和止汗剂生产商也模仿“奥德瑞诺”所谓的“谣言广告”，吓唬女性购买止汗产品。

* * *

除臭剂和止汗剂一直都在针对女性用户做宣传，但没过多久，这些公司也想让男性使用这类产品。男性也有体味，但被认为是一种雄性魅力的象征。这种观念俨然成为一种文化，没有人想去推翻，但除臭剂和止汗剂生产商意识到，如果能打开男性市场，他们的利润可能会翻倍。

纽约州立大学布法罗分校的技术与医学史学家卡里·卡斯蒂尔说：“为了开拓市场，在以女性为目标的广告最后，广告撰稿人开始很不客气地加了几句评论：女人，不要让你们的男人臭烘烘的，给自己买的时候记得买两个。”[40]之所以会这样，是因为男性大都不愿意购买此类产品。例如，1928年，智威汤逊广告公司就男性是否购买“奥德瑞诺”而对公司的男性员工进行了一项调查，其中一名男性说：“我觉得男人用了除臭剂会缺少男子气概。”[41]

但也并非没有潜在的市场。智威汤逊公司的一名员工认为:“男性除臭剂市场还是一块处女地。广告文案总是针对女性，为什么不在知名男性杂志上好好策划一场宣传呢？”[42] 1935年，美国公司柯克伦（Corcoran）推出了第一款针对男性的除臭剂产品：黑色瓶子包装，品名为塔普-弗莱特（Top-Flite），每瓶售价75美分[43]。

与为女性设计的产品一样，男性止汗剂的营销策略没有在男性未获得的浪漫爱情上“下功夫”，而是捕捉他们的不安全感。时值20世纪30年代股市大崩盘、经济大萧条时期，男性普遍担心失去工作。广告聚焦于“在办公室环境下出汗过多十分尴尬”，会带来“不专业感”，可能“毁掉你的工作和事业”。

卡斯蒂尔说:“大萧条转变了男性的角色。以前的农民和工人，失去工作的同时也失去了男性的骄傲，但是，塔普-弗莱特止汗剂能瞬间恢复这种男性骄傲。”[44] 这样一来，止汗剂产品就不单单是女性产品了。

1940年出现了一种装在瓷瓶里的除臭剂西弗斯（Sea-Forth），看上去好像一瓶威士忌。卡斯蒂尔说:“该公司的老板阿尔弗雷德·麦克凯威认为自己想不出还有什么比威士忌更能体现男性魅力。”[45] 销售人员还特地为男士产品开发了“特殊形容词汇”[46]，比如，诱人的、清新的、温文尔雅的、精力充沛的、健壮的、阳刚的、具有男子气概的[47]。1965年，《生活》

（*Life*）杂志报道称“男士美容用品热度大涨”[48]。那一年，男士用品占据了美国化妆品市场的20%。[49]

在捕捉了成年男性和女性的不安全感后，止汗剂产品企业又将目光转向青少年，希望该产品的市场覆盖美国青少年以上的所有年龄段。许多除臭剂和止汗剂如潮水般出现在市场上，诸如春（Shun）、哈希（Hush）、维托（Veto）、南斯皮（NonSpi）、“丹蒂”香体剂（Dainty Dry）、斯力克（Slick）、柏斯托（Perstop）和兹普（Zip）等品牌层出不穷。

* * *

除臭剂和止汗剂的成功使得一个价值750亿美元的产业[50]迅速崛起，然而这不仅依靠巧妙的营销策略，还在于产品的不断改进。最初的产品油腻或具有腐蚀性，使用起来很不方便，但后来产品已经得到了不断完善。

止汗剂的最大缺陷是，它含有的酸性碱基会腐蚀衣物并导致皮疹。这种酸性碱基对稳定氯化铝[51]来说至关重要，氯化铝是一种止汗成分，会渗入毛孔，结晶形成堵塞物。金属（铝）和盐（氯化物）之间的化学反应是不稳定的，除非悬浮在盐酸中，否则它们均无法保持自身的化学性质。如果没有添加强酸，铝和氯化物会沉淀成固体粉末，对止汗没有效果。但是，强酸可不是温和的化学物质。

1939年，芝加哥市化妆品化学家朱尔斯·蒙特尼耶无意间想到了可添加第三种分子[52]来促成铝与氯化物的微弱结合。他发现了一组分子并申请了专利；该组分子主要含有氮原子，可促进氯化铝的结合。此后，溶剂只需要具有中等酸性就可降低顾客在止汗时损坏衣物和皮肤的可能性。蒙特尼耶称这种新型止汗剂为“塞皮特”（Stopette）。

蒙特尼耶还为“塞皮特”开发了一种新的使用方法——为止汗剂设计了喷雾瓶，也申请了专利[53]，可解决市场上其他主流止汗剂的常见问题。顾客不需要使用海绵或棉球轻拍腋窝（如“奥德瑞诺”止汗剂），也不需用手指揉搓（如“阿瑞德”止汗剂），只需要挤压塑料瓶把它“喷洒”[54]到腋下。据当时的电视广告数据统计[55]，截至20世纪50年代初，“塞皮特”已售出了数百万瓶。

与此同时，另一家化妆品公司伊丽莎白·雅顿（Elizabeth Arden）设计出了一种更佳的铝盐配方，使其活性成分只需要悬浮在一种pH值为4的微酸性溶液中，这个酸度与从毛孔中渗出的汗液大致相同。

止汗行业的历史学家卡尔·拉登认为，氯化羟铝[56]这种新的活性成分是市场最重要的技术突破之一[57]，也是当今市场最常见的止汗成分。如果你在使用止汗剂，最有可能就是氯化羟铝这种成分在止汗。然而，与氯化铝相比，氯化羟铝的主要缺点就是止汗效果不长久。原有的“奥德瑞诺”和“塞皮特”止汗产品可以保持毛孔干燥数天[58]，但只能在特殊场合使用。而氯化羟铝对皮肤的刺激性大大降低，含有此成分的新型止汗剂可以每天沐浴后使用。

但其中仍有一个主要问题尚未解决：对止汗剂而言，无论是用喷雾瓶喷，还是用手指揉搓，都需要时间才能干燥。喷洒或涂抹后，你必须举起双臂四处走动一会儿，然后再穿衬衫。一位名叫海伦·巴内特的化学家决心解决这个问题[59]。1952 年，她在美国百时美（Bristol-Myers）公司任职，主要负责洗浴用品和药品的研发工作，而百时美是当时拥有除臭剂“玛姆”专利的公司。受到圆珠笔的启发，巴内特开发了第一款滚珠除臭剂[60]，这是她最大的成就，解决了液体产品使用时的浪费问题。第一款滚珠除臭剂取名为如莱特（Roulette），但由于技术原因惨遭失败（有传言称腋毛容易卡在滚球内）。不久后，名为班恩（Ban）的测试版除臭剂却大受欢迎。[61]

滚珠不是唯一解决产品滴漏问题的发明。气溶胶喷雾技术的发展也有效地解决了这个问题。这项技术兴起于 20 世纪 50 年代，盛行于 20 世纪 70 年代。[62]

1941 年，美国农业部发明了用于喷洒杀虫剂的气溶胶喷雾罐，并获得了专利[63]，这给人们带来了福音。根据行业历史学家拉丹的说法，“用于腋下的气雾剂产品迅速在市场走俏。不仅许多滚珠和乳霜用户转而使用气雾剂，而且也吸引了很多之前不使用腋下产品的男性”[64]。1973 年，气雾剂占除臭剂和止汗剂市场的 8% 以上。

但是，我们对喷雾器的青睐也到此结束了，因为它带来了一系列令人担忧的问题。离火炉或加热器太近时，加压罐可能会爆炸[65]；青少年通过呼吸喷雾剂的气味获得快感；臭氧层受其影响，环境科学家确定碳氟推进剂（助力喷射的分子）是造成臭氧层消耗的原因。20 世纪 70 年代中期，联邦机构开始考虑如何监管有问题的推进剂。

喷雾器还存在其他健康隐患。例如，止汗喷雾中的推进剂和止汗成分不仅会落到腋窝，还会被人们意外吸入。1973 年，在吉列（Gillette）公司推出两种新的止汗喷雾后不久，就召回了产品。据《时代变迁：吉普林格杂志》（*Changing Times: The Kiplinger Magazine*）报道，“吉列公司发现猴子在接触喷雾剂后肺部发生感染，并且把这一情况告知了美国食品及药物管理局（FDA）”。[66]

后来，科学家开发出了更安全的成分，这种成分既不会消耗臭氧层也不会损害肺部。然而，喷雾剂形式的除臭剂和止汗剂再也没有恢复到从前的辉煌。但不可否认，它在欧洲仍然拥有稳固的市场份额。

* * *

在止汗产品的成分列表中，很少有成分像铝一样引起公众焦虑的，而每一款止汗剂里都含有铝。虽然没有铝也可以抑制腋臭，但铝是通过堵塞汗孔来去湿的唯一有效成分。市场上的止汗产品都要用到铝。

与铅一样，铝对我们的身体发挥不了生物学作用。与之相对，我们的身体需要（至少是少量的）铁、铜和锌把氧气输送至身体末梢，对抗病原体，治愈伤口并控制胰岛素水平。

虽然我们的身体不需要铝，但它在地球上随处可见。铝是地壳中含量最丰富的金属元素之一。基岩中含有大量铝，因此渗入了世界各地的供水系统。此后，铝会被植物吸收并出现在我们的食物中，诸如芝麻、菠菜和土豆等食物都含有较高的铝含量，茶叶和一些香料（包括百里香、牛至和辣椒）也含有铝。[67] 一些加工食品还添加铝作为稳定剂，如磷酸铝钠和硫酸铝钠[68]。

铝广泛存在于地球、水和食物中，也就不可避免地存在于人体内，而且一直如此。这也就解释了，为什么我们的肾脏要将铝及其他有毒元素排出体外。我们通过食物摄入的大部分铝都会直接被排出体外。当铝被肠道吸收时，我们的肾脏会将其过滤并通过尿液排出，但一些铝仍留在我们体内。[69] 对身体健康的人来说，每千克体重通常含有 30—50 毫克的铝[70]，主要集聚在肺部和骨骼中，少量散布于肠道、淋巴结、乳房和大脑中。为了避免我们体内的铝超出肾脏所能承受的范围，世界卫生组织建议我们，铝的摄入量应控制在每千克体重每周 2 毫克[71]内。一个更为重要的现实是，在地球上生活与饮食，我们不可避免地会摄入铝。

但是，我们的身体并不需要铝。如果体内有大量铝，人体的神经系统将会受到严重损害，这也是我们想办法消除它的原因。对肾脏虚弱的人来说，铝中毒可能导致严重疾病。在肾透析早期，肾病患者可能会因体内残余的铝而出现中毒现象[72]。一旦中毒，患者会出现记忆力减退、妄想症、精神失常、肌肉无力、抽搐和死亡等症状。因高浓度铝而中毒的人，会表现出一些与痴呆相似的神经学特征，为此研究人员想知道，铝是否会导致阿尔茨海默病：临床证据显示答案是否定的。自 20 世纪六七十年代提出铝与阿尔茨海默病的关系理论之后，许多研究都驳斥了这一理论[73]。但该理论仍然存在，因此，美国阿尔茨海默氏症协会和其他患者组织建议，有必要在其网站上澄清[74]："研究未能证实铝可能导致阿尔茨海默病。如今专家将研究转向其他领域，很少有人认为日常生活中的铝会对身体构成任何威胁。"

不过，铝的含量过高对大脑不利。这就出现了一个问题：鉴于我们从食物中摄入了一些铝，那么再使用止汗剂，是否会使我们体内的铝负担超出安全标准？

答案是否定的。根据欧洲风险调查局于 2020 年评估的可靠证据，使用含铝止汗剂不会对人的健康造成威胁。[75] 但有一点需要注意的是，很少有人研究止汗剂中究竟有多少铝通过皮肤进入人体。尽管个人护理产品中含铝这一事实已存在一个多世纪，但只有少数几项研究专门通过人体皮肤追踪了铝对身体造成的负担，在本书出版时只有3项[76]。研究数量偏少，不足以得出任何科学结论。

相比之下，人们进行了大量研究来评估食物中到底有多少铝会被我们的身体组织吸收，以此来确定食物中的铝有多少被肠道吸收。很长一段时间内，公共卫生风险分析师评估了使用止汗剂而接触铝的问题，他们认为，铝通过皮肤被人体吸收，与通过肠道吸收是类似的。然而，他们从未真正检验过这种说法是否合理。[77]

2001年，专家第一次进行了铝渗透皮肤实验。[78]科学家们将氯化铝水合物（常见的止汗成分）置于两个受试者（一男一女）的腋窝下，让他们使用一次，并跟踪他们7周，定期采集他们的血液和尿液样本。结果显示，只有极少量的铝（约为0.012%）通过皮肤被人体吸收，比食物中铝的摄入量低约40倍。在随后发表在《食品和化学毒理学》（*Food and Chemical Toxicology*）上的论文中，该研究团队写道："在皮肤表面使用一次性氯化水合物（止汗剂中铝的存在形式）不会增加铝对身体的负担。"[79] 这一结论虽然令人欣慰，但仅基于两个受试者的研究显然是不够科学严谨的。科学家自己也承认了这一事实，因此，他们将此结论称为初步结论。

细心的读者还质疑：仅仅使用一次止汗剂的研究是否有效。大多数人每天都使用这些止汗产品。仅仅使用一次止汗剂并跟踪结果，也许并不现实。如果每天都使用，是否会对身体造成负担呢？

由于普遍缺乏止汗剂的相关数据，2007年，负责保健产品安全的法国联邦机构[80]，要求法国科学家就“铝通过皮肤的吸收情况”进行更大范围的研究。然而，研究活体人类受试者的成本很高，因此，研究人员使用了一种替代方案[81]，即寻找了5个接受腹部除皱术的受试者，将其手术切除的腹部皮肤作为样本。科学家们先将皮肤拉伸，置于一个装有盐溶液的容器上，然后将止汗产品（棒状、滚珠型和气雾型）涂抹到皮肤样本上。随后，他们检测了透过切除的皮肤并进入盐溶液的铝金属量。需要说明的是，这项研究不是在腋窝的皮肤上进行的，也不是在活着的人身上进行的，因为活着的人的循环系统可处理和代谢这些止汗物质，因此，这项试验的结果对人体日常铝吸收的问题也没有特别的启发作用[82]。

但是，研究人员认为该实验的价值在于，在大多数情况下，穿过死皮的铝金属量很小，不足为虑。但存在一个例外：研究人员对其中一个皮肤样本进行了进一步实验，即模拟剃毛后的情况。他们想了解剃毛是否会产生小切口，从而增加皮肤对铝的吸收并使其进入血液。

为了进行这项测试，科学家用手术胶带反复在皮肤样本表面“黏、撕”。（显然，这是一种常见的模仿剃毛的方法，但人们还是想知道，为什么他们不直接用刀片在皮肤上刮。）当他们将止汗剂应用于受损的死皮上时，铝的吸收率要高得多，这使得科学家们得出结论："在剃过毛的皮肤上，铝表现出高透皮吸收率，这应该迫使止汗剂制造商极其谨慎地进行生产。"

该研究于2012年发表[83]，引起了法国医药监管机构的高度重视[84]。随后挪威[85]和德国的监管机构[86]也都意识到了这一点，他们对止汗产品的安全性表示担忧。在这种情况下，欧盟消费者安全科学委员会（SCCS）[87]被要求对此事做出利弊权衡并给出回应。

经过初步评估，欧盟消费者安全科学委员会的科学家和风险评估人员得出结论：法国进行的这项研究，虽然为欧洲监管机构敲响了警钟，但存在太多缺陷[88]，无法在严格的安全评估中加以考虑。因此，SCCS向化妆品行业发出公告，需要长期评估止汗剂中的铝在活的人体中的吸收情况。

2020年，SCCS采用了一项实验的最终评估，该实验对18个受试者进行了取样研究。[89]基于这项迄今为止最严谨的研究，SCCS得出结论：通过日常使用化妆品而接触铝，不会明显增加人体的铝摄入量。[90]

换句话说，人们可能不需要通过出汗把止汗济中的铝排出去。经过多年的关注，我很高兴地了解了，科学家们针对铝透过人体皮肤被吸收的问题，进行了一些专门研究。但是，证据依然比较单薄。我希望以后会有更多的实验室重复进行这些研究，用科学的方式解决问题。

同时，我也会使用止汗剂，但我并不是每天都用，而是在我希望以最佳状态出现在公众面前时才使用。此外，除臭剂很适合我。用止汗剂就如同饮酒，要谨慎而适度。

* * *

8月的一天，我在加州大学圣地亚哥分校见到了克里斯·寇华特博士[91]，当时我们两个人的额头上还残留着汗渍。对南加州来说，这是一个异常潮湿的月份，闷热的天气使我们汗流浃背，没法近距离谈话。于是，我们就去了大学生物医学研究大楼的中厅，那里有空调，方便谈话。

网友称寇华特为“腋窝博士”，这个称呼恰当地描述了他所研究的重点。在现实生活中，寇华特说话轻声细语，人们往往需要俯下身子才能听到他轻快的佛兰芒语（比利时北部的荷兰语）。他往往会说一些关于腋窝的“格言”，例如，“你腋窝里的细菌比地球上的人类还多。因此，你永远不会感到孤独”[92]。

当寇华特进行“腋下细菌移植”的实验时，他将一个受试者的腋窝细菌擦拭掉，移植到另一个人的腋窝下，并期待这些移植的细菌能在“新环境”下疯狂生长。你可能会问，为什么地球上会有人做这件事？答案是：为了消除臭味。

寇华特的想法既合乎逻辑又很古怪。我们都知道腋窝微生物可以将汗水变臭。此外，我们还应该正视这样一个现实：

有些人天生就比其他人臭。我们的体味与我们的基因、吃的食物和生活的环境息息相关。腋窝的细菌生态系统则是“罪魁祸首”。某些种类的微生物对狐臭的影响要远大于其他微生物。如果你的腋窝存在较高比例的棒状杆菌[93]，那么你可能会比其他人更容易产生更强烈和令人作呕的气味。

这些是寇华特博士的见解之一，也是他在比利时根特大学和加州大学圣地亚哥分校罗布·奈特（世界上最重要的人类微生物群研究人员之一）实验室进行博士后研究时产生的部分灵感。如同古代的博物学家，微生物群研究人员，正在对人类所有部位和缝隙中的数以万计的微生物“居民”进行统计，从温暖潮湿的热带口腔地区，到肘部的“干燥沙漠生态系统”。

作为腋窝研究者，令寇华特感到着迷的现象是：当人们停止使用止汗产品后，有些人的体味比其他人更臭。体味确实因人而异，有些人的体味几乎无法察觉，另外一些人的闻起来却如同浓烈的烟雾。

小时候与一名女子邂逅之后，寇华特对这种味道的“巨大差异”十分着迷。长大后，他发现没有必要使用除臭剂。即使是在我们相遇的闷热日子里，寇华特告诉我，他并没有使用任何止汗产品。在我们待在一起的几个小时里，我努力嗅着他的体味，结果却一无所获。

寇华特告诉我，在他 20 岁出头的一天，一场浪漫的约会改变了他的职业生涯。他说:“我和一个女孩同床共枕,但两天后,我变得闻起来很臭。”寇华特的腋窝被恋人的腋窝细菌感染了。在约会的重要日子,他做出了一个罕见的决定,即使用除臭剂,这些产品通常含有能杀死细菌的防腐剂。他说:“那天之后,我腋下的微生物群开始减少,而且变得更加敏感。”

“第二天,我注意到我的体味与之前不同了。即使我刚洗完澡,我还是能闻到酸味。我去咨询过医生,也尝试过把这种体味洗掉,但无济于事。”

于是,秉持着科学家的素养,寇华特开始搜索大量学术文献,希望为腋臭的谜题找到合理的解释。随后,他越来越确信他受到了爱人的“腋下细菌移植”。他想知道:如果传播性强、引起异味的细菌可以移植到别人的腋窝,那么反之会如何?寇华特带着这个疑问,找到了几位教授。“这也成了我的博士后研究课题。”寇华特说。

对人类来说,将微生物群从一个地方转移到另一个地方,并不是什么新鲜事。几千年以来,我们一直用这种方式酿造啤酒、制作面包,并将牛奶发酵成奶酪。许多人试图通过食用富含乳酸菌的益生菌丸来改善消化不良,希望有益细菌能稳定下来、进行繁殖并促进肠道蠕动。

寇华特想知道,如果他将微生物从一个人的腋下移植到另一个人的腋下会发生什么。但这似乎并不是很难做到:毕竟我们每次与别人握手时,也会发生类似的事情。

但是，这就是问题所在。皮肤微生物非常稳定，大多数情况下，当人体的微生物群遇到干扰时会很快复原。我们握手时，会短暂地接触别人手部细菌的生态系统，但通常来说，我们自己的手部微生物群会吞噬“新来者”[94]，最终使生态系统恢复原状。只有在出现侵入性病原体或免疫力下降的情况下，这种自然秩序才会被扰乱。

人类腋下的微生物生态系统与人类的汗液、皮肤、环境和饮食都息息相关。改变微生物生态环境需要相当大的破坏力。而且，当寇华特尝试移植新的腋下细菌群时，原来的生态系统会立即复原。即使他每次都会先用除菌剂清洁受试者的腋窝，以提供一个干净的移植环境，但是，原有生态系统迅速复原的情况仍然经常发生。

这对寇华特来说是如此，对许多试图通过微生物移植来改善腋窝问题的人来说也是如此。当他用拭子检测新细菌样本时发现，空降的生态系统很快就为复活的原有细菌群所覆盖。这可能并不是一件坏事，因为大多数人的皮肤微生物群，可以保护自身免受病原体的侵害。当然，有时一些病菌也会侵入皮肤，引起感染或恶臭，但总体来说，你皮肤上的大多数微生物都与你“共生存”。换句话说，你身上产生的汗水和油性分泌物，都打上了独属于你自己的标签，微生物以此为生，划地为界，以保护你的身体免受外界细菌的侵害。

在腋下细菌移植实验方面，寇华特最终取得了成功。最初的受试者为一对同卵双胞胎[95]，受体和供体在身体状况、汗液和皮肤化学性上具有极大的相似之处。因此，移植是可行的。随后，寇华特又成功地在家庭成员之间进行了几次腋下微生物群移植。而他自身的腋臭问题呢？他也设法解决了，但不是通过从别人腋下移植细菌的方式。他是偶然通过自身腋下细菌移植的方式解决的：因为穿了之前一件未清洗过的T恤衫，上面有其腋下旧微生物群的残留物。

事情是这样的，寇华特决定粉刷他的房子。“每当粉刷时我就穿这件旧T恤，上面沾满了污渍。”他每次粉刷时都会穿上这件棉质T恤，直到那次约会前都没洗过。因此，不经意间，他身上就为原有的汗渍和微生物群所覆盖。随着粉刷工作的持续进行，他又闻到了自己那次约会之前的气味。

在寇华特有腋臭的日子里，他一直在给自己采样。“所以我对腋下的侵入性细菌有了很好的了解。”在有腋臭味的状态下，棒状杆菌比例很高，有体臭的人的这项比例通常都比较高。后来，寇华特发现，棉制品服装是产生较小气味的葡萄球菌生长的良好载体。粉刷结束后，他对腋窝取样，瞧瞧，棒状杆菌比例下降了，而葡萄球菌比例上升了。“在此之前，棒状杆菌占比50—60%，而葡萄球菌占比5—10%。”

目前，寇华特还在继续研究各种腋下细菌移植的方法。他正在进行的研究项目是关于腋下微生物群与体味的关系。腋窝不仅是棒状杆菌和葡萄球菌的栖息地，还是许多其他微生物的栖息地。其他“居民”，即使数量不多，也会对臭味产生重大影响。对身体的其他部位来说，“物种”的多样性往往是健康的标志，但对腋窝不适用。在潮湿的腋窝下，微生物的种类越多，臭味就越强烈。因为，像厌氧球菌这样的稀有细菌，会通过产生强烈的臭味来弥补数量上的不足。[96]

* * *

寇华特博士并不是唯一用“腋下微生物群移植”来消除臭味的人。氨氧化菌生物技术初创公司（AOBiome）一直在销售一种名为“氨氧化菌+喷雾”（AO+Mist）的产品，这种产品含有丰富的亚硝化单细胞菌。

5 000 年前，当古巴比伦人发明肥皂时，人类就输掉了争夺健康皮肤微生物群的战斗，这也是该公司一直以来的理念宣传。该公司宣称，使用肥皂后，人们皮肤上的亚硝化单细胞菌减少了；这种细菌以氨（汗液的一种成分）为食。同时，喷洒以氨为食的亚硝化单细胞菌，可以降低皮肤的 pH 值，并减少诱发臭味的细菌数量。

《纽约时报》杂志作家茱莉亚·斯科特亲身体验了该产品的功效。在一个月内，她把“氨氧化菌+喷雾”作为她唯一的护理用品。在这次细菌实验中，由于没有使用除臭剂，她的体味在第二周的时候开始飙升，但“氨氧化菌+喷雾”产品最终还是改善了她的体味状况。当她再次使用肥皂洗澡时，细菌从她的皮肤上消失了。斯科特写道:“我花了一个月才将一个新的细菌群移植到身上。但是,只洗了3次澡就将它们全部消灭了。数十亿的细菌消失得无影无踪,就如同它们没来的时候一样。”[97]

斯科特和寇华特的经历一致:我们身体稳定的微生物群很难改变。在发明肥皂之前,人们很容易质疑亚硝化单细胞菌是身体“异味杀手”的说法。怎么会有人知道呢?当时好像还没有微生物测序技术。对我的皮肤上的微生物群来说,连点儿肥皂都应付不了的细菌太过弱小,没有战斗力。如果进步意味着我必须给自己喷洒细菌,那谁还需要进步呢?

对一些人来说,肥皂是对抗臭味的绝佳武器。此外,还有一个亚文化群体,热衷于自己制作除臭剂,配方网上比比皆是。这些配方通常是使用小苏打来吸收异味,就如同在冰箱中使用小苏打来吸收令人不快的食物气味一样。首先,将小苏打和其他香气分子、椰子油或乳木果油混合,一起制成糊状,然后,涂抹在腋下。这种技术类似第一个拥有商标的除臭剂“玛姆”。

当人们将目光转向保健食品商店售卖的产品时,其中一些产品的成分表与标准的医药产品相同,但在标签上声称是“纯天然的”。这些“纯天然的”产品中有些宣称不含铝,但实际上只是“漂绿”的绝佳例子。他们在标签下功夫:尽管声称产品不含“氯化铝或氯化羟铝”,然而小字成分表则显示几种天然矿物除臭剂含有“钾明矾”，而它是一种不同化学形式的铝。

* * *

有些人在寻找旧式的自制止汗方法，而有些人则在研究除臭剂和止汗剂的新方法。化妆品公司的科学家们正在研究微生物所产生的细菌酶，这种酶可以将大部分无味的汗水转化为潮湿的香味。[98] 如果化学家们能找到控制细菌酶的转化机制，就不需要利用除臭剂杀死细菌或用止汗剂切断细菌的食物供应链。他们只需要阻止制造臭味的细菌机制。

还有其他方法吗？把臭气捕获至微小的分子笼中[99]，然后制成除臭剂。这就如同一个纳米的防毒面具，只不过它不是让鼻子免受化学武器的伤害，而是免受气味的伤害。

在“汗水之战”中，令人惊讶的是，我们并没有像解决许多其他健康问题那样，通过吃药来解决人体异味问题。我们往往通过吃药来治疗头痛、细菌感染，甚至癌症，那为什么我们不能依靠药物来消除气味呢？2012 年的艺术项目[100] 和露茜·麦克雷的“泰德”演讲（TED）[101] 中也提出了上述疑问。麦克雷称自己是一名科幻艺术家和人体建筑师，在她的口服香水（Swallowable Parfum）的视频短片中，模特莎娜·李的风格化特写镜头，采用了合成音乐和戏剧性的汩汩声配乐。

短片中，李身上满是黏稠的汗水，看起来更像是熔岩灯[①]里的液体。

一个女人用气喘吁吁的声音告诫我们："不做附庸。"镜头在黏稠的汗液和李在镜子厅中的画面之间来回切换。李慢慢地将一颗闪亮的金属药丸送到嘴里，同时一个来自未来的声音建议我们"秀出自我"。

李现在大汗淋漓，但她的汗有些奇怪，因为带有金属光泽。背景音乐达到高潮的时候，她直视镜头，随即解说员宣布："口服香水——新的进化循环。"

在 TED 演讲中，艺术家麦克雷表达了她对未来的愿景："吃下化妆品药丸后，在你出汗时，香气会从皮肤表面散发出来。这是一款让人由内而外产生香气的产品，重新定义了皮肤的作用，而我们的身体也变成了香水瓶。"[102]

这只是一个艺术表演而非科学，但如果有人试图开发出类似的产品，倒也不是那么匪夷所思。如果吃大蒜可以让你有蒜味，那么也许口服香水将是我们旷日持久的"汗水之战"的下一个战场。

或许也不是。

关于这段视频，我征求了汗液专家的看法。从科学的角度讲，他们严重怀疑能否制造出一种好闻且无毒的金属分子，

① 熔岩灯（Lava lamp），又称蜡灯、水母灯。名字源于其内不定形状的蜡滴的缓慢流动，让人联想到熔岩的流动。熔岩灯有多种形状和颜色。——译者注

这种分子能绕过我们勤奋工作的肾脏，并且以高浓度的状态在血液中循环，最后以汗水的形式流出。如果吞下的产品确实符合所有这些标准，那么当它从你的毛孔排出时，你可能不会喜欢这种气味，却无法阻止气味的散发。换句话说，汗液专家一致认为，口服香水既可疑，也让人感到可怕。

我对此没有异议。但说实话，我恨不得马上能尝试一下口服香水。

10

汗水之最[1]

米克尔·比耶勒高从11岁开始就大量出汗。“我坐在教室里，看着窗外，这时候温度适宜。但是，我的腋窝突然开始冒汗，T恤湿透了，我感到极其尴尬，而且非常难受。我所有的朋友都因此而嘲笑我。”

当时，大多数小学生都还没用过止汗剂，但比耶勒高已经换着使用过好几种处方类的止汗剂了。比耶勒高说：“但这些止汗剂完全没有效果。短短几个小时，我就浑身湿透了。”当汗水突然从额头和腋窝大量涌出时，比耶勒高有时会感觉浑身发冷。他还补充道：“我去上学的时候会带着备用的T恤，这样出汗的时候我就可以及时换衣服，通常一天得换3—4次。”

多年以来，比耶勒高的妈妈带他四处寻医，但大多数医生觉得他们小题大做。比耶勒高表示："医生通常会说，'哦，他只是处于青春期。他正在发育，荷尔蒙分泌旺盛'。或者'他没有喝足够的水'等。但是，我喝的水已经够多了。我知道我与其他孩子不同，我的汗量比我的朋友大，他们称我为'手爱出汗的米克尔'，没人像我一样每天要换好几次衣服。我觉得医生根本不知道我的汗量有多大，他们根本没有拿我当回事。"

多年后，比耶勒高才了解到这种出汗症状的临床术语：多汗症。大多数多汗症患者至少有一处身体部位的出汗量远高于平均水平，比如，腋窝、前额、手或脚等。据估计，美国约有 1 500 万多汗症患者。[2] 和比耶勒高一样，他们中的大多数人都没被医生当回事。皮肤科医生往往更了解多汗症，但他们的医疗建议有时候并不能让人满意。

举例来说，2019 年发表在《美国皮肤病学会杂志》（*Journal of the American Academy of Dermatology*）上的一篇文章，建议多汗症患者应避免"拥挤区域、情绪刺激、辛辣食物和酒精等诱因"。[3]

你能想象患者看医生寻求治疗建议时，却被告知应该躲在家里（避免人群）、避免与人交往（以防引起情绪刺激）以及减少某些味觉快感吗？（好吧，少喝酒确实是个好建议）。但是，如何能避免拥挤的人群和情绪刺激呢？

玛利亚·托马斯是一名女性多汗症患者，她的博客名为“我的水坑生活”。托马斯说道:“说实话，这些‘建议’让我很生气。即使我避免了这些诱因，只是待在家里，完全放松地坐在沙发上看电视，我还是会满身大汗。”

当你大量出汗时，微不足道的小事也可能成为你面前的“拦路虎”。多汗症患者很难握紧铅笔和钢笔，因为笔会从他们的指尖滑落，手机、盘子和电动工具也是如此。在办公室处理文件时，多汗症患者也会让人忧心忡忡，他们用湿的手指去触碰文件，可能会导致墨水晕开，还可能会弄湿纸张使其极易撕裂。对这些患者来说，夏天光脚穿凉鞋更是一件具有挑战性的事情，因为脚一出汗就会打滑，容易产生水泡，而且鞋子也很容易中途滑落。握手或击掌之类的常见礼节，不但不会有助于社会交际，反而会让他们感到焦虑。

托马斯说:“我还会为自己出汗过多而道歉。”最近，她受邀加入了一个团体，欢迎仪式中有一个环节需要牵手，她因为自己手上全是汗而向别人道歉了。托马斯还补充道:“道歉成了我的本能反应，但我不能再这样了，出不出汗完全不是我能控制的，我不该为此而向别人道歉。”

一项针对多汗症患者的调查发现，63%的患者因出汗过多而感到不快乐或沮丧，74%的患者感觉因此产生了精神创伤。[4] 托马斯解释道:“多汗症患者可能常常会觉得自己不够好，不值得被触摸，他们非常嫌弃自己。”

数百年来，多汗症一直背负着社会污名。在《大卫·科波菲尔》（*David Copperfield*）一书中，查尔斯·狄更斯为了塑造乌利亚·希普的反派形象，把多汗症“安排”在这个角色身上：“我发现乌利亚正在聚精会神地读一本厚厚的书，他用食指指着书上的字句，读到哪儿就指到哪儿，他手上的汗液在书上留下了湿黏的痕迹，好像蜗牛在上面爬过一样。”[5]

* * *

医学研究人员不确定引发原发性多汗症的原因，他们认为可能与遗传因素有关[6]，因为多汗症患者的家庭成员通常也有类似的情况。当科学家通过显微镜观察多汗症患者的皮肤时，他们发现患者的汗腺大小、数量和形状没有什么异常[7]。由于患者的汗腺没有异常特征，许多研究人员怀疑，多汗症与自主神经系统的信号传递异常[8]有关，这种神经系统负责许多无意识的身体机能，如呼吸、消化、器官功能和排汗。

自主神经系统可能会传递不必要的或过度活跃的降温“信号”，或者当这条“通信管道”中的神经纤维无法“工作”时，就会导致人体大量出汗。一些研究人员还提出，多汗症患者情绪控制异常[9]。但是，该观点在很大程度上忽略了一个事实：即使患者感到平静和舒适也会大量出汗。托马斯说：“很多医生会说‘你只是太焦虑了，你出汗是因为你太紧张了’。但实际上，多汗症患者是因为出汗才紧张的，而非因为紧张才出汗。”

大量出汗带来的尴尬和紧张会导致人体分泌出更多的汗液，这是一个恶性循环。但多汗症患者的出汗率本身就很高。普通人分泌咸的汗液的小汗腺通常每分钟排出 1/10—1/5 茶匙的汗液[10]，而多汗症患者出汗率是其 80 倍，接近每分钟 3 茶匙[11]。

德国慕尼黑多汗症中心（Hyperhidrosis Center）负责人克里斯托夫·希克表示："对普通人而言，出汗诱因（如温度）与出汗量之间存在着线性关系。如果出汗诱因加倍，出汗量也会加倍。"

"但对多汗症患者来说，出汗诱因（如温度）与出汗量之间存在指数级关系。少量的诱因就会产生大量的汗水。"

尽管比耶勒高在高中时已经找到了应对多汗症的办法，即每天多次更换 T 恤。但当他进入大学读商科时，情况变得更糟了，因为穿着西装参加面试和课堂演讲才是常态。比耶勒高说："我又开始因为出汗而感到困扰了，就好像回到了初中一样。但这一次并不是因为别人嘲笑我，而是因为身上的汗渍。虽然我衣品不错，但我的腋窝处总是有大片的汗渍，汗渍的面积很大，即便我把胳膊放下，也藏不住。"

比耶勒高感觉人们始终盯着他看。他说："在一次课堂演示中，教授问了我一个问题。他的目光时不时地扫向我的手臂，然后又看向我的眼睛。有些人能理解我的情况，但也有人认为，'这家伙有点儿恶心'。"

比耶勒高意识到，在课堂演讲当天多带几件T恤和衬衫已经不管用了，他必须再备几套西装，但这也不是长久之计。比耶勒高说："在社交时，我可以不在乎别人对我的看法。但在工作时，别人对我的第一印象很重要，出汗量大这个问题确实让我很困扰，这可能会严重影响我的职业生涯。试想一下，如果你正在与客户会面，他们就会想，'这家伙的衣服上全是汗渍，他是不是没准备好啊'？这样就会让别人觉得我不够专业。"

除了比耶勒高，其他多汗症患者也担心自己的职业发展会受到限制：有志成为化学家的人会担心玻璃器皿和化学品从冒汗的手中滑落；得了多汗症的护士会担心针头滑落，误伤患者；由于手部大量出汗，弹吉他、举重和使用电动工具，也会让人觉得力不从心。

一想到多汗症会限制自己的职业发展，比耶勒高就萌生了一种沉重的挫败感。"我感觉自己的人生可能也就这样了。我真的很想根治多汗症。"因此，比耶勒高请求外科医生永久切除那些向腋窝和手掌传递出汗信号的神经纤维。

这种手术称为内窥镜胸交感神经切除术（an endoscopic thoracic sympathectomy），简称ETS。手术能否成功和医生的医术有很大关系：如果主刀医生的医术高明，那他也许能治愈患者的多汗症，改变患者的一生；如果医术拙劣，手术可能带来难以预测的副作用，甚至会威胁患者的生命。ETS源于19

世纪与20世纪之交[12]，当时切断神经纤维是常见做法。19世纪的解剖学家绘制了一张图，揭示了大脑和脊髓与神经节（一个复杂的神经纤维系统）的连接方式，神经节控制了人体的四肢。有了这张图的“指导”，外科医生试图通过切断神经节（沿着脊柱的神经纤维分支出来）来治疗癫痫、甲状腺肿大、心绞痛和青光眼[13]。这些手术的风险性很大，而且这些痛往往也不能得到根治，因此被束之高阁。但在此之前，还有一个成功的切除案例。1920年，生活在日内瓦的马其顿医生阿纳斯塔斯·科扎雷夫在瑞士的一本医学杂志[14]上发表了一篇报告，声称他通过切断面部多汗症患者的脊神经节，成功地减轻了患者的病情。

到了20世纪30年代，通过切断神经纤维来治疗多汗症的疗法，已经跨越大西洋传到美国，并由美国医生阿尔弗雷德·阿德森[15]进行了推广。通过阅读阿德森的文章我们发现，他的患者和现在的多汗症患者一样感到沮丧。1935年，他曾在《外科学文献》（*Archives of Surgery*）杂志上写道：“患者发现自己无法担任簿记员或会计师的工作，也没办法从事与精致的织物打交道的工作，因为这样的工作需要指尖保持干燥。而多汗症患者的指尖经常被汗水浸润，非常柔软，不够干燥。同时，在遇到陌生人时，多汗症患者经常感到尴尬，因为他们的手总是湿漉漉的，在和陌生人握手的时候，他们只能向别人道歉。为了避免出现尴尬的情况，患者通常不敢和异性接触。”[16]

在手术过程中，阿德森要从患者的背部开刀，剖开患者的躯干，找到控制汗液分泌的神经束并将其切除；而如果外科医生从前胸开刀，则必须绕过肺部才能接触这条神经纤维。对患者来说，这些侵入性手术往往“弊大于利”。1990年微创手术出现后，医生才开始广泛采用胸外科手术来治疗多汗症。[17] 那时，外科医生通过视频辅助内窥镜进行检查，无须剖开患者的整个躯干，就能找到要切除的部位。

现在，外科医生会先在患者的腋窝底部切一个小口，然后在光缆末端插入一个微型摄像机，再使用可视化技术指导手术。然后，外科医生会给患者的肺部放气，在其胸肌附近开一个小口，放入手术器械，便于切断、夹紧和灼烧控制腋窝和手部汗液分泌的神经束。最后，医生再给患者肺部充气并缝合切口。

罗伯特·伍德·约翰逊大学医院制作了一个多汗症手术的视频。在视频中，外科医生约翰·朗根菲尔德说：“每侧腋窝的手术时长约为10分钟。”[18] 他也是负责比耶勒高手术的胸外科医生。在视频中，朗根菲尔德非常关心手术的结果，因为患者是他以前的一位长期受多汗症困扰的病人，也是一名举重运动员。朗根菲尔德说：“我愿意做一整天这个手术，因为……手术效果很好。但人们必须知道，术后可能会出现代偿性出汗。”[19] 这就是问题所在。对许多接受该手术的患者来说，手术后身体其他部位会出现代偿性出汗，有时术后的出汗量甚至比术前更多了。

从字面上理解，由于某一部位（如汗腺）的出汗量减少，身体会将该部位分泌的大量汗液转移到身体其他的部位（如胸部、腹股沟或脚部），这就称为代偿性出汗。另一种关于代偿性出汗的理论，也得到了多汗症医生希克的认可。他指出，由于切断了神经，大脑与汗腺之间的“通信”也中断了。虽然这种神经切断减少了出汗的信号，但是也阻断了相反方向的“通信信号”，即大脑可能收不到身体其他部位的反馈信息，例如，“嗨，大脑，我是胸部。我们已经控制住体温了，请停止出汗吧。”换句话说，当身体其他部位因为某种需要而开始流汗时，很可能就停不下来了，因为该部位收不到大脑停止出汗的信号。

大多数接受 ETS 手术的患者，都会出现一些代偿性出汗现象。[20] 一项系统性回访发现，1966—2004 年，高达 90% 的多汗症患者在接受 ETS 手术后，胸部以下都出现了代偿性出汗的情况。[21] 或许患者是否会考虑手术值不值得的问题，毕竟发生代偿性出汗后，与最初的多汗症相当，情况甚至可能更糟。对那些以前不敢与他人握手，但现在可以自信地伸出手的患者来说，这个手术利大于弊。然而，也有些人对代偿性出汗感到不满，他们觉得还不如原来的多汗症呢。例如，如果患者在腹股沟处出现了代偿性出汗，看起来就像尿裤子了。一项术后调查发现，有 4% 的患者后悔接受了 ETS 手术。

另一项研究发现，有11%的患者感到不满意。[22] 一些多汗症患者认为，接受ETS手术的不满意度被大大低估了。这是因为术后调查通常会在手术后几周或几个月内进行，而随着时间的推移，术后代偿性出汗的情况会越来越严重，患者的不满意度也会随之升高。

凯斯·福特作为一名英国女性，因脸红问题在2011年接受了ETS手术，她说："做ETS手术就如同俄罗斯轮盘游戏一样。"被切断的神经束不仅控制出汗和脸红，还控制内脏器官所需的其他信号。她说："现在我的心脏和肠胃出现了问题，我常感到焦虑和疼痛。我还无法控制自己的体温，身体一直很热，皮肤也一直在发烫。单单是上楼梯都会让我觉得身体过热了。"

2018年，一位名为亚历克斯·布林的多汗症患者在脸书（Facebook）上成立了一个互助小组[23]，帮助患者应对ETS手术的副作用，不久该小组人员的数量就发展到2 000多人。许多小组成员讨论了手术副作用的应对方法，他们还在群组里发帖，情绪激动地说明代偿性出汗的问题，劝阻有意愿进行ETS手术的患者。此外，小组成员还讨论了新的实验性逆转手术[24]，这些手术能复原ETS手术中切断的神经，他们还商量了如何筹集数万美元，以支付逆转手术的费用。

比耶勒高考虑是否要接受ETS手术时，脸书上的互助小组还未成立。但他仍然对手术感到紧张万分。他说："我妈妈吓坏了。”外科医生告诉比耶勒高，手术有代偿性出汗的风险，也有可能会造成霍纳综合征（Horner’s syndrome），由此出现由神经损伤导致的眼睑下垂、瞳孔收缩和患侧面部或额部少汗等情况。但是，比耶勒高说：“我想根治多汗症。”因为很多其他的多汗症治疗方法疗效很短，需要反复治疗。

其中一种临时解决方案是：在腋窝、手或脚上等出汗过多的地方注射肉毒素[25]。肉毒素即病原体肉毒杆菌的神经毒素，是除皱注射剂的主要成分。肉毒素会阻止乙酰胆碱的释放，乙酰胆碱是一种神经递质，能打开汗孔（也能控制皱纹中的肌肉）。使用肉毒素来治疗多汗症与除皱的主要缺点相同：疗效很短。除此以外，注射肉毒素像许多其他整容手术一样，价格非常昂贵。

比耶勒高考虑服用处方药[26]，中断与出汗有关的乙酰胆碱的神经递质信号。但是，处方药也会中断许多身体其他的功能并伴有副作用，如视力模糊、眼睛干涩、肠胃不适、嗜睡和头晕。因为药物作用于全身，而不仅仅只是出汗部位。

有些患者不使用药物和肉毒素治疗多汗症，而是选择用微波技术来破坏小汗腺。理论上讲，这个技术不会破坏皮肤的其他部位。这种方法是将皮肤吸入一个看起来像微型手持吸尘器的设备，当微波[27]深入真皮层的小汗腺时，冷却水流过被吸入的皮肤表面，以防止皮肤表面灼伤。

另一种治疗多汗症的方法是电泳离子导入法[28]，需要定期对患者进行轻度的电击。此治疗方法要求患者将手脚浸泡在有微量电流的水中，轻轻电击。使用过该方法的患者说，电流有刺痛感，并伴有轻微的嗡嗡声。这个方法的缺点是，浸泡时间长达45分钟，而且每周要做3—5次才能见效。有时也会在水中添加铝盐、肉毒杆菌毒素或抗胆碱药物。

没有人确切地知道，为什么电泳离子导入法会减少出汗，或许电流有助于堵塞小汗腺，又或许电流能干扰“打开汗腺”的神经信号。尽管电泳离子导入法适用于手部和脚部，但对像比耶勒高这样腋窝多汗症的患者来说，似乎并不可行。尽管有些患者试着将腋窝浸入水中，但是，这确实很难办到。

因此，比耶勒高决定冒险接受ETS手术。

“手术见效很快。”比耶勒高说，“我醒来的时候发现手很温暖，也很干燥，我的手从来没有这样过；我的腋窝也不再湿漉漉的。手术很成功，我很惊讶也很兴奋。”

大约2个月后，比耶勒高完全康复了。他说：“起初我只能拿起一加仑牛奶。我是个大块头，身高6尺5[①]，只要我试图举起比牛奶重的东西，就担心神经可能会断裂或者出现肺衰竭，所以我需要慢慢来。”

像所有接受ETS手术的患者一样，比耶勒高也出现了一些代偿性出汗的情况。但对他来说，这没什么大不了的。“现

① 1尺≈0.3米。——编者注

在，我脚部的出汗量虽然比以前更多了，却更容易控制了。如果我在炎热的天气外出，我胸口的出汗量也比以前更多了。虽然我还是比大多数人出汗多，但是，我现在可以更好地隐藏了。我想我是幸运的。”

比耶勒高现在是一家汽车租赁公司的经理，他每天都得穿西装。他大学毕业于旅游管理和市场营销专业，虽然学的是商科，但他也非常热爱体育。“现在当我打篮球想要接球的时候，球不会从我手中滑落。腋窝成了身体的最后一个出汗部位。我可以穿西装了，ETS 手术改变了我的生活。”

比耶勒高的结局无疑是美好的，那些做了同一手术却遭受严重副作用折磨的患者就没这么幸运了。国际多汗症协会（International Hyperhidrosis Society）表示，应对 ETS 手术持谨慎态度。他们在协会网站披露：“据患者反馈，ETS 手术有副作用，而且通常是不可逆转的。如果您或身边的人正在考虑 ETS 手术，那么须谨慎考虑并进行多方调研。”

无论多汗症患者决定采用何种治疗方法（如果打算治疗的话），我始终认为，我们的社会对汗水进行了污名化，让人们（尤其是多汗症患者）感到失望了。人们对多汗症和体味的态度还不一样：有些文化对体味的接受度很高，但是，全世界都对多汗症感到耻辱（从南部的马尼拉到北部的蒙特利尔，皆是如此）。出汗是人类的特有功能，人们怎么会这么讨厌出汗，甚至想把它隐藏、阻止或者消除呢？

* * *

绝大多数因多汗而寻求治疗的人患有原发性多汗症，常在青年时期发病，汗液随时都可能像海啸一样袭来。还有一种被称为继发性多汗症[29]，这是一种更加反复无常的病症。继发性多汗症，通常是一些药物（如抗抑郁药、胰岛素和麻醉剂）引发的副作用，或由某些疾病引发的症状，比如，癌症、糖尿病、心力衰竭，甚至阿尔茨海默病。找到继发性多汗症的根本原因不是一件易事，需要医生和患者的配合和精妙的技术，或者只是偶然发现。

例如，两位密尔沃基医生在《内科学年鉴》（*Annals of Internal Medicine*）杂志上报告了一个奇怪的病例。[30] 一名60岁的男性商业顾问来医院咨询，他担心自己已经经历了3年的自发性出汗症状。大约每月发作一次，发作时会连续出现8次过度出汗的情况：汗水会突然从他的身体“喷涌而出”，持续数分钟，然后就完全停止了。大约一个月后，类似的情况又会出现。

接诊的医生感到很困惑，因为患者除了出汗多以外，在其他方面都非常健康。患者的甲状腺和血液检查显示正常，而且也没有出国经历。所以，医生排除了外来疾病的可能性。同时，患者是正常的一夫一妻关系，也不是性病。即便如此，医生还是检查了这名患者是否患有艾滋病，以及其他可能造成大量出汗的疾病，但都一无所获。

就像流着神秘红汗的南非护士一样，该患者在一次复诊时，当着医生的面出汗症发作，而这个医疗难题也随之解开。“患者说他感觉自己又要出汗了，随后他把头埋在双手中，语言反应也迟钝了，状况大约持续了两分钟。在此期间，他的脉搏和血压正常，出汗很多，肘部倚靠过的办公桌上积了一摊汗水。”

出汗期间，患者的回答变得模糊不清，这个问题让医生很困惑。但医生突然联想到，癫痫发作时也可能出现口齿不清的情况。于是，医生为患者安排了脑电图检查，发现他的出汗症状是由半规律性癫痫引起的。控制癫痫发作的大脑区域，也激活了出汗过程。后来，患者服用了抗癫痫药物，周期性出汗的症状也就消退了。

* * *

在继发性多汗症（由另一种疾病或病原体的副作用引起的多汗症）的历史上，最罕见和可怕的，莫过于在中世纪英国爆发的汗水瘟疫了，汗水瘟疫具有致死性，于15世纪首次爆发。

这场瘟疫叫法不一：出汗热（The Sweating Fever）、英国黑汗热（Sudor Anglicus）、英国汗热病（Lasuette Anglaise）、英国出汗病（English Sweating Sickness），或简称汗热病

（Sweate）。汗热病有以下不同寻常之处。首先，死于该病的大都是正值盛年的人[31]，尤其是男性，而其他中世纪流行病爆发时，死亡的往往是老人和儿童。此外，该疾病对贵族、富人和农民“一视同仁”，贵族富人的死亡人数甚至更多。这场瘟疫突然出现并以闪电般的速度致人死亡。尤斯图斯·弗里德里希·卡尔·赫克是一名生活在19世纪的德国医生和医学史学家，他在其著作《中世纪流行病》（*Epidemics of the Middle Ages*）（1859年的译本）中写道：

> 5月下旬，首都伦敦人口最稠密的地区爆发了汗热病，这种疾病迅速席卷了整个王国。14个月后，北欧所有国家都深受其害，这是其他流行病都无法匹敌的。汗热病的爆发毫无征兆，患者往往在感染后的五六个小时内就死亡了。[32]

感染汗热病的人会大量出汗，仅几个小时后，就一命呜呼了。如果感染者熬过了24小时，可能存活下来。但汗热病与其他瘟疫不同，赫克写道：“患者无法对汗热病实现免疫，许多康复的患者会被感染第二次，甚至第三次，其感染概率并未降低。天花和鼠疫的患者痊愈后就能实现终身免疫，这也算是个小小的安慰。但是，汗热病的患者就没有这种‘待遇’了。”

汗热病于1485年首次在英格兰爆发。当时，亨利·都铎带领士兵打赢了决战，结束了英国的“玫瑰战争”，建立了都铎王朝。但是，当凯旋的军队进入伦敦后，汗热病也被带了进来。许多贵族前一天还在庆祝战争胜利，第二天就被夺去了生命。赫克写道:“短短一周内，该病还夺去了伦敦2名市长和6名市参议员的生命，他们死的时候还穿着节日长袍。很多身体非常健康的人在一夜之间就失去了生命。”据估计，汗热病感染者的死亡率为30—50%[33]。其他历史学家预估的死亡率甚至更高，他们声称只有1%的人侥幸逃脱[34]。

在接下来几十年里，随着汗热病第二次、第三次和第四次在英格兰卷土重来，汗热病“一剑封喉”的威力引发了人们的恐慌。公共事业陷入停顿，法院被迫关闭。1528年，汗热病刚有要爆发的迹象，亨利八世“立即离开了伦敦，不惜四下奔走躲避。最后，亨利八世厌倦了居无定所的生活，决定在伦敦东北部的提汀汗格尔（Tytynhangar）等待宿命的到来”。[35] 赫克如是写道。

在当时，人们尝试了各种可怕的治疗方案。例如，通过鞭打来使患者康复。亲自治疗过患者的剑桥医生约翰·凯乌斯的治疗方法是：让患者朝右侧卧并弯腰前倾，医生直呼患者的名字，并且用迷迭香枝抽打患者。[36] 尽管鞭打患者可能会加重患者的病情，但是，凯乌斯确实也提出了一些可行的治疗建议，例如，用茴香、洋甘菊和薰衣草给患者洗澡，还让患者嗅闻在醋和玫瑰水中浸泡过的手帕，也许这样能帮患者消减恶臭味。凯乌斯为康复的患者提供一份了以肉类为主的菜单，同时建议他们早上吃鼠尾草和黄油[37]，晚餐前吃无花果[38]。

汗热病的致病原因尚未明确。凯乌斯推测，可能与糟糕的空气有关，这一推测与当时的医学思想一致。一些观察人士怀疑，英国糟糕的饮食习惯加剧了这种疾病的传播。正如赫克在19世纪指出的那样："英国人过度沉迷用香料调味的肉类，他们常在夜间纵酒狂欢，总是早上一起床就喝烈酒。"[39]赫克还哀叹在英国的菜市场上买不到绿色蔬菜[40]，他写道："凯瑟琳皇后很想改善自己的饮食，因此，她让人从荷兰带来了野菜，用来制作沙拉，因为在英国根本就买不到野菜。"[41]

其他人则将汗热病归咎于神秘的地球物理事件。例如，附近的彗星过境或维苏威火山[42]的活动。忠诚于天主教会（后来分出了一支路德教派）的教皇制信奉者则认为，是上帝的暴怒[43]导致了热汗症的反复出现。

现代学者更倾向于"微生物是罪魁祸首"这个观点。关于致病原因，研究人员众说纷纭，其中包括流感[44]、风湿病、斑疹伤寒、鼠疫、黄热病、肉毒杆菌中毒和麦角中毒[45]（一种由谷类真菌引起的感染，患者会出现痉挛和坏蛆的症状）。

2014年，比利时传染病专家认为，汗热病与汉坦病毒入侵[46]的临床表现极为相似。汉坦病毒一般通过啮齿动物传播，更多地会出现肺部症状，而非出汗。他们还认为英国的汗热病与18世纪和19世纪席卷法国皮卡第省的汗瘟疫有相似之处，该瘟疫随后传播到德国、比利时、奥地利、瑞士和意大利，这种致命瘟疫叫“皮卡第汗瘟疫”，这种瘟疫可能是夺走莫扎特生命的罪魁祸首。

在对汗热病的分析中，比利时传染病专家不禁想起了英国最受欢迎的侦探——夏洛克·福尔摩斯。他们指出：“英国汗热病起源之谜，也许可以用福尔摩斯的一句话来表达——‘当你排除一切不可能的情况后，剩下的情况，不管多难以置信，都是真相’。”[47]

比利时传染病专家还提醒人们，汗热病可能卷土重来。他们呼吁人们关注这种古老的流行病，这与伦敦医生亨利·蒂迪的倡议不谋而合。1945年，蒂迪医生给《英国医学期刊》（*British Medical Journal*）写了一份有关汗热病的信：“这种疾病一度比瘟疫更让人恐惧。我们必须牢记福斯特的警告——‘将它视为一种濒临消失的疾病是不明智的’。”[48]

这些学者有这么一个观点：他们担心由于气候变化，当携带古老病原体的冰冻尸体从永久冻土和冰川中融化的时候，会释放出被冰封的细菌以感染地球上的生物，那时旧瘟疫将重返世界。随着全球气候变暖，我们会再次面临汗热病的爆发吗？

* * *

如果出汗过多会妨碍我们的生活，甚至会危及生命，那么不出汗也是如此。天气暖和的情况下，如果不出汗就无法控制体温，会威胁生命。然而，至少有一个无汗症患者利用不能出汗的特点成功地成为卡巴莱（cabaret）表演者[49]，他就是塞尔维亚表演者斯拉维萨·帕伊基奇：在舞台上，他被称为电光人（Electro）、比巴·斯特鲁加（Biba Struja）、电池人（Battery Man）、电子人（Electric Man）以及比巴电力（Biba Electricity）。

帕伊基奇生来就没有汗腺[50]，因此，他的皮肤很干燥，而且非常绝缘，如同一块巨大的橡胶，这似乎也给了他一项“超能力”：不会触电。

在十几岁时，帕伊基奇就发现了自己的这项技能，当时他触摸了电栅栏却没有触电。

1981 年，帕伊基奇成功地挑战了数千伏的电击。后来，他又挑战了 100 万伏的电击。2001 年，帕伊基奇用流经身体表面的电流烧开了一杯水，耗时 1 分 37 秒，他也因此创下了吉尼斯世界纪录。2012 年上映的纪录片《电池人》（*Battery man*）讲述了帕伊基奇的故事，他告诉制片人：“每个人生来都有自己的意义。我很幸运地发现电伤害不了我。”[51]

有了不会触电的皮肤和一定的电学知识，帕伊基奇开启了他的单人表演：表演到高潮时，他利用通过身体表面的电流来煎香肠[52]。帕伊基奇先在一根香肠的两端各插入一把叉子，每只手握住一把叉子。然后，他将自己连到电路上，这样一来，流经身体表面的电流就能煎熟香肠，而帕伊基奇也不会被电伤。最后，香肠皮会裂开，就像在煎锅里煎熟的一样。但是，由于流经身体表面的电流过多，帕伊基奇的指甲常常会脱落。

尽管帕伊基奇能经受超高压的电击（这种电击会将普通人电伤甚至电死），但他的一些表演主要是用烟雾和镜子营造的舞台效果。正如电气工程师迈赫迪·萨达格达尔在“油管”（YouTube）视频网站走红的“电子潮流”（ElectroBOOM）节目上所说的那样[53]，煎香肠表演也可以在电压很低的情况下完成，即使是汗腺功能正常的人也不会被电伤。（只要他们具备电路方面的专业知识就可以做到，但切记不要在家尝试！）重点是，帕伊基奇的高耐电特性使得他更加安全，因为他比我们能承受更高的电压。

抛开“超能力”不谈，由于缺乏汗腺，对帕伊基奇来说，夏天是极其难熬的。如果他想挨过炎热的天气，唯一的办法就是穿上湿透的T恤，然后往自己身上喷水。帕伊基奇的母亲说道：“我的两个孩子（指帕伊基奇和他的弟弟）都没有汗腺，无法通过出汗调节体温。我很早就注意到这一点。天气炎热时，他俩会热得拼命尖叫。我只好拿着满满一桶水，让他俩排好队，依次给他们淋水降温。”[54]

如今，帕伊基奇已经60多岁了，他上台表演的次数越来越少了。不用表演的时候，他会帮别人治疗各种疾病，从偏头痛到膝盖痛，不一而足。帕伊基奇会先搭建一个电路，然后通过自己的双手向别人的受伤部位放电[55]。有些人认为帕伊基奇有超能力，尽管这种说法缺乏科学依据。其他人则批评他利用自己罕见的皮肤状况四处坑蒙拐骗。

* * *

在母亲怀孕的20—30周[56]，大多数胎儿会形成遍布全身的小汗腺。那时，一种特殊的蛋白质会触发皮肤中数百万个汗腺的形成。然而，只要对形成这种蛋白质的DNA稍加改变，就会导致皮肤无法出汗。这种特殊的基因状态称为X连锁少汗性外胚层发育不良（X-linked hypohidrotic ectodermal dysplasia，简称XLHED）。它是外胚层发育不良（一种罕见的遗传病，导致人体汗腺少或无汗腺）的一种类型。

大约每25 000人中就有一人出生时患有XLHED[57]。如果不及早发现并干预，幼儿可能会死于中暑。

XLHED基因是隐性的，只存在于X染色体中，这也就意味着，无汗症多发于男性，因为男性只有一条X染色体。而女性有两条X染色体，只有当其父母都有这一罕见的变异基因时，女性才会患有XLHED。

2013年，新创立的迪默制药公司（Edimer Pharmaceuticals）启动了一项临床实验，目的是治疗患有 XLHED 的新生儿。公司的治疗理念是，通过给婴儿注射正常的蛋白质[58]，促发其汗腺的形成，弥补婴儿在子宫内的汗腺缺失。但是，临床实验失败了，因为一旦孩子出生，这些蛋白质药物就无法促进汗腺的形成了。2018 年，德国埃朗根的研究人员[59]在国际顶级医学期刊《新英格兰医学杂志》（*New England Journal of Medicine*）上报告了一项大胆且成功的实验。有一位 30 多岁的女性[60]护士携带 XLHED 基因，生下了一个患有无汗症的儿子。看着儿子那么费力地调节体温，她和丈夫纠结是否要第二个孩子。就在那时，她发现自己意外怀上了双胞胎男孩。因为她是 XLHED 携带者，所以这对双胞胎出生时，每人没有汗腺的可能性为 50%。

在这名护士怀孕 21 周时，医生经过诊断后告诉她，这对双胞胎男孩很可能没有汗腺。于是，她采取了行动，因为她知道两个胎儿再过几周就要开始发育汗腺了。因为她的第一个儿子患有 XLHED，所以她熟悉一家专门治疗罕见遗传性皮肤疾病的德国诊所，也就是在这家诊所里，医生开展过给新生儿注射产生汗腺的蛋白质的实验，但是失败了。

这个妈妈向曾参与实验的医生霍尔姆·施耐德咨询：如果她的双胞胎处于汗腺发育期，这种子宫内注射蛋白质的治疗方法是否具有可行性？这种做法是有风险的，正如施耐德在《麻省理工科技评论》（*MIT Technoligy Review*）上所说的那样：“我们当时是犹豫的，在那种情形下，必须更多地考虑这样做的风险，毕竟有3条生命，但我们也会考虑治疗带来的希望。”[61]

医生们花了一个月的时间来安排如何使用这种药物，并从公司找到了全部剩余的药物。然后医生们将药物（触发汗腺形成所需的蛋白质）注射到了这位妈妈的羊膜囊内。经过花数周的协调，药物在20—30孕周时到达了胎儿汗腺形成的地方。令人难以置信的是，治疗成功了，这对双胞胎生来就有汗腺，都能正常出汗。之后，治疗团队还成功地治疗了另一名孕妇的胎儿。施耐德现在希望组织一次规模更大的临床实验。

即使药物对许多患者奏效了，但是，把药物推向市场也将是一个漫长的过程。任何研发罕见病药物的公司的投资回报率都很低，因为人们对这种药物的需求太小了。此外，制药业也不想研发用于孕期的药物。安东尼奥·雷格拉多在《麻省理工科技评论》中写道：“很少有公司会尝试在子宫内治疗胎儿，因为这样会给孕妇带来危险。”[62] 正如施耐德告诉他的那样：“如果你想为患者群体生产这种一生中只用一次的药物，你盈利的概率就非常低。相较而言，如果你得了不治之症，又没有任何可用的药物，而我们有办法治疗的话，这样付出和回报就比较对等了。”[63]

鉴于目前尚无安全可靠的方法治疗多汗症和无汗症，如果这个成功的治疗方法在规模更大的临床实验中也被证实安全有效，则有望推广至全球市场。

11

汗渍斑斑[1]

在人生的重要时刻（如结婚、入伍和登月），人们都会穿上特殊的服装，比如，皇室婚纱、军装和登月航天服。这些高光时刻往往会激发人们的肾上腺素，这是一种打开“排汗闸门”的激素。

因此，我们最有可能收藏的、那些在重要历史时刻穿过的服装，往往是带着汗渍送往了博物馆。以 NASA 的宇航服来举例。宇航员穿着宇航服以每小时 25 000 英里的速度冲出地球，或者在约 121℃的太阳直射下勇敢地进行太空行走，这是一件极其令人兴奋或恐惧的事情。有时，宇航员会进行极限肢体活动，就拿美国宇航员尤金·塞尔南来说，最初在执行“双子星”任务中的太空行走项目时，他汗流满面，头盔内部蒙上了一层雾气，导致他视线模糊，几乎无法返回安全区域。可想而知，大量的汗水也会渗入宇航服的其他部位。

在 NASA 工程师完善宇航服冷却系统前，宇航员的汗水会渗透到每一层宇航服内。第一批宇航服会被汗水浸透，其中一些金属部件（如宇航服腕关节连接器）[2]可能被汗水中的盐分腐蚀，无法修复。即使是近年来使用的宇航服（如登上国际空间站所穿的服装）也存在排汗的问题。自 2001 年以来，宇航员道格·惠洛克在太空的时间超过了 178 天，对宇航服是又爱又恨。在接受《新科学人》（*New Scientist*）杂志采访时，他表示："宇航服外形很酷，但已经有 35 年了，味道闻起来像更衣室，里面有点褪色。"[3]

当然，不仅仅是宇航服。如果深入研究纺织品保护文献，我们不难发现汗渍问题。文献中的写作风格通常很古板，但是，当提及腋下区域时，写作风格则变得十分夸张，由此读者可以感受到汗渍是多么让人懊恼。其中一篇论文的标题是：《绝望的深渊》。[4]

人类分泌的汗水会损害漂亮的衣服，纺织品专家对此表示惋惜。伦敦博物馆的时装馆馆长露西·惠特莫尔说："丝绸是最脆弱的。在贴身穿的丝绸服装上，干了的汗液会使服饰的腋窝区域产生裂纹，甚至会裂开。"惠特莫尔还注意到，其他服装上也出现了汗渍，比如，紧身胸衣和其他内衣，包括 18 世纪以来的派对礼服和背心，以及各个时期的戏剧和演出服装。她表示:“演出服装可能是汗渍最多的。”西班牙纺织品保护学家已经对一件17世纪的紧身胸衣的腋下汗渍中的微小盐晶体，进行了成像和分析，这件胸衣的主人是当时欧洲宫廷中的最高特权阶层之一[5]。她怎么也想不到，自己的汗渍会在3个世纪后受到如此细致的检查研究。

汗液通常呈酸性，pH值低至4.5。随着汗液的分解，pH值会上升至7以上，开始呈碱性，然后会变干。[6] 即使酸性汗液没有损坏纺织品，变干后的碱性汗液也大概率会降低纺织品的弹性，从而损坏衣物，天然纤维纺织品尤为严重。一份指南指出:“汗液变干后，在纺织品上停留的时间越长，损坏程度就越严重。”[7]

一旦出汗，啃食纺织品的微小害虫也会寻“味”而来，破坏华丽的服饰。澳大利亚战争纪念馆的保护工作员杰西·弗斯解释道:“很多例子都表明，昆虫会先破坏衣服的腋下和裆部[8]。我们怀疑这些部位的气味对昆虫来说更加美味，因为这些部位存在汗液和身体油脂。”

尽管汗渍会损坏历史悠久的纺织品，但制造于19世纪或更早时期的纺织品还是幸运的，因为那时除臭剂和止汗剂还未广泛使用。而在20世纪初，除臭剂和止汗剂的酸性配方腐蚀了许多纺织品。同时，现在止汗剂配方中的铝盐会与肥皂或洗涤剂发生反应，在纺织品（尤其是棉织品）上形成一层褪色的、易碎的外壳，而且不溶于水。[9]

那么，如何处理这些残留的汗渍呢？有没有一种方法，可以保护衣物免受人们汗水的影响？

* * *

加拿大文物保护研究所（Canadian Conservition Institute，简称 CCI）位于渥太华郊区的一个商业区的棕色长形建筑物内，这幢建筑物有点儿像飞机库，夹在一家汽车零部件供应商和一家爱尔兰酒吧之间。虽然外观不起眼，但是，加拿大文物保护研究所是加拿大最珍贵的艺术品和遗产的修复与保存中心。加拿大 2 500 家博物馆和 1 000 家档案馆，将最珍贵的物品送到这里，以便文物保护员和科学家对其进行研究、鉴定和修复。

该研究所的空间足够大，大到能容纳一些太平洋西北部原住民雕刻的雪松图腾柱。我第一次参观该研究所时[10]，文物保护员正在研究一件精致美丽的金棕色丝绸，据说来自 1812 年的战争（加拿大和美国唯一的一次交战）。在另一个房间内，科学家们正在研究有着数百年历史的因纽特海豹皮鞋，想弄明白其鞣革过程中的内在化学机制，这种鞣革工艺主要用烟熏手段和动物大脑中的脂肪来完成。

我又来到了文物保护研究所，听说修复实验室的工作台上展出了一件 19 世纪的晚礼服，衣服的腋窝处有些奇怪的汗渍。在纯白色桌子的映衬下，刺绣丝绸礼服显得惊艳夺目。这件礼服生产于1890年左右，商标上标出的制造商为“Robes et Manteau”，厂址在纽约市第五大道287号，此地于1920年改建成纺织大厦，一直保留至今。Robes et Manteau（法语词汇，表示连衣裙和外套[①]）的经理名为艾萨克·布鲁姆，他的品牌灵感来自巴黎，当时巴黎的设计无可挑剔，现在也是如此。

这件奶油色的连衣裙设计精致，缎子和丝绸条纹交替，绣着粉红色的小花和深浅不一的绿色叶子。连衣裙的衣领和上半身镶着一种深绿色的天鹅绒织物，还点缀着金线、银线和铜线制成的锦缎。不过，衬裙却更为引人注目，厚厚的纱层上绣着白花和长春花。尽管这条裙子很美，但在腋窝区域有汗渍，说明曾有人穿过这条裙子，而且她还出了汗。

安大略省剑桥市的时装历史博物馆馆长乔纳森·沃尔福德说：“这绝对是一件上流社会的礼服。”这件礼服就是由他送往加拿大文物保护研究所的。在19世纪90年代的纽约，这件礼服可能只穿过一次。如果另一场宴会的宾客完全不同，也可能穿过两次。沃尔福德说：“在纽约的上流社会，如果你穿着同一件衣服参加两次以上的活动，人们就会议论纷纷，‘哦，又是这件衣服’。”

① 这个美国商标本想让它看起来像是个法国品牌，但他们拼错了单词。这个标签大概是英语的“Dresses and Coats”（复数）的意思，而不是“Dresses and Coat”（单数）。但商标的所有者忘记在表示外套的法语单词 manteau 后加 x，没表示出复数形式。——作者注

礼服的短袖设计说明着装者可能是在春季或夏季参加的活动，活动可能设有跳舞的环节。沃尔福德说："汗水可能毁掉一件礼裙，使裙子没法再穿。"

这件衣服来自多伦多一位名为阿伦·苏登的时装收藏家。在 2000 年苏登去世，他所收藏的来自世界各地的优质上流社会礼服，在一个维护不善的仓库中保存了 15 年后，被以拍卖或捐赠的形式送到了加拿大各地的博物馆。

沃尔福德说："没人想要这件特别的衣服，因为需要做大量的修护工作，但是，在我看来，'这是一件让人惊艳的礼服'。"

人们对汗渍最大的顾虑在于，汗液变干后会损坏布料。一旦布料被降解，就几乎保存不了什么了。另一个问题是，汗液与布料或其染料发生反应时，可能导致纺织品的颜色发生变化。

时间长了，白色丝绸等浅色礼裙上的腋窝区域会出现黄色污渍，这是因为光和氧气与汗渍中的乳酸和氨基酸发生了化学反应[11]。

此外，汗水还能与纺织染料发生化学反应，将染料晕染，使颜色相互渗透。如果染料对 pH 值敏感，汗水在皮肤上从酸性变为碱性，衣物颜色也会随之变亮、变暗或完全改变。沃尔福德告诉我："有时，汗水更容易和印花纺织品中的某些特定颜色相互作用。比如，你会发现黑色部分全部破损了，但是，浅色部分却保存得很好。”

再以一件“二战”中的婚纱[12]为例，这件婚纱目前保存在澳大利亚战争纪念馆（The Australian War Memorial）杰西·弗斯的展台上。20世纪40年代，这件漂亮的米色礼服曾由5位不同的女性穿过，其腋下呈现鲜绿色。最后，弗斯发现，导致出现这种变化的罪魁祸首是用来装饰裙子的铜线。腋下的汗水腐蚀了铜线，形成了我们平常在镀铜建筑上看到的绿色。

当我盯着加拿大文物保护研究所实验室桌子上摆放的纽约上流社会礼服时，研究所的纺织品保护员珍妮特·瓦格纳向我展示了金、银贵金属线是如何被汗水中的盐分氧化的，因此导致腋下区域的米色布料变成了难看的棕色。在得知米色甚至有可能变为鲜绿色后，相比之下，棕色似乎也不那么刺眼了。这反而让人感到安慰。

* * *

纺织品专家发现了很多去除汗渍的方法：用蒸汽冲洗或用纺织品专用溶剂轻轻擦拭，如稀释的乙酸（醋）、石油精或丙酮（洗甲水）。但是，任何修复方式都是有风险的，很容易让事情变得更糟糕，在试图解决旧问题的同时又制造新问题。这也是文物保护员对这些修复方式持谨慎态度的原因。近几十年来，文物保护员不会去修复纺织品遗产了。过去，他们会选择彻底清洗整件服装，然后对变浅的部分全部重新染色；

而现在，他们不赞同过去的做法，认为重新染色会磨灭衣物所承载的历史，破坏衣服的原始信息。

专家们一致认为，文物保护员不应该对不可挽回的珍贵文物做任何改动。因此文物保护员经常使用人造汗液，将其添加至与要修复的织物相似的纺织品中，再放入热烤炉进行人工老化，然后测试哪种清洁剂安全且有效。在很多情况下，尤其是衣物只有腋窝处染色时，可以利用巧妙的展示技巧（比如，放置披肩、间接照明等），这样就可以分散人们对汗渍的注意力。

然而，文物保护员的这种保守的做法有时与博物馆赞助人的期望相左。赞助商认为，展出的任何物品的外表都应完美无缺，就如同我们的身体一样。迫于公众压力，人们会努力隐藏自身的缺陷，掩盖衰老的迹象。但对我来说，汗渍让一件文物更有吸引力，因为正是这些瑕疵反映了文物的过往历史，证明它曾经客观存在过，并记录了这些有趣的时刻。汗水就是历史的证明。

如果是伊丽莎白二世女王的加冕礼服有汗渍呢？我认为没有哪个文物保护员会抹去有关女王情绪状态的重要历史信息。又比如，在总统就职日的服装上的汗渍、运动员打破纪录时球衣上的汗渍、音乐家最后一场音乐会后西装上的汗渍、芭蕾舞女演员首演后舞裙上的汗渍或士兵长期战斗后迷彩服上的汗渍……汗水仿佛在讲述穿着者的故事，这也是服装有吸引力的部分原因。

“当然，展示真实穿过的衣服是很有价值的，”伦敦博物馆时装馆馆长惠特莫尔说，“尤其是当汗渍成为衣服的故事的一部分时，它也变成了衣服历史的一部分。”但是，作为时装馆馆长，她觉得必须要考虑道德因素。“穿这件衣服的人，想展示他们的汗渍吗？他们想展示原始的人类汗液吗？汗水具有隐私性，有些人会觉得很尴尬。我必须考虑衣物的主人或其家人的意见。”

在加拿大文物保护研究所展示的那件礼服怎么办呢？礼服的女主人极有可能不同意向所有人永久展示她的汗渍。但是，转念一想，我们并不知道她是谁。因此，她的隐私或其家人或后代的隐私也未受到侵犯。

最终，加拿大文物保护研究所的文物保护员和沃尔福德一致认为，应该保留衣服上的汗渍，这还有另一个原因，即去除汗渍可能给衣物带来更大的损坏。因此，文物保护员会对衣物的表面进行清洁，去除存留了数十年的污垢，他们还会加固一些薄弱的接缝部分，防止其进一步破裂。

“来，看看这个。”瓦格纳指着礼服的裙子，向我展示了上面深褐色的污渍，这是我没有注意到的。她怀疑当时有白葡萄酒或香槟不小心溅到了裙子上。

沃尔福德说：“我想香槟和白葡萄酒可能会给你造成错觉。你认为它们不会弄脏衣服，但是，随着时间的推移，所含的糖分开始氧化，最终会形成这些深褐色的污渍。这些污渍会在几年后出现，当它们洒到衣服上时，你可能会想‘只是洒了一些酒，完全看不出来，不会弄脏衣服的’。”在那个汗洒舞池的夜晚，如果衣服的主人碰巧发现或懊恼把酒溅在衣服上时，她也许和我们一样，会这样安慰自己。

沃尔福德说：“无论她是谁，在哪里，喝了什么，都似乎玩得很尽兴。我很高兴能保留这些‘证据’。”

* * *

我想为汗水举杯。

出汗让我们更舒服地活着。与地球上其他生物调节体温的方式相比，出汗的效率更高，而且也不那么令人反感。在身体降温方面，我认为相比排尿、呕吐或排便等降温方式，出汗反而令人愉快得多。

我们必须明白且承认这样一个事实：在人类历史进程中，出汗帮我们适应了地球上的很多新环境。鸽子可以被人类驯养在家，也可以在沙漠生存。人类也一样，几乎可以在任何地方生存。但是，我们千万不要让气候继续变暖，这样会导致我们无法生存。

如果研究能证明，出汗在识别焦虑情绪、疾病感染和浪漫关系方面发挥着作用，那么我可以很高兴地说，汗水可以帮助我们驾驭社交世界。当然，这和处理人际关系一样复杂。

我很感激汗水让我们保持诚实。气味、衣服上的潮湿斑块和犯罪现场无意留下的指纹，都会暴露我们的许多秘密，无论好与坏。在这个时代，人人都会塑造自己的美好形象，但令人欣慰的是，人类的某些方面仍然公开透明（尽管存在色汗症）。我们只需要确定政府、执法部门、军队、雇主和保险公司也能保持诚实，并确保他们不会利用我们的这一透明的生物信息。

关于生活，我最喜欢的一件事，就是它有趣的荒谬性，而汗水就是这种荒谬性的重要来源：即使我们排出了大量的汗液，仿制的人造汗液仍然大有市场。我们花时间蒸桑拿或者健身，甘愿为大量出汗买单，而随后又使用止汗产品，虽然有时仅仅是为了预防出汗。

在酷热的夏天，我很高兴有办法减轻汗臭味。但我内心的这种感激（想要控制体味的心理、害怕皮肤上流出汗液的心理，以及不希望在衣物上留下汗渍的心理）源于止汗产品营销人员长达一个世纪之久的心理操纵，他们利用我们极度害怕受到社会排斥的心理，从我们身上获利。我们应该抵制这种心理。让我们终止对汗水的曲解，不要再认为流汗是一件耻辱的事情。流汗只是身体在尽其所能地维持生命。如果你愿意，可以使用除臭剂或止汗剂，否则就让我们挥洒汗水，快乐生活吧。

致　　谢

在此，我想表达最诚挚的感谢！

感谢每一个讲述汗水故事的人，感谢他们能信任我，告诉我流汗的具体细节。

感谢我的编辑马特·韦兰（Matt Weiland），他给了我耐心的鼓励与支持，他拥有出色的文字编辑能力，创造了大量关于汗水的双关语。

感谢我的经纪人克里斯蒂·弗莱彻（Christy Fletcher）和萨拉·富恩特斯（Sarah Fuentes），感谢他们一直以来给予我和这个项目的指导与支持。

感谢我的资料核查员阿拉·卡茨尼尔森（Alla Katsnelso）和薇薇安·费尔班克（Viviane Fairbank），她们阅读了大量的资料，及时地提供了非常有用的信息。如有任何纰漏，也是我的疏忽造成的。

感谢所有科学家、学者、企业家、病人、运动员、艺术家和历史学家，他们花了宝贵的时间向我讲述他们的工作和生活，和他们的谈话带给了我很多启发，我深表感谢。

感谢我在柏林马克斯·普朗克科学史研究所和费城科学史研究所遇到的优秀的科研人员，他们的研究成果让我备受启发。通过与历史学家艾蒂安·本森（Etienne Benson）、唐娜·比拉克（Donna Bilak）、露西娅·达科姆（Lucia Dacome）和乔安娜·雷丁（Joanna Radin）谈话，我受益匪浅。感谢这两个研究所的帮助，让我能深入地了解汗水的历史。

感谢约翰·博兰（John Borland）、苏珊娜·福里斯特（Susanna Forrest）和艾米·梅尔（Aimee Male），感谢他们帮我梳理已有的汗水知识，形成本书的写作方案和手稿。

感谢阿内特·豪瑟（Anett Hauser）、伊恩·鲍德温（Ian Baldwin）、克里斯蒂安·哈肯伯格（Christian Hackenburger）和杰西·海尔曼（Jesse Heilman）帮我完成了一些大胆的汗水实验，包括抽象的实验和具体的实验。

感谢克里斯汀·艾伦（Kristen Allen）、索菲·博姆（Sophie Boehm）、雷切尔·伯克斯（Raychelle Burks）、黛博拉·科尔（Deborah Cole）、凯莉·弗里奇（Beth Halford）、贝丝·哈福德（Beth Halford）、苏珊·原田（Susan Harada）、娜奥米·克雷西（Naomi Kresge）、马修·皮尔森（Matthew Pearson）、尼克·沙克森（Nick Shaxson）和艾玛·托马森（Emma Thomasson），在我写作的过程中，他们给了我中肯的建议和莫大的支持。

感谢阿曼达·亚内尔（Amanda Yarnell）和劳伦·沃尔夫（Lauren Wolf），她们是了不起的领导，为本书不遗余力地提供了支持。

感谢劳伦·曼尼格尔（Lauryn Mannigel）的感官文化俱乐部阅读小组的所有成员，感谢他们对臭味和出汗的相关话题所进行的讨论，他们与我志趣相投。

感谢大家给我发来的关于汗水话题的文章，尤其是大卫·卡斯特尔韦奇（Davide Castelvecchi）、安德鲁·库里（Andrew Curry）、希尔玛·施蒙特（Hilmar Schmundt）、伊森·斯腾伯格（Ethan Sternberg）和沃克·奥斯赫曼（Volker Oschmann），要不是他们，我自己可能不会了解这些怪异又精彩的事物。

感谢奥弗格斯大师、动感单车教练以及其他让我流汗的人，感谢你们教给我专业的知识，感谢你们对我严格要求，尤其是米哈·厄斯特加德（Micha Østergaard）。

感谢那些与我一起挥汗如雨的人——特别是加雅·玛丽娜·嘉宝鲁克（Gaya Marina Garbaruk）、珍妮·拉斯曼（Jenny Lassmann）、玛蒂尔德·圣容（Mathilde Saingeon）、蒂奥内特·斯托达德（Tionette Stoddard）和安妮·泰西耶（Anne Tessier）：感谢你们陪我走过这段汗水之旅。

感谢我的母亲尼基·埃弗茨·哈蒙德（Nikki Everts-Hammond），是她培养了我对散文的兴趣；感谢我的祖母佩吉·埃弗茨（Peggy Everts），她教会了我们如何书写生活中荒谬的故事。

最后，我还要感谢约尔格·埃姆斯（Jörg Emes），在我埋头写作和进行大量研究时，是他耐心地帮我处理其他的事务。

此书献给我的儿子奎因（Quinn）。4 岁的时候，他通过有没有出汗来判断体操课是否有趣。他让母亲感到骄傲。

译后记

《汗水的快乐》是一本颇受欢迎的科普类读物，作者萨拉·埃弗茨（Sarah Everts）用生动幽默的语言、逻辑严谨的论述和最新的研究证据，向我们全方位地展示了汗水的科学知识、汗水在社会中的作用以及人类与汗水和体味斗争的过程。

在炎炎夏日里，尽管出汗会给我们带来湿黏的体验，但其作用远远超出我们的想象。正是因为出汗，人类才能在高温环境中存活下来。我们流下的汗水，是我们在世界上独一无二的印记，因此这也为调查工作提供了宝贵的信息。汗水还能帮助我们发现了某些疾病的存在，从而才能尽早进行治疗。本书让我们能够更好地认识出汗的过程，了解出汗的意义，最终享受汗水的快乐。

本书的翻译工作是在与团队成员陈雅岚、刘璐和倪丽萍的精诚合作中完成的。本书的出版还要感谢中译出版社相关编辑和出版人员辛勤而细致的工作。如有错误，请各方专家读者批评指正。

刘　辉

2022年6月24日

注　　释

引　　言

1　“《红色内衣病例——再论色汗症》”：J. Cilliers and C. de Beer, “The Case of the Red Lingerie—Chromhidrosis Revisited,” *Dermatology (Basel, Switzerland)* 199, no. 2 (1999): 149–52, http://www.ncbi.nlm.nih.gov/pubmed/10559582.

2　“汗液变成绿色、蓝色、黄色、棕色或红色”：Cilliers and de Beer, “Case of the Red Lingerie.”

3　“每年在止汗剂和除臭剂方面花费的金额高达750亿美元”：M. Shahbandeh, “Size of the Global Antiperspirant and Deodorant Market 2012–2025,” Statista, accessed July 14, 2020, https://www.statista.com/statistics/254668/size-of-the-global-antiperspirant-and-deodorant-market/.

4　“汗水可绝不仅仅是一种貌似无害无味的液体，它会让你羞耻和尴尬，也会带来污染和恶臭，还能起到净化作用，让你性感和阳刚”：Michael Stolberg, “Sweat. Learned Concepts and Popular Perceptions, 1500–1800,” in *Blood, Sweat and Tears: The Changing Concepts of Physiology from Antiquity into Early Modern Europe*, ed. Manfred Horstmanshoff, Helen King, and Claus Zittel (Leiden: Brill Academic, 2012), 503.

1 出汗天性

1 本章节的内容主要源于我与多位科学家的谈话，尤其是安德鲁·贝斯特（Andrew Best）、露西娅·达科姆（Lucia Dacome）、杰森·卡米拉（Jason Kamilar）、亚纳·坎贝罗夫（Yana Kamberov）、丹尼尔·利伯曼（Daniel Lieberman）、邓肯·米切尔（Duncan Mitchell）、迈克尔·斯托尔伯格（Michael Stolberg）和迈克尔·泽赫（Michael Zech）。

2 “60 瓦的灯泡”：Jacques Machaire et al., “Evaluation of the Metabolic Rate Based on the Recording of the Heart Rate,” *Industrial Health* 55, no. 3 (May 2017): 219–32, https://doi.org/10.2486/indhealth.2016-0177.

3 “100 瓦的灯泡”：Machaire et al., “Evaluation of the Metabolic Rate.”

4 “因中暑而死亡是很痛苦的”：A. Bouchama and J. P. Knochel, “Heat Stroke,” *New England Journal of Medicine 346*, no. 25 (June 20, 2002): 1978, https://pubmed.ncbi.nlm.nih.gov/12075060/. 更详尽的资料参阅：Amy Ragsdale and Peter Stark, “What It Feels Like to Die from Heat Stroke,” *Outside Online*, June 18, 2019, https://www.outsideonline.com/2398105/heat-stroke-signs-symptoms.

5 “大象用巨大的耳朵”：Terrie M. Williams, “Heat Transfer in Elephants: Thermal Partitioning Based on Skin Temperature Profiles,” *Journal of Zoology* 222, no. 2 (1990): 235–45, https://doi.org/10.1111/j.1469-7998.1990.tb05674.x; and Conor L. Myhrvold, Howard A. Stone, and Elie BouZeid, “What Is the Use of Elephant Hair?,” *PLOS ONE 7*, no. 10 (October 10, 2012), https://doi.org/10.1371/journal.pone.0047018.

6 “秃鹫在自己身上排便”：Bernd Heinrich, *Why We Run: A Natural History* (New York: HarperCollins, 2009), 102.

7 “3 500 万年前”：狭鼻猴共同祖先（包括旧世界猴在内的灵长类动物）的汗腺不再局限于手部，而是遍布全身：参阅 Yana G. Kamberov et al., “Comparative Evidence for the Inde- pendent Evolution of Hair and Sweat Gland Traits in Primates,” *Journal of Human Evolution* 125 (December 1, 2018): 99–105, https://doi.org/10.1016/j. jhevol.2018.10.008. 因此，旧世界猴（catarrhines）和新世界猴子（platyrrhines）的独立演化是人类祖先开始进化汗腺的时间点，具体的时间存在争议，但我认为是 3 500 万年前：as found by Carlos G. Schrago and Claudia A. M. Russo, “Timing the Origin of New World Monkeys,” *Molecular Biology and Evolution* 20, no.10 (October 1, 2003): 1620–25, https://doi.org/10.1093/molbev/msg172. 200 万—300 万年前，在人属的开始阶段，汗腺的密度急剧增加。

8 “有了出汗这一机制，我们即便是在阳光下觅食”：前提是我们可以运输水分，能够双足站立后，要做到这一点并不难。

9 “暴露于酷热阳光下的面积仅为身体表面积的 7%”：Daniel E. Lieberman, “Human Locomotion and Heat Loss: An Evolutionary Perspective,” *Comprehensive Physiology* 5, no.1 (January 1, 2015): 99–117, https://doi.org/10.1002/cphy.c140011.

10 “200 万—500 万个汗孔”：一些参考文献引用的范围为 160 万—500 万，但大多数参考文献给出的范围为 200 万—500 万，本文参考了此处计算所得的平均值：Yas Kuno, *Human Perspiration* (Springfield, IL: Charles C. Thomas, 1956), 66. First published in 1934 as *The Physiology of Human Perspiration* by J. & A. Churchill, London.

11 “尼亚加拉大瀑布夏季一天的流量”：根据尼亚加拉瀑布国家公园常见问题解答：“美利坚瀑布和新娘面纱瀑布的水流速度为 75 750 加仑 / 秒，马蹄形瀑布为 681 750 加仑 / 秒”，总计 757 500 加仑 / 每秒。相当于每分钟有 1.72 亿升水流过尼亚加拉大瀑布。然后再计算一下人类的出汗量：首先计算最大出汗量。一个大量出汗的人，其每个汗孔的出汗速度为 20 纳升 / 分钟，而每人最多有 500 万个汗孔。如果地球上的 80 亿人同时拥有最大的出汗量和最多的汗孔，每分钟将产生 8 亿升汗水，是尼亚加拉瀑布水流量的 4 倍多。但是，我们的出汗量没有这么大。再计算最小出汗量，每个汗孔的出汗速度为 2 纳升 / 分钟，有 200 万个汗孔。这相当于全球每分钟产生 3 200 万升汗水，是尼亚加拉瀑布水流量的五分之一。正常的出汗量应该介于两者之间。

12 “损失多达 25 克盐”：Graham P. Bates and Veronica S. Miller, “Sweat Rate and Sodium Loss During Work in the Heat,” *Journal of Occupational Medicine and Toxicology* (*London, England*) 3 (January 29, 2008): 4, https://doi.org/10.1186/1745-6673-3-4.

13 “普通人每日损失的量要少得多”：2020 年 7 月 14 日，邓肯 · 米切尔与本作者进行了电邮联系。米切尔估计大多数人每天最多摄入 12—15 克盐。

14 “大汗腺在青春期变得活跃”：Catherine Lu and Elaine Fuchs, “Sweat Gland Progenitors in Development, Homeostasis, and Wound Repair,” *Cold Spring Harbor Perspectives in Medicine* 4, no. 2 (February 2014), https://doi.org/10.1101/cshperspect.a015222.

15 “大汗腺比小汗腺大得多”：Morgan B. Murphrey and Tanvi Vaidya, “Histology, Apocrine Gland,” in *StatPearls* (Treasure Island, FL: StatPearls Publishing, 2020), http://www.ncbi.nlm.nih.gov/books/NBK482199/.

16 “尼古丁、可卡因、大蒜味、食用色素、安非他明、抗生素”：Melanie J. Bailey et al., “Chemical Characterization of Latent Fingerprints by Ma-

trix-Assisted Laser Desorption Ionization, Time-of-Flight Secondary Ion Mass Spectrometry, Mega Electron Volt Secondary Mass Spectrometry, Gas Chromatography/Mass Spectrometry, X-Ray Photoelectron Spectroscopy, and Attenuated Total Reflection Fourier Transform Infrared Spectroscopic Imaging: An Intercomparison," *Analytical Chemistry* 84, no.20 (October 16, 2012): 8514–23, https://doi.org/10.1021/ac302441y.

17 "喝大量蔓越莓汁来治疗频繁的膀胱感染，由于制造商在饮料中添加了深红色色素，该男子的汗水也变红了"：Ashok Kumar Jaiswal, Shilpashree P. Ravikiran, and Prasoon Kumar Roy, "Red Eccrine Chromhidrosis with Review of Literature," *Indian Journal of Dermatology* 62, no. 6 (2017): 675, https://doi.org/10.4103/ijd.IJD_755_16.

18 "吃了太多的泻药，结果他的汗水变黄了"：Bharathi Sundaramoorthy, "Bisacodyl Induced Chromhidrosis—A Case Report," *University Journal of Medicine and Medical Specialities* 3, no. 4 (July 13, 2017), http://ejournal-tnmgrmu.ac.in/index.php/medicine/article/view/4614.

19 "运动产生的废物（如乳酸和尿素）、葡萄糖以及某些金属元素"：Amay J. Bandodkar et al., "Wearable Sensors for Biochemical Sweat Analysis," *Annual Review of Analytical Chemistry* 12, no.1 (June 12, 2019): 1–22, https://doi.org/10.1146/annurev-anchem-061318-114910.

20 "蛋白质，从而控制住"：B. Schittek et al., "Dermcidin: A Novel Human Antibiotic Peptide Secreted by Sweat Glands," *Nature Immunology* 2, no.12 (December 2001), https://doi.org/10.1038/ni732.

21 "汗液甚至带有疾病的标记物"：Simona Francese, R. Bradshaw, and N. Denison, "An Update on MALDI Mass Spectrometry Based Technology for the Analysis of Fingermarks—Stepping into Operational Deployment," *Analyst* 142, no. 14 (2017): 2518–46, https://doi.org/10.1039/C7AN00569E.

22 "他想知道一小口水从喝下到从汗孔排出来需要多长时间"：Michael Zech et al., "Sauna, Sweat and Science II—Do We Sweat What We Drink?," *Isotopes in Environmental and Health Studies* 55, no. 4 (July 4, 2019): 394–403, https://doi.org/10.1080/10256016.2019.1635125.

23 "一种化学示踪剂"：严格来说，这是一种同位素示踪剂，即一种氘代化合物。但考虑到分子量较大的分子仍然是分子，我创造性地将其称为化学示踪剂，这样就不用向外行人长篇大论地解释同位素分析了。

24 "结果显示，不到 15 分钟，示踪剂就经过他的胃部"：Zech et al., "Sauna, Sweat and Science II."

25 "盖伦提出，蒸汽在不知不觉中不断从身体排出"：Michael Stolberg, "Sweat.

Learned Concepts and Popular Perceptions, 1500–1800," in *Blood, Sweat and Tears: The Changing Concepts of Physiology from Antiquity into Early Modern Europe*, ed. Manfred Horstmanshoff, Helen King, and Claus Zittel (Leiden: Brill Academic, 2012).

26 "出汗'清除了身体中的多余物质和潜在的有害、危险和污染物质'"：Stolberg, "Sweat," 511.

27 "研究汗水的新曙光出现了，这一切归功于与伽利略同时代的意大利科学家桑托里奥·桑托里奥（Santorio Santorio）"：Lucia Dacome, "Balancing Acts: Picturing Perspiration in the Long Eighteenth Century," Studies in History and Philosophy of Science Part C: *Studies in History and Philosophy of Biological and Biomedical Sciences* 43, no. 2 (June 2012): 379–91, https://doi.org/10.1016/j.shpsc.2011.10.030.

28 "测量脉搏率的装置"：Fabrizio Bigotti and David Taylor, "The Pulsilogium of Santorio: New Light on Technology and Measurement in Early Modern Medicine," *Societate Si Politica* 11, no. 2 (2017): 53–113, https://www.ncbi.nlm.nih.gov/pmc/articles/PMC6407692/. And also: Richard de Grijs and Daniel Vuillermin, "Measure of the Heart: Santorio Santorio and the Pulsilogium," arXiv:1702.05211 [physics.hist-ph], February 17, 2017, http://arxiv.org/abs/1702.05211.

29 "桑托里奥发明了一个精致的吊椅"：Dacome, "Balancing Acts."

30 "普金内在皮肤中发现了汗液的出口"："Jan Evangelista Purkinje | Czech Physiologist," in *Encyclopedia Britannica*, accessed July 16,2020, https://www.britannica.com/biography/Jan-Evangelista-Purkinje.

31 "瑞士和德国的生理学家记录了大脑发向汗腺的电信号"：赫尔曼（Hermann）和卢克辛格（Luchsinger）在1878年的作品中提到了这一点，请参阅：Wolfram Boucsein, *Electrodermal Activity* (New York: Springer Science & Business Media, 2012), 4.

32 "检测全身汗液分泌的可视化技术"：Victor Minor, "Ein neues Verfahren zu der klinischen Untersuchung der Schweißabsonderung," *Deutsche Zeitschrift für Nervenheilkunde* 101, no.1 (January 1, 1928): 302–8, https://doi.org/10.1007/BF01652699.

33 "比如，跟腱或男性的光头"：Minor, "Ein neues Verfahren."

34 "他们将电极插入指甲盖、前臂和手掌，测量不同皮肤层的电阻"：Kuno, *Human Perspiration*, 9.

35 "大约70微米"：Kuno, *Human Perspiration*, 18.

36 “200万—500万汗腺孔”：Kuno, *Human Perspiration*, 66. 一些现代的报告将汗腺数量的下限降至160万个毛孔。

37 “1934年的专著”：Taketoshi Morimoto, “History of Thermal and Environmental Physiology in Japan: The Heritage of Yas Kuno,” *Temperature: Multi-disciplinary Biomedical Journal* 2, no.3 (July 28, 2015): 310–15, https://doi.org/10.1080/23328940.2015.1066920.（注：我只能读到前述1956年再版的久野宁的作品。）

38 “帮忙计算维持步兵的生理机能和生命所需要的水量”：军队中的许多科学家也在研究汗水，例如，美国陆军纳蒂克士兵系统中心的科学家。但我采访他们和参观中心的请求没有得到批准。

39 “‘为了缓解口渴……但缓解口渴的效果并不好’”：Edward Frederick Adolph, *Physiology of Man in the Desert* (New York: Interscience, 1947), 10.

40 “‘情绪也会变得不稳定’”：Adolph, *Physiology of Man*, 14.

41 “‘我只想停下来休息’”：Rick Lovett, “The Man Who Revealed the Secrets of Sweat,” *New Scientist*, accessed July 15, 2020, https://www.newscientist.com/article/mg20227061-500-the-man-who-revealed-the-secrets-of-sweat/.

42 “‘他不合群，还掉队了，最后还是停了下来’”：Adolph, *Physiology of Man*, 214.

43 “如今，美国军方将这些变量输入复杂的计算机算法中来估计士兵所需的水量”：Richard R. Gonzalez et al., “Sweat Rate Prediction Equations for Outdoor Exercise with Transient Solar Radiation,” *Journal of Applied Physiology* 112, no. 8 (April 15, 2012): 1300–10, https://doi.org/10.1152/japplphysiol.01056.2011.

44 “‘气温为约38℃时……则只会损失1杯水’”：Adolph, *Physiology of Man*, 4.

45 “‘把水喝了比带着走更好’”：Lovett, “Secrets of Sweat.”

46 “博士阶段所做的研究”：施耐德告诉我，为了进行这项研究，她和她的实验对象会饮用含有放射性示踪剂的水。

47 “证据表明，男性和女性在出汗方面差别不大”：Lindsay B. Baker, “Physiology of Sweat Gland Function: The Roles of Sweating and Sweat Composition in Human Health,” *Temperature* 6, no.3 (July 3, 2019): 211–59, https://doi.org/10.1080/23328940.2019.1632145.

48 “在极度炎热和干燥的环境中，人们最好穿长裤和长袖T恤”：Lovett, “Secrets of Sweat.”

49 “主要是收入极低的黑人”：根据许多消息来源，黑人被分配到矿场从事体力劳动，而白人则担任监督职务：including Suzanne M. Schneider, “Heat Acclimation: Gold Mines and Genes,” *Temperature: Multidisciplinary Biomedical*

Journal 3, no. 4 (September 27, 2016): 527–38, https://doi.org/10.1080/23328940.2016.1240749. Also: “The workforce consisted of a unionised white labour aristocracy employed in supervisory roles, while the bulk of the manual work was done by black migrants.” Jock McCulloch, *South Africa's Gold Mines and the Politics of Silicosis* (Woodbridge, UK: James Currey, 2012).

50 “在后来的几十年里，矿工们要到地下半英里处开采金矿”：Schneider, “Heat Acclimation.”

51 “他们甚至要到地下两英里处”：Schneider, “Heat Acclimation.”

52 “‘在坟墓里工作’”：Matthew John Smith, “‘Working in the Grave’: The Development of a Health and Safety System on the Witwatersrand Gold Mines 1900–1939” (master's thesis, Rhodes University, 1993).

53 “大部分矿工要进入一部能承载 100 多人的升降机”：马修·哈特（Matthew Hart）称，今天，矿工仍以这种方式下矿井：“A Journey Into the World's Deepest Gold Mine,” *Wall Street Journal*, December 13, 2013, Personal Finance, https://www.wsj.com/articles/a-journey-into-the-world8217s-deepest-gold-mine-1386951413; and Duncan Mitchell, telephone interview by the author, August 28, 2018.

54 “全速”：Hart, “A Journey”; Mitchell, telephone interview with author.

55 “矿石中不仅含有金，还有二氧化硅，因此，矿石炸开产生的粉尘会对肺部造成严重的损伤”：Jock McCulloch, “Dust, Disease and Politics on South Africa's Gold Mines,” *Adler Museum Bulletin*, June 2013, https://www.wits.ac.za/media/migration/files/cs-38933fix/migrated-pdf/pdfs-4/Adler%20Bulletin%20June%202013.pdf.

56 “‘地球将吞噬我们这些挖掘者……我每天都看到周围有人步履蹒跚，随即跌倒，失去生命’”：本尼迪克特·沃利特·维拉卡泽写了《金矿之内》一诗，刊登于：*Zulu Horizons* (Johannesburg: Wits University Press, 1973).

57 “50 万名患有致命性肺部疾病的金矿工人，向南非金矿行业提起集体诉讼”：“South Africa Allows Silicosis Class Action Against Gold Firms,” Reuters, May 13, 2016, https://www.reuters.com/article/us-safrica-gold-silicosis-idUSKCN0Y40Q2.

58 “威特沃特斯兰德有成千上万的金矿工人死于中暑”：要获得具体的数据是有困难的。相关数据参阅：M. J. Martinson, “Heat Stress in Witwatersrand Gold Mines,” *Journal of Occupational Accidents* 1, no. 2 (January 1, 1977): 171–93, https://doi.org/10.1016/0376-6349(77)90013-X, Schneider, “Heat Acclimation,” and Smith, “‘Working in the Grave,’” 第一份威特沃特斯兰德中暑死亡报告是于 1924 年发布的，截至 1931 年，超过 92 个人因中暑死亡。

1956—1961 年有 47 人死亡。根据这些数据以及其他中暑死亡人数，我估计每年大约有 10 人中暑死亡。从 1924 年到 20 世纪 60 年代中期（预防中暑的新适应措施出台的时间）的 40 年间，约有 400 人死亡。

59 “聘请或者引进医疗研究人员”：这些医学研究人员有：奥尔多・德瑞斯蒂和西里尔・温德姆。1927—1963 年，德瑞斯蒂在兰德矿业有限公司工作；温德姆则在约翰内斯堡矿业协会人类科学实验室工作。温德姆和同事思特莱顿（N. B. Strydom）的论文至今仍被热适应研究人员引用。该研究在人类科学实验室进行，若想进一步了解其概况，请阅读：Cyril H. Wyndham, “Adaptation to Heat and Cold,” *Environmental Research* 2 (1969): 442–69.

60 “死于中暑的工人少了——但也还是有的”：Martinson, “Heat Stress in Witwatersrand Gold Mines.” 马丁森（Martinson）在表 5 中指出，1968—1973 年，南非金矿有 20 人中暑死亡，平均每年约 3—4 人，此前金矿每年约 10 人中暑死亡。

61 “到了 20 世纪 60 年代中期”：Schneider, “Heat Acclimation” ; Mitchell, telephone interview with author.

62 “每天都要在一个炎热潮湿的帐篷里待上 4 个小时，在石头上完成踏步登阶训练，同时会定期检查他们的直肠温度”：Schneider, “Heat Acclimation.”

63 “普遍不喜欢”：Schneider, “Heat Acclimation.”

64 “带有干冰的背心”：Bill Whitaker, “What Lies at the Bottom of One of the Deepest Holes Ever Dug by Man?,” *G0 Minutes*, CBS News, August 4, 2019, https://www.cbsnews.com/news/south-africa-gold-mining-what-lies-at-the-bottom-of-one-of-the-deepest-holes-ever-dug-by-man-60-minutes-2019-08-04/.

65 “运动员在酷热的环境中备战比赛时，也要进行热适应训练（与金矿工人的训练方式类似，但训练强度小一些）”：Michael N. Sawka, “Heat Acclimatization to Improve Athletic Performance in Warm-Hot Environments,” Sports Science Exchange 28, no. 153 (2015): 7. And Sébastien Racinais et al., “Heat Acclimation,” in *Heat Stress in Sport and Exercise—Thermophysiology of Health and Performance*, ed. Julien D. Périard and Sébastien Racinais (Basel: Springer International, 2019), https://doi.org/10.1007/978-3-319-93515-7.

66 “每次在高温下进行 60—90 分钟”：Racinais et al., “Heat Acclimation.”

67 “‘天气炎热时，只有出汗能让人感到舒适，这样人类才有机会在热带地区生存下来’”：Kuno, *Human Perspiration*, 3.

68 “‘在晴朗的夏日里……向上蒸发’”：Jacobus Benignus Winsløw, *An Anatomical Exposition of the Structure of the Human Body*, 4th ed., corrected, trans. G. Douglas (London: R. Ware, J. Knapton, S. Birt, T. and T. Longman, C. Hitch and L. Hawes, C. Davis, T. Astley, and R. Baldwin, 1756).

69 "'天哪，我当时要累死了。我的心跳每分钟 155 下，汗如雨下，"那玩意儿"真是让人生厌，我还没开始做什么实际的工作呢'"：Eugene Cernan and Donald A. Davis, *The Last Man on the Moon: Astronaut Eugene Cernan and America's Race in Space* (New York: St. Martin's, 2007).

70 "还有人认为是指他的阴茎"："Idioms, What Do They Mean?," The Cellar, accessed July 15, 2020, https://cellar.org/showthread.php?t=23318&page=3.

71 "塞尔南在太空行走时流了 13 磅的汗"："Gene Cernan, Last Astronaut on the Moon, Dies at 82," *Tribune News Services*, accessed July 15, 2020, https://www.chicagotribune.com/nation-world/ct-gene-cernan-dead-20170116-story.html.

72 "'这是我这辈子做过最累的事情'"：Cernan and Davis, *The Last Man on the Moon*.

a. k. Sato and F. Sato, "Sweat Secretion by Human Axillary Apoeccrine Sweat Gland in Vitro," pt. 2, *American Journal of Physiology* 252, no. 1 (January 1987): R181–87, https://doi.org/10.1152/ajpregu.1987.252.1.R181.

b. "Research Ethics Timeline," National Institute of Environmental Health Sciences, accessed July 22, 2020, https://www.niehs.nih.gov/research/resources/bioethics/timeline/index.cfm.

c. Hart, "A Journey."

d. 对于这一说法如有异议，请仔细阅读下文："Research Ethics Timeline," National Institute of Environmental Health Sciences, accessed July 22, 2020, https://www.niehs.nih.gov/research/resources/bioethics/timeline/index.cfm. 建议大家阅读此书：Rebecca Skloot, *The Immortal Life of Henrietta Lacks* (New York: Broadway Books, 2011). 纽约皇冠出版集团首次印刷。

e. E. S. Sundstroem, "The Physiological Effects of Tropical Climate," *Physiological Reviews* 7, no. 2 (April 1, 1927): 320–62, https://doi.org/10.1152/ physrev.1927.7.2.320.

f. Sundstroem, "Physiological Effects."

2 大汗淋漓

1 在我研究和撰写的所有章节中，本章节是迄今为止最有趣、最令人愉快的章节。我很感激凯瑟琳·道斯曼（Kathrin Dausmann）、亚纳·坎贝罗夫（Yana Kamberov）、丹尼尔·莱维斯克（Danielle Levesque）、邓肯·米切尔（Duncan Mitchell）和布莱尔·沃尔夫（Blair Wolf）等人与我进行交谈。

2 "罗杰·金特里测算了那些放弃地盘去海里降温的雄性海狗的交配频率"：

Roger L. Gentry, "Thermoregulatory Behavior of Eared Seals," *Behaviour* 46, no. 1/2 (1973): 73–93, https://www.jstor.org/stable/4533520.

3 "'在高温环境下，坚守地盘的雄性海狗……后鳍肢上的毛发。随后，它们会侧躺下来，将打湿的后鳍肢伸向空中'"：Gentry, "Thermoregulatory Behavior of Eared Seals."

4 "'会把胃里的东西吐出来，然后用前足将呕吐物涂抹于全身'"：Bernd Heinrich, *Why We Run: A Natural History* (New York: HarperCollins, 2009).

5 "'等呕吐物的水分蒸发后，再舔掉这只蜜蜂身上剩余的固体'"：Heinrich, *Why We Run*.

6 "'这样就能解释在炎炎烈日下，土耳其秃鹫为什么会坐在篱笆上，神情冷静、从容不迫地往其赤裸的腿上排便了'"：Heinrich, *Why We Run*.

7 "天气炎热时，汗液、呕吐物、尿液或粪便中的水分蒸发，是迄今为止最有效的降温方法"：Duncan Mitchell et al., "Revisiting Concepts of Thermal Physiology: Predicting Responses of Mammals to Climate Change," in "Linking Organismal Functions, Life History Strategies and Population Performance," ed. Dehua Wang, special feature, *Journal of Animal Ecology* 87, no. 4 (July 2018): 956–73, https://doi.org/10.1111/1365-2656.12818.

8 "长颈鹿就是典型的细长形态的动物"：Mitchell et al., "Revisiting Concepts of Thermal Physiology."

9 "通过改变皮肤的颜色，来避免正午阳光的直射"：Kathleen R. Smith et al., "Colour Change on Different Body Regions Provides Thermal and Signalling Advantages in Bearded Dragon Lizards," *Proceedings of the Royal Society B: Biological Sciences* 283, no. 1832 (June 15, 2016), https://doi.org/10.1098/rspb.2016.0626. And Kathleen R. Smith et al., "Color Change for Thermoregulation versus Camouflage in Free-Ranging Lizards," *American Naturalist* 188, no. 6 (December 2016), https://doi.org/10.1086/688765.

10 "大象除耳朵以外的身体部位都发亮"：Mitchell et al., "Revisiting Concepts of Thermal Physiology."

11 "蛰眠状态"：Julia Nowack et al., "Variable Climates Lead to Varying Phenotypes: 'Weird' Mammalian Torpor and Lessons from Non-Holarctic Species," *Frontiers in Ecology and Evolution* 8 (2020), https://doi.org/10.3389/fevo.2020.00060.

12 "太空科学家很想了解：人类在飞往火星或更远处的多年时间里能否也进入蛰眠状态"：John Bradford, "Torpor Inducing Transfer Habitat for Human Stasis to Mars," NASA, August 7, 2017, http://www.nasa.gov/content/torpor-inducing-transfer-habitat-for-human-stasis-to-mars.

13 “猪会跑到泥浆里打滚，这样就不会大量出汗了”：Edith J. Mayorga et al., “Heat Stress Adaptations in Pigs,” *Animal Frontiers* 9, no. 1 (January 3, 2019): 54–61, https://doi.org/10.1093/af/vfy035.

14 “考拉”：Natalie J. Briscoe et al., “Tree-Hugging Koalas Demonstrate a Novel Thermoregulatory Mechanism for Arboreal Mammals,” *Biology Letters* 10, no. 6 (June 2014), https://doi.org/10.1098/rsbl.2014.0235.

15 “袋鼠会舔舐自己的前肢”：Terence J. Dawson et al., “Thermoregulation by Kangaroos from Mesic and Arid Habitats: Influence of Temperature on Routes of Heat Loss in Eastern Grey Kangaroos (Macropus giganteus) and Red Kangaroos (Macropus rufus),” *Physiological and Biochemical Zoology* 73, no. 3 (May 2000): 374–81, https://doi.org/10.1086/316751.

16 “咽颤”：Eric Krabbe Smith et al., “Avian Thermoregulation in the Heat: Resting Metabolism, Evaporative Cooling and Heat Tolerance in Sonoran Desert Doves and Quail,” *Journal of Experimental Biology* 218, no. 22 (November1, 2015): 3636–46, https://doi.org/10.1242/jeb.128645. 需要指出的是，没有喉囊的鸟类也可以咽颤降温。

17 “茶色的蛙嘴夜鹰……其呼吸频率可达每分钟 100 次”：Robert C. Lasiewski and George A. Bartholomew, “Evaporative Cooling in the Poor-Will and the Tawny Frogmouth,” *Condor* 68, no.3 (1966): 253–62, https://doi.org/10.2307/1365559. 注意，本文中的呼吸频率是指鸟的体温上升到 42.5°C 时的呼吸频率。

18 “煮熟鸡蛋只需要 40℃，沙漠中的白鸽必须不断地给身体和蛋降温”：Glenn E. Walsberg and Katherine A. Voss-Roberts, “Incubation in Desert-Nesting Doves: Mechanisms for Egg Cooling,” *Physiological Zoology* 56, no.1 (1983): 88–93, http://www.jstor.org/stable/30159969.

19 “我最喜欢的一项关于鸽子给蛋降温能力的研究”：Walsberg and Voss-Roberts, “Incubation in Desert-Nesting Doves.”

20 “那里的温度高达约 48.8℃”：在本文中描述的特定试验期间，沙漠的温度是 45℃，但沃斯伯格说约 49℃是常见的。

21 “天一亮，工作人员就迅速地在鸽巢下面放了一架梯子……只有 9 次在 1 分钟内测得了哀鸽的体温值”：Walsberg and Voss-Roberts, “Incubation in Desert- Nesting Doves.”

22 “比周围气温低 5℃”：Krabbe Smith et al., “Avian Thermoregulation in the Heat.”

23 “将汁液通过腹部和胸腔的毛孔排出体外”：Neil F. Hadley, Michael C. Quin-

lan, and Michael L Kennedy, “Evaporative Cooling in the Desert Cicada: Thermal Efficience and Water/Metabolic Cost,” *Journal of Experimental Biology* 159 (1991): 269–83.

24 “多种青蛙”：William A. Buttemer, “Effect of Temperature on Evaporative Water Loss of the Australian Tree Frogs Litoria caerulea and Litoria chloris,” *Physiological Zoology* 63, no.5 (1990): 1043–57, https://www.jstor.org/stable/30152628; and Mohlamatsane Mokhatla, John Measey, and Ben Smit, “The Role of Ambient Temperature and Body Mass on Body Temperature, Standard Metabolic Rate and Evaporative Water Loss in Southern African Anurans of Different Habitat Specialisation,” *PeerJ* 7 (2019), https:// doi.org/10.7717/peerj.7885.

25 “‘汗腺的密度是黑猩猩的 10 倍’”：Yana G. Kamberov et al., “Comparative Evidence for the Independent Evolution of Hair and Sweat Gland Traits in Primates,” *Journal of Human Evolution* 125 (December 1, 2018): 99–105, https://doi.org/10.1016/j.jhevol.2018.10.008.

26 “寻找这个问题的答案”：Yana G. Kamberov et al., “A Genetic Basis of Variation in Eccrine Sweat Gland and Hair Follicle Density,” *Proceedings of the National Academy of Sciences USA*, July 16, 2015, https://doi.org/10.1073/pnas.1511680112.

27 “马也能出汗”：C. M. Scott, D. J. Marlin, and R. C. Schroter, “Quantification of the Response of Equine Apocrine Sweat Glands to Beta2-Adrenergic Stimulation,” *Equine Veterinary Journal* 33, no. 6 (November 2001): 605–12, https://doi.org/10.2746/042516401776563463.

28 “比赛还没开始就满身大汗不是个好兆头”：“Physiology of a Thoroughbred,” Blinkers On Racing Stable blog, accessed July 16, 2020, https://blinkersonracing.wordpress.com/category/physiology-of-a-thoroughbred/.

29 “‘单看赛前的出汗情况，无法准确预测马在比赛中的表现，但如果结合其他因素，可以判断哪匹马会输’”：G. D. Hutson and M. J. Haskell, “Pre-Race Behaviour of Horses as a Predictor of Race Finishing Order,” *Applied Animal Behaviour Science* 53, no. 4 (July 1, 1997): 231–48, https://doi.org/10.1016/S0168-1591(96)01162-8.

30 “以奶牛为例”：许多研究人员使用大量的仪器测出了奶牛的出汗率，其中包括我最喜欢的仪器——“牛用蒸发仪”，参阅：K. G. Gebremedhin et al., “Sweating Rates of Dairy Cows and Beef Heifers in Hot Conditions,” *Trans ASABE* 51 (January 1, 2008), https://doi.org/10.13031/2013.25397. 一些研究人员比较了黑牛与白牛皮肤的出汗率，参阅：Roberto Gomes da Silva and Alex Sandro Campos Maia, “Evaporative Cooling and Cutaneous Surface Temperature of Holstein Cows in Tropical Conditions,” *Revista Brasileira de Zootecnia* 40, no. 5

(May 2011): 1143–47, https://doi.org/10.1590/S1516-35982011000500028. 为了提高出汗率测量的准确性，葡萄牙的研究人员甚至开发了一种新的设备，需要将尼龙搭扣黏在刮过的牛皮上，参阅：Alfredo Manuel Franco Pereira et al., “A Device to Improve the Schleger and Turner Method for Sweating Rate Measurements,” *International Journal of Biometeorology* 54, no.1 (January 1, 2010): 37–43, https://doi.org/10.1007/s00484-009-0250-3. 可以说，我选择了较高的牛排汗率（150g/m2·h）进行粗略计算。

31 “出汗量较大的人类”：这是个粗略的计算，我估计一个大量出汗的人每小时产生 2 升的汗水，相当于每分钟 0.033 升，也就是每分钟 6.75 茶匙。

32 “河马的汗液是粉红色的，这种汗液还有防晒的作用”：Yoko Saikawa et al., “The Red Sweat of the Hippopotamus,” *Nature* 429, no. 6990 (May 2004): 363, https://doi.org/10.1038/429363a.

33 “能帮助内部器官降温”：要了解用于降温的驼峰的热图像，参阅：Khalid A. Abdoun et al., “Regional and Circadian Variations of Sweating Rate and Body Surface Temperature in Camels (Camelus dromedarius),” *Animal Science Journal* 83, no. 7 (2012): 556–61, https://doi.org/10.1111/j.1740-0929.2011.00993.x.

34 “6℃”：Knut Schmidt-Nielsen et al., “Body Temperature of the Camel and Its Relation to Water Economy,” *American Journal of Physiology-Legacy Content* 188, no.1 (December 31, 1956): 103–12, https://doi.org/10.1152/ajplegacy.1956.188.1.103. And: Hanan Bouâouda et al., “Daily Regulation of Body Temperature Rhythm in the Camel (Camelus dromedarius) Exposed to Experimental Desert Conditions,” *Physiological Reports* 2, no. 9 (September 2014), https://doi.org/10.14814/phy2.12151.

35 “水分从鼻黏膜上蒸发，能让黏膜周围的血液温度降低，这些血液流到脑部，就能降低脑部的温度” A. O. Elkhawad, “Selective Brain Cooling in Desert Animals: The Camel (Camelus dromedarius),” *Comparative Biochemistry and Physiology Part A: Physiology* 101, no. 2 (February 1992), https://doi.org/10.1016/0300-9629(92)90522-r.

36 “充当骆驼的‘温敏括约肌’……帮助脑部降温”：A. O. Elkhawad, N. S. Al-Zaid, and M. N. Bou-Resli, “Facial Vessels of Desert Camel (Camelus dromedarius): Role in Brain Cooling,” *American Journal of Physiology—Regulatory, Integrative and Comparative Physiology* 258, no. 3 (March 1, 1990): R602–7, https://doi.org/10.1152/ajpregu.1990.258.3.R602.

3 闻香识你

1 通过与克里斯·卡勒瓦特（Chris Callewaert）、帕梅拉·道尔顿（Pamela Dalton）、约翰·伦德斯特伦（Johan Lundström）、马茨·奥尔森（Mats Olsson）、乔治·普雷蒂（George Preti）和安妮丝·雷蒂沃（Annlyse Retiveau）（她还闻了闻我的腋窝）进行谈话，我受到了很大的启发，本章节也得以完成。

2 “棒状杆菌”：A. Gordon James et al., “Microbiological and Biochemical Origins of Human Axillary Odour,” *FEMS Microbiology Ecology* 83, no. 3 (March 1, 2013): 527–40, https://doi.org/10.1111/1574-6941.12054.

3 “大部分除臭剂都含有抗菌剂”：Karl Laden, *Antiperspirants and Deodorants*, 2nd ed. (Boca Raton, FL: CRC Press, 1999).

4 “还会在除臭剂中添加香精”：Laden, *Antiperspirants and Deodorants*.

5 “感官分析师会先嗅闻实验对象的一个腋窝，然后停下来呼吸点儿新鲜空气，再嗅闻另一边的腋窝，这样就能形成实验对照”：ASTM E1207-09, *Standard Guide for Sensory Evaluation of Axillary Deodorancy* (West Conshohocken, PA: ASTM International, February 1, 2009), https://doi.org/10.1520/E1207-09.

6 “《腋下除臭剂感官评估标准指南》”：ASTM E1207-09, *Standard Guide*.

7 “‘预先清洗过的衣服’”：50ASTM E1207-09, *Standard Guide*.

8 “‘腋下的清洗只能……应避免弄湿腋下’”：ASTM E1207-09, *Standard Guide*.

9 “气味轮盘上的”：“The B.O. Wheel,” *Slate*, March 25, 2009, https://slate.com/technology/2009/03/the-b-o-wheel.html.

10 “东德的斯塔西情报机构曾经收集异议者和国家政敌的汗液样本”：Thomas Darnstädt et al., “Stasi Methods Used to Track G8 Opponents: The Scent of Terror,” *Der Spiegel—International*, May 23, 2007, https://www.spiegel.de/international/germany/stasi-methods-used-to-track-g8-opponents-the-scent-of-terror-a-484561.html.

11 “1989 年，一名西德男子被判谋杀罪”：Darnstädt et al., “Stasi Methods.”

12 “有些左翼激进分子涉嫌扰乱峰会秩序”：Darnstädt et al., “Stasi Methods.”

13 “人体腋窝微生物群中棒状杆菌的数量越多，腋窝就越容易散发难闻的硫的气味”：James et al., “Microbiological and Biochemical Origins.”

14 “厌氧球菌属”：Takayoshi Fujii et al., “A Newly Discovered Anaerococcus Strain Responsible for Axillary Odor and a New Axillary Odor Inhibitor, Pentagalloyl Glucose,” *FEMS Microbiology Ecology* 89, no. 1 (July 2014): 198– 207, https://doi.org/10.1111/1574-6941.12347.

15 “微球菌属”：James et al., “Microbiological and Biochemical Origins.”

16 “1992 年，普雷蒂和他的同事发现，体味中的‘前调’”：Xiao-Nong et al., “An Investigation of Human Apocrine Gland Secretion for Axillary Odor Precursors,” *Journal of Chemical Ecology* 18 (July 1992): 1039–55, https://doi.org/10.1007/BF00980061.

17 “该公司曾进行过一项研究”：M. Troccaz et al., “Gender-Specific Differences between the Concentrations of Nonvolatile (R)/(S)-3-Methyl-3-Sulfanylhexan-1-Ol and (R)/(S)-3-Hydroxy-3-Methyl-Hexanoic Acid Odor Precursors in Axillary Secretions,” *Chemical Senses* 34, no. 3 (December 16, 2008): 203–10, https://doi.org/10.1093/chemse/bjn076.

18 “在哺乳动物的基因组中，嗅觉感受器的编码基因大约有 800 个”：Tsviya Olender, Doron Lancet, and Daniel W. Nebert, “Update on the Olfactory Receptor (OR) Gene Superfamily,” *Human Genomics* 3, no.1 (September 1, 2008): 87–97, https://doi.org/10.1186/1479-7364-3-1-87.

19 “确定米尔恩嗅到的气味分子”：Drupad K. Trivedi et al., “Discovery of Volatile Biomarkers of Parkinson’s Disease from Sebum,” *ACS Central Science* 5, no. 4 (April 24, 2019): 599, https://doi.org/10.1021/acscentsci.8b00879.

20 “卵巢癌”：Lorenzo Ramirez et al., “Exploring Ovarian Cancer Detection Using an Interdisciplinary Investigation of Its Volatile Odor Signature,” *Journal of Clinical Oncology* 36, no. 15 suppl (May 20, 2018): e17524–e17524, https://doi.org/10.1200/JCO.2018.36.15_suppl.e17524.

21 “病人的免疫系统被病原体激活，即便病人此时尚未表现出相应的症状，其气味也会发生改变”：Mats J. Olsson et al., “The Scent of Disease: Human Body Odor Contains an Early Chemosensory Cue of Sickness,” *Psychological Science* 25, no. 3 (January 22, 2014): 817–23, https://doi.org/10.1177/0956797613515681.

22 “‘大量证据表明，人在感到害怕或焦虑时会散发一种特殊的气味，这种气味是可以识别的’”：Jasper H. B. de Groot, Monique A. M. Smeets, and Gün R. Semin, “Rapid Stress System Drives Chemical Transfer of Fear from Sender to Receiver,” *PLOS ONE* 10, no. 2 (February 27, 2015), https://doi.org/10.1371/journal.pone.0118211; and Pamela Dalton et al., “Chemosignals of Stress Influence Social Judgments,” *PLOS ONE* 8, no. 10 (October 9, 2013): e77144, https://doi.org/10.1371/journal.pone.0077144.

23 “实验对象的发汗是由情绪紧张引起的”：Annette Martin et al., “Effective Prevention of Stress-Induced Sweating and Axillary Malodour Formation in Teenagers,” *International Journal of Cosmetic Science* 33 (February 1, 2011): 90–97, https://doi.org/10.1111/j.1468-2494.2010.00596.x.

24 “特里尔社会压力测试”：Johanna U. Frisch, Jan A. Häusser, and Andreas Mojzisch, “The Trier Social Stress Test as a Paradigm to Study How People Respond to Threat in Social Interactions,” *Frontiers in Psychology* 6 (February 2, 2015), https://doi.org/10.3389/fpsyg.2015.00014.

25 “让一部分观众看段恐怖视频，让另一部分观众看黄石国家公园的 BBC 纪录片，分别收集他们的中性汗液”：Jasper H. B. de Groot, Gün R. Semin, and Monique A. M. Smeets, “Chemical Communication of Fear: A Case of Male–Female Asymmetry,” *Journal of Experimental Psychology: General* 143, no. 4 (2014): 1515–25, https://doi.org/10.1037/a0035950; and Jasper H. B. de Groot, Gün R. Semin, and Monique A. M. Smeets, “I Can See, Hear, and Smell Your Fear: Comparing Olfactory and Audiovisual Media in Fear Communication,” *Journal of Experimental Psychology: General* 143, no. 2 (2014): 825–34, https://doi.org/10.1037/a0033731.

26 “还有人推测，这可能是因为女性的体力不如男性，增强气味信息的敏感度能更好地发现危险，但是，这种说法存在争议”：Gérard Brand and Jean-Louis Millot, “Sex Differences in Human Olfaction: Between Evidence and Enigma,” *Quarterly Journal of Experimental Psychology B: Comparative and Physiological Psychology* 54B, no.3 (2001): 259–70, https://doi.org/10.1080/02724990143000045.

27 “汤姆·曼戈尔德在其回忆录《飞溅！》”：Tom Mangold, *Splashed!: A Life from Print to Panorama* (London: Biteback, 2016).

28 “目击证人或受害者的错误指认，‘是目前造成冤假错案的最主要原因。在全国通过 DNA 检测推翻的冤假错案中，有 75% 的案子都与目击证人或受害者的错误指认有关’”：Innocence Project, “In Focus: Eyewitness Misidentification,” October 21, 2008, https://www.innocenceproject.org/in-focus-eyewitness-misidentification/.

29 “受试者观看暴力犯罪的视频”：Laura Alho et al., “Nose-witness Identification: Effects of Lineup Size and Retention Interval,” *Frontiers in Psychology* 7 (May 30, 2016), https://doi.org/10.3389/fpsyg.2016.00713.

30 “分析了一个阿尔卑斯小镇中近 200 位居民的体味”：Dustin J. Penn et al., “Individual and Gender Fingerprints in Human Body Odour,” *Journal of the Royal Society Interface* 4, no. 13 (April 22, 2007): 331– 40, https://doi.org/10.1098/rsif.2006.0182.

31　“东亚人群中，但其他地区的人也有隐性基因”：Koh-ichiro Yoshiura et al., “A SNP in the ABCC11 Gene Is the Determinant of Human Earwax Type,” *Nature Genetics* 38, no. 3 (March 2006): 324–30, https://doi.org/10.1038/ng1733.

32　“如果你足够幸运，能拥有 AA 型的基因，你的腋窝的气味会相对小一些”：Mark Harker et al., “Functional Characterisation of a SNP in the ABCC11 Allele—Effects on Axillary Skin Metabolism, Odour Generation and Associated Behaviours,” *Journal of Dermatological Science* 73, no. 1 (January 2014): 23–30.

33　“帕特里克·聚斯金德的小说《香水》”：Patrick Süskind, *Perfume: The Story of a Murderer* (New York: Vintage, 2001). First published in German in 1985 by Diogenes Verlag, Zurich; first English translation published 1986 by Alfred A. Knopf, New York.

4　喜臭之好

1　我非常感谢那些与我谈论过他们的气味偏好和 / 或他们的相关研究的人们。尤其感谢特里斯特拉姆·怀亚特（Tristram Wyatt）的那本激素教科书，感谢乔治·普雷蒂（George Preti），他是一位出色且受人尊崇的科学家。向他们致敬。我还要感谢与马茨·奥尔森（Mats Olsson）、约翰·朗德斯通（Johan Lundström）、贝蒂娜·波斯（Bettina Pause）和克劳斯·韦德金德（Claus Wedekind），感谢他们与我的会谈。

2　“‘吸引力’”：The Polytech Festival of science is organized by Moscow’s Polytechnic Museum. “Festival Polytech, 27–28 May 2017, Gorky Park,” Polytechnic Museum, http://fest.polymus.ru/en/.

3　“他们会优先向妈妈的母乳垫靠近”：H. Varendi and R. H. Porter, “Breast Odour as the Only Maternal Stimulus Elicits Crawling Towards the Odour Source,” *Acta Paediatrica* (*Oslo, Norway: 1992*) 90, no. 4 (April 2001): 372–75, http://www.ncbi.nlm.nih.gov/pubmed/11332925; and Sébastien Doucet et al., “The Secretion of Areolar (Montgomery’s) Glands from Lactating Women Elicits Selective, Unconditional Responses in Neonates,” *PLOS ONE* 4, no. 10 (October 23, 2009): e7579, https://doi.org/10.1371/ journal.pone.0007579.

4　“母亲也可以通过气味识别出刚出生几小时的婴儿。（其他的亲人也能在婴儿出生 72 小时后凭借气味成功地识别他们。）”：Tristram D. Wyatt, *Pheromones and Animal Behavior*: *Chemical Signals and Signatures*, 2nd ed. (New York: Cambridge University Press, 2014), 279, https://doi.org/10.1017/ CBO9781139030748.

5 “体味会激活这些女性的大脑的‘奖励中枢’”：Johan N. Lundström et al., “Maternal Status Regulates Cortical Responses to the Body Odor of Newborns,” *Frontiers in Psychology* 4 (2013), https://doi.org/10.3389/fpsyg.2013.00597.

6 “兄弟姐妹和已婚夫妇……这是从他们身体飘出来的学物质化的标志性气味”：Wyatt, *Pheromones and Animal Behavior*, 278–79.

7 “嗅觉缺失症”：Ilona Croy, Viola Bojanowski, and Thomas Hummel, “Men Without a Sense of Smell Exhibit a Strongly Reduced Number of Sexual Relationships, Women Exhibit Reduced Partnership Security—A Reanalysis of Previously Published Data,” *Biological Psychology* 92, no. 2 (February 1, 2013): 292–94, https://doi.org/10.1016/j.biopsycho.2012.11.008.

8 “‘哪一种感官是最无用的……嗅觉带来的愉悦感也是转瞬即逝的。’”：Ann-Sophie Barwich, “A Sense So Rare: Measuring Olfactory Experiences and Making a Case for a Process Perspective on Sensory Perception,” *Biological Theory* 9, no. 3 (September 1, 2014): 258–68, https://doi.org/10.1007/s13752-014-0165-z.

9 “《人类嗅觉功能不佳是 19 世纪的谬论》”：John P. McGann, “Poor Human Olfaction Is a 19th-Century Myth,” *Science* 356, no. 6338 (May 12, 2017), https://doi.org/10.1126/science.aam7263.

10 “‘其实非常大，而且包含的神经元数量与其他哺乳动物也很接近……而且嗅觉还会影响我们的行为和情绪状态。’”：McGann, “Poor Human Olfaction.”

11 “嗅出巧克力的踪迹”：Jess Porter et al., “Mechanisms of ScentTracking in Humans,” *Nature Neuroscience* 10, no. 1 (January 2007): 27–29, https://doi.org/10.1038/nn1819. 从理论上讲，这项研究发表于 2007 年，所以该研究可能是在前几年完成的。

12 “人们在握手后会做什么”：Idan Frumin et al., “A Social Chemosignaling Function for Human Handshaking,” *eLife* 4 (March 3, 2015): e05154, https://doi.org/10.7554/eLife.05154.

13 “‘只是冰山一角’”：Frumin et al., “A Social Chemosignaling Function.”

14 “一些在男性与女性身上表现出区分度的体味成分”：Dustin J. Penn et al., “Individual and Gender Fingerprints in Human Body Odour,” *Journal of the Royal Society Interface* 4, no.13 (April 22, 2007): 331–40, https://doi.org/10.1098/rsif.2006.0182.

15 “让女同性恋者、男同性恋者、异性恋男性和异性恋女性用化妆棉收集腋下的汗水”：Yolanda Martins et al., “Preference for Human Body Odors Is Influenced by Gender and Sexual Orientation,” *Psychological Science* 16, no. 9

(September 2005): 694–701, https://doi.org/10.1111/j.1467-9280.2005.01598.x.

16 “1995 年克劳斯·韦德金德在读研究生时发表的一篇研究论文”：Claus Wedekind et al., “MHC-Dependent Mate Preferences in Humans,” *Proceedings of the Royal Society B: Biological Sciences* 260, no.1359 (June 22, 1995): 245–49, https://doi.org/10.1098/rspb.1995.0087.

17 “脱衣舞”：Geoffrey Miller, Joshua M. Tybur, and Brent D. Jordan, “Ovulatory Cycle Effects on Tip Earnings by Lap Dancers: Economic Evidence for Human Estrus?,” *Evolution and Human Behavior* 28, no. 6 (November 2007): 375–81, https://doi.org/10.1016/j.evolhumbehav.2007.06.002.

18 “眼泪”：Shani Gelstein et al., “Human Tears Contain a Chemosignal,” *Science*331, no. 6014 (January 14, 2011): 226–30, https://doi.org/10.1126/science.1198331.

19 “‘体味的产生、释放和信息内容都不受意识操纵’”：Katrin T. Lübke et al., “Pregnancy Reduces the Perception of Anxiety,” *Scientific Reports* 7, no. 1 (August 23, 2017): 9213, https://doi.org/10.1038/s41598-017-07985-0.

20 “蚕蛾性诱醇”：该论文发表于 1961 年。阿道夫·布特南特 (Adolf Butenandt) 曾在“二战”期间加入纳粹党，并参与了多种战争科研项目，蚕蛾性诱醇就是由他发现的。他对性激素的相关研究获得了 1939 年的诺贝尔奖，后来成了著名的马克斯·普朗克学会会长。Adolf Butenandt, Rüdiger Beckmann, and Erich Hecker, “Über den sexual lockstoff des Seidenspinners, I. Der Biologische Test und die Isolierung des Reinen Sexuallockstoffes Bombykol,” *Biological Chemistry* 324, no. Jahres- band (January 1, 1961): 71–83, https://doi.org/10.1515/bchm2.1961.324.1.71.

21 “在绝大多数时间，这对绝大多数雄性都有效”：生物学本身庞杂。没有什么结论是百分之百正确的，发表与该结论相反看法的科学家很可能是在向你推销商品。但当提到蚕蛾性诱醇吸引雄蛾的功效时，生物学得出的结论准确性接近百分之百。

22 “公猪”：Wyatt, *Pheromones and Animal Behavior*, 261.

23 “在人的汗液中，常常能发现雄甾烯酮和雄甾烯醇这两种猪信息素的痕迹”：Wyatt, *Pheromones and Animal Behavior*, 296.

24 “人类信息素研究取得的效果甚微，还有些小商贩在卖毫无功效的信息素产品”：Alla Katsnelson, “What Will It Take to Find a Human Pheromone?,” *ACS Central Science* 2, no. 10 (October 26, 2016): 678–81, https://www.ncbi.nlm.nih.gov/pmc/articles/PMC5084077/.

g. Claus Wedekind and Sandra Füri, “Body Odour Preferences in Men and Women: Do They Aim for Specific MHC Combinations or Simply Heterozygosity?” *Pro-*

ceedings of the Royal Society B: Biological Sciences* 264, no. 1387 (October 22, 1997): 1471–79, https://doi.org/10.1098/rspb.1997.0204. Also see: Craig Roberts et al., "MHC-Correlated Odour Preferences in Humans and the Use of Oral Contraceptives," *Proceedings of the Royal Society B: Biological Sciences* 275, no. 1652 (December 7, 2008): 2715– 22, https://doi.org/10.1098/rspb.2008.0825.

5 热石之蒸

1 有许多了不起的人与我谈论过汗蒸。与米克尔·阿兰德（Mikkel Aaland）、里斯托·埃洛马（Risto Elomaa）、亚里·劳卡宁（Jari Laukkanen）、图莫·萨尔基科夫斯基（Tuomo Sarkikoski）、拉斯·埃里克森（Lasse Erikson）、罗伯·凯泽（Rob Keijzer）和保罗·戴洛莫（Paolo Dell'Omo）的对话尤其让我受到了启发。

2 "阿姆斯特丹郊外的一个荷兰温泉浴场"：Thermen Soesterberg (website), accessed September 1, 2020, https://www.thermensoesterberg.nl/home.

3 "奥弗格斯（Aufguss WM）"：Aufguss WM (website), accessed September 1, 2020, https://www.aufguss-wm.com/en/.

4 "人体是桑拿房里最凉爽的了"：Michael Zech et al., "Sauna, Sweat and Science—Quantifying the Proportion of Condensation Water versus Sweat Using a Stable Water Isotope (2H/1H and 18O/16O) Tracer Experiment," *Isotopes in Environmental and Health Studies* 51, no. 3 (July 3, 2015): 439–47, https://doi.org/10.1080/10256016.2015.1057136.

5 "也有着同样的困惑，他们在 2015 年进行了研究"：Zech et al., "Sauna, Sweat and Science."

6 "提高血液中肾上腺素、生长激素和内啡肽的含量"：Katriina Kukkonen-Harjula et al., "Haemodynamic and Hormonal Responses to Heat Exposure in a Finnish Sauna Bath," *European Journal of Applied Physiology and Occupational Physiology* 58, no. 5 (March 1, 1989): 543–50, https://doi.org/10.1007/BF02330710.

7 "大多数的研究为'回顾性的，而且实验进展不佳'"：E. Ernst, "Sauna—A Hobby or for Health?," *Journal of the Royal Society of Medicine* 82, no.11 (November 1989): 639, https://doi.org/10.1177/014107688908201103.

8 "一项更为严谨的实验"：Which he published in 1990: E. Ernst et al., "Regular Sauna Bathing and the Incidence of Common Colds," *Annals of Medicine* 22, no. 4 (January 1990): 225–27, https://doi.org/10.3109/07853899009148930.

9 “经常蒸桑拿可能会降低感冒的发病率，但还需要进一步的研究来证明”：Ernst et al., “Regular Sauna Bathing.”

10 “有益于心脏健康”：Tanjaniina Laukkanen et al., “Association Between Sauna Bathing and Fatal Cardiovascular and All-Cause Mortality Events,” *JAMA Internal Medicine* 175, no. 4 (April 1, 2015): 542, https://doi.org/10.1001/jamainternmed.2014.8187. 我之所以提到这项研究，是因为这项研究的实验对象是大量男性，而且实验时间长达几十年。许多研究样本量小，试验结果与该研究结果相反。

11 “所研究的实验对象是仓鼠”：Y. Ikeda et al., “Repeated Sauna Therapy Increases Arterial Endothelial Nitric Oxide Synthase Expression and Nitric Oxide Production in Cardiomyopathic Hamsters,” *Circulation Journal* 69, no. 6 (June 2005): 722–29, https://doi.org/10.1253/circj.69.722.

12 “每周多次蒸桑拿”：有很多其他关于桑拿的科学研究得到的结果与这一结论相反，原因是样本量过小，而这项研究的样本量很大，且进行了长达几十年的研究。Laukkanen et al., “Association Between Sauna Bathing.”

13 “发表了一些有关出汗心理疗法的研究”：Stephen A. Colmant and Rod J. Merta, “Sweat Therapy,” *Journal of Experiential Education* 23, no. 1 (June 1, 2000): 31–38, https://doi.org/10.1177/ 105382590002300106; and Allen Eason, Stephen Colmant, and Carrie Winterowd, “Sweat Therapy Theory, Practice, and Efficacy,” *Journal of Experiential Education* 32, no. 2 (November 1, 2009): 121–36, https://doi.org/ 10.1177/ 105382590903200203.

14 “‘刚蒸桑拿时，微微的发热会让人感到很舒缓放松。接着身体慢慢发热，开始出汗，肌肉放松下来，身体进入更深的放松状态’”：Eason, Colmant, and Winterowd, “Sweat Therapy Theory, Practice, and Efficacy.”

15 “‘但随着温度越来越高……转而积极地适应环境、处理问题以及保持良好的心态。’”：Eason, Colmant, and Winterowd, “Sweat Therapy Theory, Practice, and Efficacy.”

16 “巴基斯坦”：“Archaeological Ruins at Moenjodaro,” UNESCO World Heritage Centre, accessed July 23, 2020, https://whc.unesco.org/en/list/138/.

17 “墨西哥”：Brigit Katz, “14th-Century Steam Bath Found in Mexico City,” *Smithsonian Magazine*, accessed July 23, 2020, https://www.smithsonianmag.com/smart-news/14th-century-steam-bath-found-mexico-city-180974049/.

18 “在最近召开的全球健康峰会”：Global Wellness Summit, “8 Wellness Trends for 2017—and Beyond,” accessed September 1, 2020, https://www.globalwellness-summit.com/wp-content/uploads/Industry-Research/8WellnessTrends_2017.pdf.

19 “写了一部有关芬兰桑拿的详细历史”：Tuomo Särkikoski, *Kiukaan kutsu ja löylyn lumo: Suomalaisen saunomisen vuosikymmeniä* (Helsinki: Gummerus, 2012).

20 “‘世俗的名望和声誉还没烂橘子值钱’”：“50 Stunning Olympic Moments No31: Paavo Nurmi Wins 5,000m in 1924| Simon Burnton,” *Guardian*, May 18, 2012, http://www.theguardian.com/ sport/blog/2012/may/18/50-stunning-olympic-moments-paavo-nurmi.

21 “根据相关历史记载，希特勒的爪牙海因里希·希姆莱”：Särkikoski, *Kiukaan kutsu ja löylyn lumo*.

22 “红外线桑拿也因此获得了巨大商机，2017 年其市场价值为 7 500 万美元”：“What You Need to Know About So-Hot-Right-Now Infrared Spa Therapy,” *Bloomberg*, March 24, 2017, https://www.bloomberg.com/news/articles/2017-03-24/what-you-need-to-know-about-so-hot-right-now-infrared-spa-therapy.

23 “苏联领导人尼基塔·赫鲁晓夫”：Andrew Osborn, “Nikita in Hot Water for Sauna Frolic,” *Guardian*, November 30, 2001, http://www.theguardian.com/world/2001/dec/01/russia.andrewosborn.

6 汗液指纹

1 本章基于很多采访，特别是对斯蒂芬·布莱（Stephen Bleay）、西蒙娜·弗兰切塞（Simona Francese）、简·哈拉迈克（Jan Halámek）、金佳英（Jayoung Kim）、吉利安·牛顿（Jillian Newton）、约翰·罗杰斯（John Rogers）、朱利安·桑帕诺（Juliane Sempionatto）以及约瑟·王（Joseph Wang）的采访。

2 “非法入侵案”：R. Bradshaw, N. Denison, and S. Francese, “Implementation of MALDI MS Profiling and Imaging Methods for the Analysis of Real Crime Scene Fingermarks,” *Analyst* 142, no. 9 (2017): 1581–90, https://doi.org/10.1039/C7AN00218A.

3 “遗留在指纹上的微量化学物质”：S. Francese, R. Bradshaw, and N. Denison, “An Update on MALDI Mass Spectrometry Based Technology for the Analysis of Fingermarks—Stepping into Operational Deployment,” *Analyst* 142, no. 14 (2017): 2518–46, https://doi.org/10.1039/C7AN00569E.

4 “可卡因的化学痕迹”：Bradshaw, Denison, and Francese, “Implementation of MALDI MS Profiling and Imaging Methods.”

5 “可卡乙碱”：Peter Jatlow et al., “Alcohol Plus Cocaine: The Whole Is More Than the Sum of Its Parts,” *Therapeutic Drug Monitoring* 18, no. 4 (August

1996): 460–64, https://doi.org/10.1097/00007691-199608000-00026.

6 “在肝脏中再次结合，生成一种名为‘可卡乙碱’的分子”：Jatlow et al., “Alcohol Plus Cocaine.”

7 “查尔斯·达尔文的堂弟弗朗西斯·高尔顿曾发表过一个观点”：Gertrud Hauser, “Galton and the Study of Fingerprints,” in Sir Francis Galton, FRS: *The Legacy of His Ideas: Proceedings of the Twenty-Eighth Annual Symposium of the Galton Institute, London, 1991*, ed. Milo Keynes. Studies in Biology, Economy and Society (London: Palgrave Macmillan, 1993), 144–57, https://doi.org/10.1007/978-1-349-12206-6_10.

8 “茚三酮将指纹染成鲜艳的粉紫色”：Svante Oden and Bengt von Hofsten, “–Detection of Fingerprints by the Ninhydrin Reaction,” *Nature* 173 (March 6, 1954): 449–50.

9 “硝酸银溶液”：Stephen Bleay, 作者于 2018 年 1 月 2 日所做的电话采访。

10 “英国原子能管理局发表了一项研究”：F. Cuthbertson, *The Chemistry of Fingerprints*, AWRE Report No. 013/69 (Aldermaston: UK Atomic Energy Authority, 1969).

11 “汗液中盐的浓度会高于平均水平”：囊胞性纤维症患者的汗液非常咸，因为在他们肺中的氯离子膜转运体功能失调，当汗液通过皮肤上的毛孔流出时，无法清除汗腺中的盐离子。这会导致氯含量高于正常水平，医生通过这一点，可以判断患者是否患有囊胞性纤维症。Avantika Mishra, Ronda Greaves, and John Massie, “The Relevance of Sweat Testing for the Diagnosis of Cystic Fibrosis in the Genomic Era,” *Clinical Biochemist Reviews / Australian Association of Clinical Biochemists* 26, no. 4 (November 2005): 135–53, https://www.ncbi.nlm.nih.gov/pmc/articles/PMC1320177/.

12 “但到了 2005 年左右，情况有所改变”：2007 年，Sergei G. Kazarian 及其同事首次提出，使用衰减全反射傅里叶变换红外（ATR-FT-IR）光谱技术对指纹化学物质进行成像。Camilla Ricci et al., “Chemical Imaging of Latent Fingerprint Residues,” *Applied Spectroscopy* 61, no. 5 (May 1, 2007): 514–22, https://doi.org/10.1366/000370207780807849. 从那时起，基质辅助激光解吸离子化技术（MALDI）质谱分析技术得到了大力开发和广泛应用。See Francese, Bradshaw, and Denison, “An Update on MALDI Mass Spectrometry Based Technology.”

13 “吸食了可卡因等毒品，或者是否沉迷于咖啡因等更温和的致醉物”：Francese, Bradshaw, and Denison, “An Update on MALDI Mass Spectrometry Based Technology.”

14 “在留下的指纹中找到有关性别和年龄等信息”：Francese, Bradshaw, and

Denison, “An Update on MALDI Mass Spectrometry Based Technology.”

15 “‘永远不会有人认为谢菲尔德是座好城市，这里的建筑简陋，工厂外形古 怪’”：François duc de La Rochefoucauld et al., *Innocent Espionage: The La Rochefoucauld Brothers' Tour of England in 1785* (Woodbridge, UK: Boydell & Brewer, 1995).

16 “‘如果谢菲尔德不在这里，这会是个多美丽的地方呀’”：Walter White, *A Month in Yorkshire* (London: Chapman & Hall, 1861).

17 “‘谢菲尔德可以号称旧世界中最丑的城镇了’”：“10 of the Funniest Quotes Ever Written About Sheffield,” *Sheffield Telegraph*, January 18, 2018, https://www.sheffieldtelegraph.co.uk/read-this/10-funniest-quotes-ever-written-about-sheffield-439032.

18 “‘还散发着恶臭！在谢菲尔德，你总能闻到硫黄味儿，要是偶尔闻不到硫黄味了，那是因为更臭的瓦斯味儿把你的鼻子熏麻了。’”：George Orwell, *The Complete Works of George Orwell: Novels, Memoirs, Poetry, Essays, Book Reviews 5 Articles: 1984, Animal Farm, Down and Out in Paris and London, Prophecies of Fascism . . .* (e-artnow, 2019).

19 “‘合成器流行乐’的大本营”：Simon Price, “Why Sheffield?,” *Guardian*, April 24, 2004, https://www.theguardian.com/music/2004/apr/24/popandrock2.

20 “纪念碑的碑顶也在 1990 年被闪电击中”：Duncan Sayer, *Ethics and Burial Archaeology* (London: Bloomsbury, 2017).

21 “出现了 4 座巨大的钢铁建筑，形状类似奥运会上运动员们沿着冰面用刷子来引导的冰壶”：“National Centre for Popular Music—Projects,” Nigel Coates, accessed July 8, 2020, https://nigelcoates.com/projects/project/national_centre_for_popular_music.

22 “腐烂的小鸡的尸体散发的臭味”：“Rotting Chicken Shows Food Emissions Role,” BBC News, accessed July 8, 2020, https://www.bbc.com/news/av/science-environment-34937844/rotting-chicken-shows-food-emissions-role.

23 “腐烂过程的延时摄影作品”：“Rotting Chicken Shows Food Emissions Role.”

24 “纯素食主义者还是肉食主义者”：Jan Havlicek and Pavlina Lenochova, “The Effect of Meat Consumption on Body Odor Attractiveness,” Chemical Senses 31, no. 8 (October 1, 2006): 747–52, https://doi.org/10.1093/chemse/bjl017.

25 “喜欢用什么牌子的避孕套”：Francese, Bradshaw, and Denison, “An Update on MALDI Mass Spectrometry Based Technology.”

26 “男人和女人在汗液中释放的蛋白质和多肽的含量不同”：Crystal Huynh et al., “Forensic Identification of Gender from Fingerprints,” *Analytical Chemistry*

87, no. 22 (November 17, 2015): 11531–36, https://doi.org/10.1021/acs.analchem.5b03323.

27 “纽约州立大学奥尔巴尼分校的化学家”：Huynh et al., “Forensic Identification of Gender.”

28 “可以通过汗液中的氨基酸相对含量区分男女”：Huynh et al., “Forensic Identification of Gender.”

29 “美国及其他国家的警方在部署窃听电话前，需要先获得法官的授权令……却不需要授权令的”：Amy Harmon, “Defense Lawyers Fight DNA Samples Gained on Sly,” *New York Times*, April 3, 2008, Science, https://www.nytimes.com/2008/04/03/science/03dna.html.

30 “支持这种做法的人认为”：田纳西大学诺克斯维尔分校的法律教授梅兰妮・贝勒（Melanie Baylor）写道：“当一个人没有认真保存他的垃圾或他的生物物质，而是将其暴露在公众面前，美国宪法第四修正案中的保护条款（保护民众不受政府不合理的搜查和扣押）就不再效，无论该垃圾是否含有生物信息。” Melanie D. Wilson, “DNA—Intimate Information or Trash for Public Consumption?,” SSRN Scholarly Paper (Rochester, NY: Social Science Research Network, August 31, 2009), https://papers.ssrn.com/abstract=1465043.

31 “DNA 秘密采样正在敲响最高法院的大门。了解了这些问题后，你的 DNA 采样行为才能得到舆论的支持，并且不会意外地受到美国最高法院的裁决。”：Val Van Brocklin, “How Surreptitious DNA Sampling Is Knocking on the Supreme Court’s Door,” *PoliceOne*, July 29, 2015, https://www.policeone.com/legal/articles/how-surreptitious-dna-sampling-is-knocking-on-the-supreme-courts-door-Aa9RMYXdJbCmYrX2/.

32 “都将为指纹化学分析提供一个先例”：除了偷偷采集 DNA 样本，隐私倡导者还认为，刑侦学家将犯罪现场的 DNA 放入家族 DNA 数据库和执法部门的 DNA 数据库进行比较以寻找家族联系时，会侵犯隐私。而从指纹数据库中追溯指纹来进行的化学分析涉及的隐私问题较少，因为数据库中的指纹图像是不含化学信息的，而且犯罪现场的物品上只要带有指纹，就可以进行追溯分析。

33 “自我监测的下一个发展里程碑是化学监测”：Amay J. Bandodkar et al., “Wearable Sensors for Biochemical Sweat Analysis,” *Annual Review of Analytical Chemistry* 12, no.1 (June 12, 2019): 1–22, https://doi.org/10.1146/annurev-anchem-061318-114910.

34 “化学监测的‘重大突破’”：Catherine Offord, “Will the Noninvasive Glucose Monitoring Revolution Ever Arrive?,” *Scientist*, October 12, 2017, https://www.the-scientist.com/news-analysis/will-the-noninvasive-glucose-monitoring-revolution-ever-arrive-30754.

35 “欧莱雅”：“L’Oréal Unveils Prototype of First-Ever Wearable Microfluidic Sensor to Measure Skin pH Levels,” L’Oréal, January 7, 2019, https://mediaroom.loreal.com/en/loreal-unveils-prototype-of-first-ever-wearable-microfluidic-sensor-to-measure-skin-ph-levels/.

36 “天鹅座公司（Cygnus Incorporated）获得了美国食品药品监督管理局（FDA）的批准，推出了葡萄糖手表（GlucoWatch）”：Technically, the FDA gave Cygnus approval for adults 18 and over in 2001 and for children aged 7 to 17 in 2002. 从技术上讲，美国食品和药物管理局在 2001 年批准 18 岁及以上的成年人使用“葡萄糖手表”，2002 年批准 7—17 岁的儿童使用“葡萄糖手表”。“Summary of Safety and Effectiveness Data—GlucoWatch,” FDA, August 26, 2002, https://www.accessdata.fda.gov/cdrh_docs/pdf/P990026S008b.pdf.

37 “在皮肤上释放小电流”：“Summary of Safety and Effectiveness Data—GlucoWatch.”

38 “手表中的酶”：“Summary of Safety and Effectiveness Data—GlucoWatch.”

39 “该公司并没有对外宣传葡萄糖手表可以代替指刺测量”：“Summary of Safety and Effectiveness Data—GlucoWatch.”

40 “《每日邮报》(Daily Mail）称这款设备为‘缓解糖尿病的手表’……也许未来有一天这些产品会完全替代糖尿病患者的每日指刺检测。”：Offord, “Will the Noninvasive Glucose Monitoring Revolution Ever Arrive?”

41 “‘这种兴奋是实实在在的。’”：Offord, “Will the Noninvasive Glucose Monitoring Revolution Ever Arrive?”

42 “这种兴奋转瞬即逝”：“将葡萄糖从皮肤中取出所需的电流量，足以引起皮肤发红和灼烧（有时甚至起水泡），而且准确性还不够高，不够可靠，甚至在葡萄糖值低的时候也会发出警报。”参阅糖尿病行业顾问约翰·史密斯的著作。John L. Smith in *The Pursuit of Noninvasive Glucose*, 5th ed., 2017, https://www.researchgate.net/publication/317267760_The_Pursuit_of_Noninvasive_Glucose_5th_Edition. Also see: Offord, “Will the Noninvasive Glucose Monitoring Revolution Ever Arrive?”

43 “一些患者使用这款设备后出现了疼痛性皮疹。”：Offord, “Will the Noninvasive Glucose Monitoring Revolution Ever Arrive?”

44 “并不可靠——其中一篇研究发现其误报率为 51%”：The Diabetes Research in Children Network (DirecNet) Study Group, “Accuracy of the GlucoWatch G2 Biographer and the Continuous Glucose Monitoring System During Hypoglycemia. Experience of the Diabetes Research in Children Network (DirecNet),” *Diabetes Care* 27, no. 3 (March 2004): 722–26, https://www.ncbi.nlm.nih.gov/

pmc/articles/PMC2365475/.

45 “葡萄糖手表停产，其总公司被强生公司收购”：David Kliff, “The Return of the ‘GlucoWatch,’ ” *Diabetic Investor* (blog), July 22, 2013,https://diabeticinvestor.com/the-return-of-the-glucowatch-2/.Monitoring Revolution Ever Arrive?”

46 “这对产品设计来说，挑战性极大”：Offord, “Will the Noninvasive Glucose Monitoring Revolution Ever Arrive?”

47 “一种名为毛果芸香碱的药物”：Donato Vairo et al., “Towards Addressing the Body Electrolyte Environment via Sweat Analysis: Pilocarpine Iontophoresis Supports Assessment of Plasma Potassium Concentration,” *Scientific Reports* 7, no. 1 (September 18, 2017): 11801, https://doi.org/10.1038/s41598-017-12211-y.

48 “给大鼠注射高浓度的毛果芸香碱会使其癫痫发作”：E. A. Cavalheiro et al., “Long-Term Effects of Pilocarpine in Rats: Structural Damage of the Brain Triggers Kindling and Spontaneous Recurrent Seizures,” *Epilepsia* 32, no. 6 (December 1991): 778–82, https://doi.org/10.1111/j.1528-1157.1991.tb05533.x.

49 “最难克服的问题”：John A. Rogers, 作者于 2019 年 2 月 10 日所做的电话采访。13 Other biomarkers in sweat are much easier to track: Bandodkar et al., “Wearable Sensors for Biochemical Sweat Analysis.” 138 SCRAM Systems launched a sweat-surveillance device: “About Us,” SCRAM Systems, accessed July 9, 2020, https://www.scramsystems.com/our-company/about-us/.

50 “其他生物标志物比葡萄糖更容易监测”：Bandodkar et al., “Wearable Sensors for Biochemical Sweat Analysis.”

51 “斯凯姆公司（SCRAM Systems）推出了一款汗液监测设备”：“About Us,” SCRAM Systems, accessed July 9, 2020, https://www.scramsystems.com/our-company/about-us/.

52 “得克萨斯大学圣安东尼奥分校的健康科学中心的研究人员进行了一项独立研究，发现当测试对象喝完 2 杯和 3 杯啤酒后，检测准确率分别高达 95% 和 100%”：John D. Roache et al., “Using Transdermal Alcohol Monitoring to Detect Low-Level Drinking,” *Alcoholism, Clinical and Experimental Research* 39, no. 7 (July 2015): 1120–27, https://doi.org/10.1111/acer.12750.

53 “斯凯姆酒精监测仪每 30 分钟就会测量一次体内的酒精含量”：“What Is the SCRAM CAM Bracelet and How Does It Work?,” SCRAM Systems, December 11, 2018, https://www.scramsystems.com/scram-blog/what-is-scram-cam-bracelet-how-does-it-work/.

54 “2.2 万人戴着这款酒精探测仪”：“Counties Augmenting Roadside Checkpoints,

Media Campaigns With 24/7 Monitoring to Curb Drunk Drivers," SCRAM Systems, accessed July 9, 2020, https://www.scramsystems.com/media-room/counties-augmenting-roadside-checkpoints-media-campaigns-with-24-7-monitori/.

55 "自从产品推出以来，已经有超过 76 万人尝试过这款设备"：Shauna Rusovick, SCRAM Systems, 作者于 2020 年 5 月 14 日与资料核查员阿拉·卡茨尼尔森（Alla Katsnelson）的电子邮件通信信息。

56 "流行歌手林赛·罗韩（Lindsay Lohan）、男演员崔西·摩根（Tracy Morgan）"：John Eligon, "Not Just for the Drunk and Famous: Ankle Bracelets That Monitor Alcohol," *New York Times*, May 30, 2010, https://www.nytimes.com/2010/05/ 31/nyregion/31ankle.html.

57 "和女演员米歇尔·罗德里格兹（Michelle Rodriguez）"：Courtney Rubin, "Michelle Rodriguez Complains About Ankle Bracelet," People.com, February 21, 2007, https://people.com/celebrity/michelle-rodriguez-complains-about-ankle-bracelet/.

58 "'录像机狗牌'"：Rubin, "Michelle Rodriguez."

59 "贴片的设计问题和化学测量问题"：Rogers, 作者所做的电话采访。

7 人造汗水

1 有很多人很友好地为我提供了帮助，特别感谢：安迪·布罗（Andy Blow）、塔米·休·巴特勒（Tami Hew-Butler）、海因·达宁（Hein Daanen）、尤金·拉弗蒂（Eugene Laverty）、艾伦·麦克库宾（Alan McCubbin）、已故的迈克尔·皮克林（Michael Pickering）、马约尔·兰科达斯（Mayur Rancordas）、西塞尔·托拉斯（Sissel Tolaas）等人。

2 "雪佛兰低底盘汽车"：Chris Ip, "On the Nose | Engadget," *Engadget* (blog), October 26, 2018, https://www.engadget.com/2018-10-26-on-the-nose-sissel-tolaas-detroit-exhibition.html.

3 "由于在飞艇上收集一种稀有兰花的气味，化学家兼气味探险家罗曼·凯泽名声大噪。"：Roman Kaiser, "Headspace: An Interview with Roman Kaiser," *Future Anterior* 13, no. 2 (2016): 1–9.

4 "一种从奶酪中发现的分子物质"：正是这种干酪分子，让托拉斯产生了用汗液样本制作奶酪的想法：我们的皮肤上有数万亿个微生物，托拉斯想知道这种含有奶酪气味的细菌，是否可以用于制作真正的奶酪。她向众多艺术家和明星索要汗液样本，然后把这些样本接种入牛奶培养基，其中包括马克·扎克伯格的腋窝汗液样本和汉斯·乌尔里希·奥布里斯特的前额汗液样本等。其中最成功的奶酪成品来自大卫·贝克汉姆运动鞋上的汗液样本，托拉斯将其培育成了一种林堡奶酪。

5 “150美元买一瓶”：“Artificial Perspiration 2,” Pickering Test Solutions, accessed July 7, 2020, https://www.pickeringtestsolutions.com/artificial-perspiration2/.

6 “服装制造商”：Michael Pickering, CEO, Pickering Labs, telephone interview by the author, March 12, 2007.

7 “吉他弦” Pickering, 与作者的电话采访。

8 “手持电子产品”：Rebecca Smith, 2019年5月9日与作者的电子邮件通信。

9 “金属镍大量渗出”：Klara Midander et al., “Nickel Release from Nickel Particles in Artificial Sweat,” *Contact Dermatitis* 56, no. 6 (June 15, 2007): 325–30, https://doi.org/10.1111/j.1600-0536.2007.01115.x.

10 “犯罪取证实验室也一直对人造汗液有稳定的需求”：Sarah Everts, “Pseudo Sweat,” *Newscripts* (blog), March 26, 2007, https://cen.acs.org/articles/85/i13/Newscripts.html.146 “it is safe to say . . . each year” : Smith, email correspondence with author.

11 “‘可以肯定地说，我们每年卖出的人造汗液，都是以数百加仑计数的。’”：Smith, 与作者的电子邮件通信。

12 “1962年上映的纪录片《环法万岁》”：Criterion Collection, *Vive le tour — Refueling*, accessed December 11, 2017, https://www.youtube.com/watch?v=2nLxAKwtBb4.

13 “所以你需要不停地喝水来补充体液。”：Criterion Collection, *Vive le tour—Refueling*.

14 “‘20世纪70年代前……是一种懦夫行为。’”：Timothy Noakes, *Waterlogged: The Serious Problem of Overhydration in Endurance Sports* (Champaign, IL: Human Kinetics, 2012), xiii.

15 “‘也是对运动员身体素质的一场考验’”：Noakes, *Waterlogged*.

16 “在跑完一场马拉松后，体重会变轻很多”：Tamara Hew-Butler, 2018年2月8日与作者的电话采访。

17 “在体内水合程度低于大约15%”：Hew-Butler, 与作者的电话采访。

18 “有5名马拉松运动员死于低钠血症”：Christie Aschwanden, *Good to Go: What the Athlete in All of Us Can Learn from the Strange Science of Recovery* (New York: W. W. Norton, 2019), 46.

19 “我们的体内一直运转着一套节水系统”：J. Batcheller, “Disorders of Antidiuretic Hormone Secretion,” *AACN Clinical Issues in Critical Care Nursing* 3, no. 2 (1992): 370–78, https://doi.org/10.4037/15597768-1992-2009.

20 “20 世纪 60 年代，一位肾病医生及其同事研制了第一款运动饮料商品”：“Gatorade Company History,” Gatorade, accessed July 7, 2020, http://www.gatorade.com.mx/company/heritage.

21 “水、盐、糖和柑橘调味料”：Noakes, *Waterlogged*, xvii.

22 “‘渴望成为马拉松运动员的新一代慢跑者。’”：Noakes, *Waterlogged*, xvii.

23 “正如一位营养学家所说”：Alan McCubbin, 2017 年 12 月 22 日与作者的电话采访。

24 “如果运动时间不足 90 分钟，大多数运动饮料往往会因为卡路里含量过高，起到适得其反的效果”：C. Heneghan et al., “Forty Years of Sports Performance Research and Little Insight Gained,” *BMJ* 345 (July 18, 2012): e4797, https://doi.org/10.1136/bmj.e4797.

25 “一家饮料公司”：只有葛兰素史克公司这一家制造商为研究人员提供了一份全面的实验参考书，里面的试验用来支持其对含有碳水化合物的运动饮料葡萄适的产品声明。“其他主要运动饮料制造商没有提供给我们全面的参考书目，在缺乏系统综述的情况下，我们推测该文章提出的方法问题可能适用于所有其他运动饮料。”参阅 (Heneghan et al., “Forty Years of Sports Performance Research”).

26 “‘如果采用循证的方法进行调研……普通人群时。’”：Heneghan et al.,“Forty Years of Sports Performance Research.”

27 “为争夺可食用盐而发起的探险和战争”：Mark Kurlansky, *Salt: A World History* (Toronto: Vintage Canada, 2002).

28 “140 毫摩尔。当汗液到达皮肤的时候，大多数人的汗液盐浓度已降到 40 毫摩尔”：Lindsay B. Baker, “Sweating Rate and Sweat Sodium Concentration in Athletes: A Review of Methodology and Intra/Interindividual Variability,” *Sports Medicine* 47 (2017): 111–28, https://doi.org/10.1007/s40279-017-0691-5.

29 “2—3 倍”：Baker, “Sweating Rate and Sweat Sodium Concentration.”

30 “过去发表的研究表明，运动员应该逐步补充流失的电解质”：Alan McCubbin, 2020 年 7 月 31 日与作者的电话采访及资料核查员的 Zoom 随访。

31 “让运动员脱光衣服进入大塑料袋”：S. M. Shirreffs and R. J. Maughan, “Whole Body Sweat Collection in Humans: An Improved Method with Preliminary Data on Electrolyte Content,” *Journal of Applied Physiology* 82, no. 1 (January 1, 1997): 336–41, https://doi.org/10.1152/jappl.1997.82.1.336.

32 “一种名为毛果芸香碱的药物……刺激排汗”：Donato Vairo et al., “Towards Addressing the Body Electrolyte Environment via Sweat Analysis: Pilocarpine Iontophoresis Supports Assessment of Plasma Potassium Concentration,” *Scientific Reports* 7, no. 1 (2017): 11801, https://doi.org/10.1038/s41598-017-12211-y.

33 “味道一定差到极点”：Hew-Butler, 与作者的电话采访。

34 “没有必要在水中加盐（或在啤酒中加盐：一位澳大利亚研究人员曾经试图制造一种更补水的啤酒，但他失败了）。” Aschwanden, *Good to Go*, 35–36.

35 “研究表明……喝运动饮料。”：Aschwanden, *Good to Go*.

8　玫瑰他名

1 本章节的相关内容源于对话和采访，包括伊莎贝尔·沙佐（Isabelle Chazot）、让·克利奥（Jean Kerléo）、劳伦·曼尼格尔（Lauryn Mannigel）、尤金妮·布里奥（Eugénie Briot）、塞西莉亚·本比布雷（Cecilia Bembibre）、唐娜·比拉克（Donna Bilak）和菲利普·沃尔特（Philippe Walter）。

2 “我们常常用香料来遮盖身体的气味”：Constance Classen, David Howes, and Anthony Synnott, *Aroma: The Cultural History of Smell* (London: Routledge, 1994); Alain Corbin, *The Foul and the Fragrant* (New York: Berg, 1986).

3 “洗完澡”：Katherine Ashenburg, *The Dirt on Clean: An Unsanitized History* (New York: North Point Press, 2007).

4 “香水可以防止疾病入侵”：正如阿兰·科宾（Alain Corbin）在《恶臭与芬芳》（*The Foul and the Fragrant*）中所描述的，我们将令人愉悦的气味放入“瓶子”中。

5 “公元前 600 年的古埃及石灰石浮雕”：*Lintel from the Tomb of Païrkep with Bas-Relief Sculpture: Making Lily Perfume*, règne de Psammétique II? (-589 avant J.-C.), 26e dynastie 595, calcaire, H.o.29 m; W.1.1 m; D.o.o8 m, regne de Psammétique II? (-589 avantJ.-C.), 26e dynastie 595, Louvre, https://www.louvre.fr/en/oeuvre-notices/lintel-tomb-pairkep-bas-relief-sculpture-making-lily-perfume.

6 “名为‘奇斐’（*kyphi*）的复杂香料，原料多达 16 种”：Classen, Howes, and Synnott, *Aroma*.

7 “‘今天，当我们想到香水时……对我们祖先的重要性。’”：Classen, Howes, and Synnott, *Aroma*.

8 “4 000 年前的香水工厂”：Malcolm Moore, “Eau de BC: The Oldest Perfume in the World,” *Telegraph*, March 21, 2007, https://www.telegraph.c.uk/news/

worldnews/1546277/Eau-de-BC-the-oldest-perfume-in-the-world.html.

9 “‘他将腿脚浸泡在……百里香精华。’”：Eugene Rimmel, *The Book of Perfumes*, 5th ed. (London: Chapman & Hall, 1867), https://archive.org/details/bookofperfumesoorimm/page/84/mode/2up/search/egyptian+unguents.

10 “在地中海沿岸仍然可以寻到‘香气扑鼻’的菜肴”：Classen, Howes, and Synnott, *Aroma*.

11 “已退休的调香师让·克利奥”：2018 年 1 月 16 日，作者在奥斯墨赛克（Osmothèque）香水档案馆面对面采访了让·克利奥。

12 “老普林尼的配方中，列出了 27 种成分”：Jean Kerléo,“Un Parfum Romain: Le Parfum Royal.” 未出版的手稿。

13 “由 10 世纪的阿拉伯人发明”：Peter Burne, *The Teetotaler's Companion; Or, A Plea for Temperance* (London: Arthur Hall, 1847).

14 “德国科隆”：最原始的古龙水由该市的意大利移民调香师乔瓦尼·玛丽亚·法里纳（Giovanni Maria Farina）于 1709 年制作。随后，该款香水风靡一时，以至于这座城市的名称成了“酒精和水混合的香水提取物或精油”的代名词。“Original Eau de Cologne Celebrates 300 Years |DW|13.07.2009,” *Deutsche Welle* (blog), July 13, 2009, https://www.dw.com/en/original-eau-de-cologne-celebrates-300-years/a-4475632.

15 “工业革命和科学发现”：Eugénie Briot, “From Industry to Luxury: French Perfume in the Nineteenth Century,” *Business History Review* 85, no. 2 (2011): 273-94, https://doi.org/10.1017/S0007680511000389.

16 “将鲜花暴露在油脂或油中”：“Perfume,” in *Encyclopedia Britannica*, accessed July 10, 2020, https://www.britannica.com/art/perfume.

17 “‘饱和器’……大约 800 千克”：Briot, “From Industry to Luxury.”

18 “合成化学家努力尝试在实验室中重现一些气味”：Briot, “From Industry to Luxury.”

19 “据称，西班牙征服者赫尔南多·科尔特兹当时注意到，阿兹特克帝国皇帝蒙特祖玛”：Henry B. Heath, *Source Book of Flavors*. AVI Sourcebook and Handbook Series (New York: Van Nostrand Reinhold, 1981).

20 “合成的香草醛首次出现在‘姬琪’（Jicky）中”：Patricia de Nicolaï, “A Smelling Trip into the Past: The Influence of Synthetic Materials on the History of Perfumery,” *Chemistry & Biodiversity* 5, no.6 (June 2008): 1137-46, https://doi.0rg/10.1002/cbdv. 200890090.

21 “‘中性香水并不是……无论男女都是用这款香水。’”：Luca Turin and Tania

Sanchez, *Perfumes*: *The A-Z Guide* (New York: Penguin Books, 2009).

22 “合成天芥菜……是巴黎最受欢迎的合成香水之一”：Briot, “From Industry to Luxury.”

23 “上流阶层对这一香水的‘冷落’”：Briot, “From Industry to Luxury.”

24 “类似地香水也可以装在精致的瓶瓶罐罐中”：Briot, “From Industry to Luxury.”

9　保卫腋窝

1 我特别感谢克里斯·寇华特（Chris Callewaert）、卡里·卡斯蒂尔（Cari Casteel）、阿丽亚娜·伦兹纳（Ariane Lenzner）和朱利安·西武尔卡（Juliann Sivulka）参与本次采访。

2 “一直都在尝试推广一种止汗剂”：“Odorono Company 1925-1936. Account Histories,” Box 33, JWT Corporate Archives records, Hartman Center for Marketing Advertising and History, David M. Rubenstein RareBook & Manuscript Library, Duke University, accessed May 8, 2012.

3 “墨菲从祖父那里借了 150 美元”：“Odorono Company 1925-1936. Account Histories.

4 “‘这仍然是一个维多利亚时代（民风保守）的社会……身体机能相关的问题。’”：2012 年 4 月 28 日，作者与朱利安·西武尔卡（Juliann Sivulka）进行的电话采访。

5 “绝大多数人在处理自己的体味问题时，往往会选择用香皂和水经常清洗”：Katherine Ashenburg, *The Dirt on Clean: An Unsanitized History*, (New York: North Point Press, 2007).

6 “兜售小苏打”：Abby Slocomb and Jennie Day, Deodorizing Perspiration Powder, US Patent Office 279195 (New Orleans, Louisiana, filed December 26, 1882, and issued June 12, 1883).

7 “红辣椒”：Sam Clayton, Improved Medical Compound, US Patent Office 52032 (South Amboy, New Jersey, n.d.).

8 “甲醛”：Henry Blackmore, Formaldehyde Product and Process of Making Same, US Patent Office795757 (Mount Vernon, New York, filed September 4, 1904, and issued July 25, 1905); and Armand Gardos, Treated Stocking, US Patent Office 1219451 (Cleveland, Ohio, filed October 4, 1915, and issued March 20, 1917).

9 “美国首批除臭剂专利之一”：Henry D. Bird, Improved Compound for Cleans-

ing the Human Body from Offensive Odors, US Patent Office 64189 (Petersburg, Virginia, issued April 20, 1867).

10 “‘上述化学物质……非常有效。’”：Bird, “Improved Compound.”

11 “面包酵母”：George T. Southgate, Deodorant Composition, US Patent Office 1729752 (Forest Hills, New York, filed February 23, 1926, and issued October 29, 1929).

12 “‘酵母发酵的活性要高于细菌感染。’”：Southgate, “Deodorant Composition.”

13 “第一个拥有注册商标的除臭剂于 1888 年推出”：Specifically, the product's name Mum was used starting in 1888, according to the 1905 trademark documents here: “MUM Trademark-Registration Number 0072837-Serial Number 71038770: Justia Trademarks,” accessed July 12, 2020, http://tmsearch.uspto.gov/bin/showfield?f=doc&state=48o6:al8z5u.10.1.

14 “通过防腐氧化锌来破坏腋窝细菌”：Karl Laden, *Antiperspirants and Deodorants*, 2nd ed. (Boca Raton, FL: CRC Press, 1999).

15 “第一个拥有注册商标的止汗剂‘干爽净’（Everdry）”：Laden, *Antiperspirants and Deodorants.*

16 “酷灵（Coolene）”：“酷灵”（Coolene）是 Coolene 公司的产品，该公司于 1900—1917 年运营，并于 1904 年为其产品申请并获得专利：Harry G. Lord, Bottle, United States 777477A (filed August 30, 1904, and issued December 13, 1904), https://patents.google.com/patent/US777477/en.

17 “药物厕所芳香剂”：*Advertisement for Coolene*, 是 20 世纪初莎拉 · 埃维茨（Sarch Everts）的复古广告系列。

18 “帮助解决‘厕所的问题’……更令人厌恶了”：*Advertisement for Coolene.*

19 “‘展览摊位工作人员……展览费用。’”：“Odorono Company 1925-1936. Account Histories.”

20 “挨家挨户上门推销《圣经》”：“Sidney Ralph Bernstein Company History Files, 1873-1964,” n.d., Box 5, JWT Corporate Archives records, Hartman Center for Marketing Advertising and History, David M. Rubenstein Rare Book & Manuscript Library, Duke University, accessed May 9, 2012.

21 “最伟大的广告文案策划人之一”：詹姆斯 · 韦伯 · 扬（James Webb Young）于 1974 年入选美国广告名人堂：“Members: James Webb Young, 1886-1973, Inducted 1974,” Advertising Hall of Fame, accessed July 12, 2020, http://advertisinghall.org/members/member_bio.php?memid=826.

22 “‘奥德瑞诺’的止汗时间长达 3 天”：“Odorono Company 1925-1936. Ac-

count Histories."

23 “在酸性环境下才能保持活性”：Laden, *Antiperspirants and Deodorants*.

24 “‘剧烈刺激物’和危险‘止汗剂’”：Council on Pharmacy and Chemistry and the Association Laboratory, “Propaganda for Reform: ODOR-O-NO,” *Journal of the American Medical Association* LXII, no.1 (January 3, 1914): 54, https://doi.org/10.1001/jama.1914.02560260062031.

25 “‘奥德瑞诺’制造商保证绝对无害。”：Council on Pharmacy and Chemistry and the Association Laboratory, “Propaganda for Reform.”

26 “‘奥德瑞诺’的颜色是红色的”：Council on Pharmacy and Chemistry and the Association Laboratory, “Propaganda for Reform.”

27 “毁掉了很多高档礼服（其中就包含一名女士的婚纱）”：“Odorono Company 1925-1936. Account Histories.”

28 “‘奥德瑞诺’建议其用户”：“Odorono Company 1925-1936. Account Histories.”

29 “‘出汗过量’”：Juliann Sivulka, “Odor, Oh No! Advertising Deodorant and the New Science of Psychology, 1910 to 1925,” in *Proceedings of the 13th Conference on Historical Analysis & Research in Marketing*, ed. Blaine J. Branchik (CHARM Association, 2007), 212-20.

30 “1919 年时‘奥德瑞诺’的销量增长趋缓”：Juliann Sivulka, “Odor, Oh No!” 具体来说，在 1918 年发现了这一下降趋势，并展开调查试图找出原因。到 1919 年，杨倍感压力。

31 “‘结果显示，几乎所有的女性都知道“奥德瑞诺”这种产品，大约三分之一的人使用过’”：“Odorono Company 1925-1936. Account Histories.”

32 “‘女性手臂的曲线：坦率讨论了我们经常回避的一个话题。’”：你在很多地方都能看到这则广告。参考 Juliann Sivulka, “Odor, Oh No!”

33 “‘女人的手臂……事实并非总是如此。’”：Sivulka, “Odor, Oh No!

34 “他在回忆录”：“Odorono Company 1925-1936. Account Histories.”

35 “‘奥德瑞诺’的销量提高了 112%，销售额达到 41.7 万美元”：“Odorono Company 1925-1936. Account Histories.”

36 “墨菲把公司卖给了著名的指甲油产品卡泰克斯（Cutex）的生产商诺塞姆·沃伦（Northam Warren）公司”：企业家埃德娜·帕特里夏·墨菲（Edna Patricia Murphey）于 1932 年与艺术家以斯拉•温特（Ezra Winter）结婚后，她以新名字帕特里夏·温特（Patricia Winter）从事工作。“在从现有职位退休后，她以全新的身份出现——作为一个农场主，她将继续建立一个草药帝国，并在 20 世纪 50 年代，将其出售给味好美（McCormick Spices）食品公司”——Jessica Helfand, “Ezra Winter Project: Chapter Four,” *Design Observer*, November 30,2016, http://designobserver.com/feature/ezra-winter-project-chapter-four/33818.

37 “‘美丽却愚蠢：不懂得长久保持吸引力的第一秘诀！’”：Helfand, “Ezra Winter Project: Chapter Four.”

38 “‘为什么如此多的已婚女性，会认为自己的婚姻很稳定呢？’”：“Odorono Company 1925-1936. Account Histories.”

39 “‘是因为他们对单身女性……真的存在永远美满的婚姻吗？’”：“Odorono Company 1925-1936. Account Histories.”

40 “‘为了开拓……记得买两个。’”：2012 年 7 月 3 日，作者与卡里・卡斯蒂尔进行的电话采访。

41 “‘我觉得男人用了除臭剂会缺少男子气概。’”：“Odorono Company 1925-1936. Account Histories.”

42 “‘男性除臭剂市场还是一块处女地……好好策划一场宣传呢？’”：“Odorono Company 1925-1936. Account Histories.”

43 “塔普－弗莱特（Top-Flite），每瓶售价 75 美分”：“Top Flite Advertisement in Life Magazine,” *Life*, 1935, p.43, https://books.google.ca/books/content?id=et-9GAAAAMAAJ&pg=RA11-PA43&img=1&zoom=3&hl=en&sig=ACfU3UoWn-B4IBYKPjS1xLQzB71wiHiDF3w&ci=45%2C19%2C897%2C1243&cedge=0.

44 “‘大萧条转变了……恢复这种男性骄傲。’”：作者与卡斯蒂尔进行的电话采访。

45 “‘该公司的老板阿尔佛雷德・麦克凯威认为自己想不出还有什么比威士忌更能体现男性魅力。’”：作者与卡斯蒂尔进行的电话采访。

46 “‘特殊形容词汇’”：Chris Welles, “Big Boom in Men’s Beauty Aids: Not by Soap Alone,” *Life*, August 13, 1965, https://books.google.ca/books?id=MVMEAAAAM-BAJ&pg=PA39&dq=deodorant+special+vocabulary+1965&hl=en&sa=X-&ved=2ahUKEwiIj4f298rqAhVCmXIEHQTvCZ8Q6AEwAHoECAUQAg#v=o-nepage&q&f=false.

47 “比如，诱人的、清新的、温文尔雅的、精力充沛的、健壮的、阳刚的、具有男子气概的”：Welles, “Big Boom in Men’s Beauty Aids.”

48 “男士美容用品热度大涨”：Welles, “Big Boom in Men’s Beauty Aids.”

49 “男士用品占据了美国化妆品市场的 20%”：Welles, “Big Boom in Men’s Beauty Aids.”

50 “价值 750 亿美元的产业”：M. Shahbandeh, “Size of the Global Antiperspirant and Deodorant Market 2012-2025,” Statista, accessed July 14, 2020, https://www.statista.com/statistics/254668/size-of-the-global-antiperspirant-and-deodorant-market/.

51 “酸性碱基对可稳定氯化铝”：Laden, *Antiperspirants and Deodorants*.

52 “第三种分子”：Jules B. Montenier, Astringent Preparation, US Patent Office 2230083 (Chicago, Illinois, filed December 18, 1939, and issued January 28, 1941).

53 “蒙特尼耶……也申请了专利”：Jules B. Montenier, Unitary Container and Atomizer for Liquids, US Patent Office 2642313 (Chicago, Illinois, filed October 27, 1947, and issued June 16, 1953).

54 “‘喷洒’”：Vintage Fanatic, *Stopette Spray Deodorant Commercial 1952*, accessed May 11, 2019, https://www.youtube.com/watch?v=w1Q1rVV5wsk.

55 “据当时的电视广告数据统计”：Vintage Fanatic, *Stopette Spray Deodorant*.

56 “氯化羟铝”：Carl N. Andersen, Aluminum Chlorohydrate Astringent, US Patent Office 2492085 (New York, filed May 6, 1947, and issued December 20, 1949).

57 “是市场最重要的技术突破之一”：Laden, *Antiperspirants and Deodorants*.

58 “保持毛孔干燥数天：这就是为什么当今市场上许多处方类止汗剂依赖于酸性更强溶剂和氯化铝的原因”：“Odorono Company 1925-1936. Account Histories.”

59 “一位名叫海伦·巴内特的化学家决心解决这个问题”：Death Notice: Helen Barnett,” *New York Times*, April 17, 2008, https://archive.nytimes.com/query.nytimes.com/gst/fullpage-9Fo5EoD9103AF934A25757CoA96E9C8B63.html.

60 “第一款滚珠除臭剂”：“Death Notice: Helen Barnett,” *New York Times*. 需要注意的是，这项专利实际上是授予百时美公司法定转让人拉夫·亨利·托马斯（Ralph Henry Thomas）的，Dispenser, US Patent Office 2749566 (Rahway, New Jersey, filed September 4, 1952, and issued June 12, 1956).

61 “名为班恩（Ban）的测试版除臭剂却大受欢迎”：Anthony Ramirez, “All About/Deodorants; The Success of Sweet Smell,” *New York Times*, August 12, 1990, Business Day, https://www.nytimes.com/1990/08/12/business/all-about-deodorants-the-success-of-sweet-smell.html.

62 “该技术兴起于 20 世纪 50 年代，盛行于 20 世纪 70 年代”：Laden, *Antiperspirants and Deodorants*, 9-12.

63 “1941 年……专利”：Lyle D. Goodhue and William N. Sullivan, Dispensing

Apparatus, US Patent Office 2331117A (filed October 3, 1941, and issued October 5, 1943), https://patents.google.com/patent/US2331117/en.

64 “用于腋下的气雾剂产品……男性”：Laden, *Antiperspirants and Deodorants*.

65 “加压罐可能会爆炸”：“The Dangers That Come in Spray Cans,” *Changing Times: Kiplinger's Personal Finance*, August 1975, https://www.google.ca/search?tbm=bks&hl=en&q=Changing+Times%2C+%E2%80%9CThe+company+discovered%2C+and+told+FDA%2C+that+monkeys+exposed+to+the+sprays+developed+inflamed+lungs.%E2%80%9D.

66 “1973 年，在吉列（Gillette）推出……猴子在接触喷雾剂后肺部感染”：“The Dangers That Come in Spray Cans” ; and Laden, *Antiperspirants and Deodorants*, 9-12.

67 “诸如芝麻、菠菜和土豆……（包括百里香、牛至和辣椒）也含有铝”：Norwegian Scientific Committee for Food Safety, *Risk Assessment of the Exposure to Aluminium Through Food and the Use of Cosmetic Products in the Norwegian Population*. VKM Report 2013 (Oslo: Norwegian Food Safety Authority, 2013), 24, 61.

68 “磷酸铝钠和硫酸铝钠”：Maged Younes et al., “Re Evaluation of Aluminium Sulphates (E520-523) and Sodium Aluminium Phosphate (E541) as Food Additives,” *EFSA Journal* 16, no.7 (2018): e05372, https://doi.org/10.2903/j.efsa.2018.5372.

69 “我们通过食物摄入的大部分铝……通过尿液排出”：当你吃含有微量铝的食物时，大部分金属直接经人体被排出体外。但是当微量铝被吸收到血液中时，主要是通过肾脏排尿排出体外”：“Public Health Statement: Aluminum,” Agency for Toxic Substances and Disease Registry, September 2008, https://www.atsdr.cdc.gov/ToxProfiles/tp22-c1-b.pdf; Rianne de Ligt et al., “Assessment of Dermal Absorption of Aluminum from a Representative Antiperspirant Formulation Using a 26Al Microtracer Approach,” *Clinical and Translational Science* 11, no.6 (November 2018): 573-81, https://doi.org/10.1111/cts.12579; Calvin C. Willhite et al., “Systematic Review of Potential Health Risks Posed by Pharmaceutical, Occupational and Consumer Exposures to Metallic and Nanoscale Aluminum, Aluminum Oxides, Aluminum Hydroxide and Its Soluble Salts,” *Critical Reviews in Toxicology* 44, suppl. 4 (October 2014): 1-80, https://doi.org/10.3109/10408444.2014.934439.

70 “含有 30—50 毫克的铝”：Norwegian Scientific Committee for Food Safety, *Risk Assessment of the Exposure to Aluminium*, 17.

71 “每千克体重每周 2 毫克”：Norwegian Scientific Committee for Food Safety, *Risk Assessment of the Exposure to Aluminium*, 11.

72 “肾病患者可能会因体内残余的铝而出现中毒现象”：Allen C. Alfrey, Gary R. LeGendre, and William D. Kaehny, “The Dialysis Encephalopathy Syndrome,” New England Journal of Medicine 294, no.4 (January 22, 1976): 184-88, https://doi.org/10.1056/NEJM197601222940402; and “Dialysis Dementia, *British Medical Journal* 2, no. 6046 (November 20, 1976): 1213-14, https://doi.org/10.1136/bmj.2.6046.1213.

73 “许多研究都驳斥了这一理论”：Willhite et al., “Systematic Review of Potential Health Risks.”

74 “在其网站上澄清”：Alzheimer’s Association (USA), “Myths About Alzheimer’s Disease,” Alzheimer’s Disease and Dementia, accessed July 13, 2020, https://alz.org/alzheimers-dementia/what-is-alzheimers/myths.

75 “根据欧洲风险当局于2020年评估的可靠证据，使用含铝止汗剂不会对人的健康造成威胁”：Scientific Committee on Consumer Safety, *Opinion on the Safety of Aluminium in Cosmetic Products* (Luxembourg: European Commission, March 4, 2020), https://ec.europa.eu/health/sites/health/files/scientific_committees/consumer_safety/docs/sccs_0_235.pdf.

76 “在本书出版时只有3项”：第一项研究于2001年进行：R. Flarend et al., “A Preliminary Study of the Dermal Absorption of Aluminium from Antiperspirants Using Aluminium-26,” *Food and Chemical Toxicology* 39, no.2 (February 2001): 163-68, https://doi.org/10.1016/S0278-6915(00)00118-6. 应法国卫生当局的要求，第二项研究由阿兰·皮诺（Alain Pineau）、奥利维尔·吉拉德（Olivier Guillard）及其同事进行，并对研究成果进行报告：Alain Pineau et al., “In Vitro Study of Percutaneous Absorption of Aluminum from Antiperspirants Through Human Skin in the Franz™ Diffusion Cell,” *Journal of Inorganic Biochemistry* 110 (May 2012): 21-26, https://doi.org/10.1016/j.jinorgbio.2012.02.013。最终，消费者安全科学委员会委托进行研究，研究具体内容记录于Scientific Committee on Consumer Safety, *Opinion on the Safety of Aluminium in Cosmetic Products* (Luxembourg: European Commission, March 4, 2020) (with the first portion of that research published in de Ligt et al., “Assessment of Dermal Absorption of Aluminum”).
我需要指出的是，1958年进行了一项有关铝穿透切除皮肤的研究，但我无法获取相关资源，而且没有任何证据表明，研究人员在此后又试图测量铝对身体造成的负担。我也很怀疑那个年代分析设备是否足够灵敏以评估身体造成的负担。见I. H. Blank, J. L. Jones, and E. Gould, “A Study of the Penetration of Aluminum Salts into Excised Skin,” *Proceedings of the Scientific Section of the Toilet Goods Association* 29 (1958): 32-35.

77 “很长一段时间内，公共卫生风险分析师……是否合理。”：阿丽亚娜·伦兹纳是德国联邦风险评估研究所铝分析负责人。2018年12月4日，作者与其进行了面对面采访。

78 “2001 年，专家进行了第一次铝渗透皮肤实验”：R. Flarend et al., “A Preliminary Study.”

79 “‘在皮肤表面使用一次性氯化水合物……铝对身体的负担。’”：R. Flarend et al., “A Preliminary Study.”

80 “2007 年，负责保健产品安全的法国联邦机构”：研究结果请参阅：French Health Products Safety Agency, *Risk Assessment Related to the Use of Aluminum in Cosmetic Products*, October 2011, https://www.ansm.sante.fr/var/ansm_site/storage/original/application/bfd7283f781cd5ce7d59C151C714ba32.pdf.

81 “研究人员使用了一种替代方案”：Pineau et al., “In Vitro Study.”

82 “特别的启发作用”：Pineau et al., “In Vitro Study.” 需要注意的是，在随后的修订版，最初的 9 位作者中，有 4 位从作者列表中删除，这是极不寻常的事件。Alain Pineau et al., “Corrigendum to ‘In Vitro Study of Percutaneous Absorption of Aluminum from Antiperspirants Through Human Skin in the Franz™ Diffusion Cell’ [J Inorg Biochem 110 (2012) 21-26],” *Journal of Inorganic Biochemistry* 116 (November 2012): 228, https://doi.org/10.1016/jinorgbio.2012.05.014.
欧盟委员会的消费者安全科学委员会称，这项研究具有“局限性”，并指出“许多其他缺陷”。Scientific Committee on Consumer Safety, 2014 *Opinion on the Safety of Aluminium in Cosmetic Products* (Luxembourg: European Commission, March 2014).

83 “该研究于 2012 年发表”：Pineau et al., “In Vitro Study.”

84 “引起了法国医药监管机构的高度重视”：French Health Products Safety Agency, *Risk Assessment*.

85 “挪威”：Norwegian Scientific Committee for Food Safety, *Risk Assessment of the Exposure to Aluminium*, 17.

86 “德国的监管机构”：*Aluminium-Containing Antiperspirants Contribute to Aluminium Intake* (Berlin: Federal Institute for Risk Assessment, 2014).

87 “欧盟消费者安全科学委员会（SCCS）”：该委员会旨在向欧盟提供“在制订与消费者安全、公共卫生和环境相关的政策和提案时所需的科学建议”。

88 “存在太多缺陷”：Scientific Committee on Consumer Safety, *2014 Opinion on the Safety of Aluminium in Cosmetic Products* (Luxembourg: European Commission, March 2014).

89 “2020 年，SCCS 采用了一项实验的最终评估，该实验对 18 个受试者进行了取样研究”：Scientific Committee on Consumer Safety, *Opinion on the Safety*

of Aluminium in Cosmetic Products (Luxembourg: European Commission, March 4, 2020).

90 “通过日常使用化妆品而接触铝，不会明显增加人体的铝摄入量”：Scientific Committee on Consumer Safety, *Opinion on the Safety of Aluminium in Cosmetic Products* (Luxembourg: European Commission, March 4, 2020).

91 “克里斯・寇华特博士”：2018 年 8 月 13 日，作者与其进行的面对面采访。

92 “‘你腋窝里的细菌比地球上的人类还多，因此，你永远不会感到孤独’”：*Fighting Against Smelly Armpits: Chris Callewaertat TEDxGhent*, 2013, video, https://www.youtube.com/watch?v=9RIFyqLXdVw.

93 “腋窝存在较高比例的棒状杆菌”：A. Gordon James et al., “Microbiological and Biochemical Origins of Human Axillary Odour,” *FEMS Microbiology Ecology* 83, no. 3 (2013): 527-40, https://doi.org/10.1111/1574-6941.12054; and Chris Callewaert et al., “Characterization of *Staphylococcus and Corynebacterium Clusters* in the Human Axillary Region,” PLOS ONE8, no.8 (August 12, 201 3): e70538, https://doi.org/10.1371/journal.pone.0070538.

94 “手部微生物群会吞噬‘新来者’”：RadioLab, “The Handshake Experiment|Only Human,” WNYC Studios, accessed July 14, 2020, https://www.wnycstudios.org/podcasts/onlyhuman/episodes/handshake-experiment.

95 “一对同卵双胞胎”：Chris Callewaert, Jo Lambert, and Tom Van de Wiele, “Towards a Bacterial Treatment for Armpit Malodour, *Experimental Dermatology* 26, no.5 (2017):388-91, https://doi.org/10.1111/exd.13259.

96 “因为，像厌氧球菌这样的稀有细菌，会通过产生强烈的臭味来弥补数量上的不足”：作者与寇华特进行的面对面采访。

97 “‘我花了一个月才将一个新的细菌群移植到身上。但是，只洗了 3 次澡就将它们全部消灭了。数十亿的细菌消失得无影无踪，就如同它们没来的时候一样。’”：Julia Scott, “My No-Soap, No-Shampoo, Bacteria-Rich Hygiene Experiment,” *New York Times Magazine*, May 25, 2014, https://www.nytimes.com/2014/05/25/magazine/my-no-soap-no-shampoo-bacteria-rich-hygiene-experiment.html.

98 “化妆品公司的科学家们正在研究微生物所产生的细菌酶，这种酶可以将大部分无味的汗水转化为潮湿的香味”：Laden, *Antiperspirants and Deodorants*.

99 “把臭气捕获至微小的分子笼中”：Laden, *Antiperspirants and Deodorants*.

100 “2012 年的艺术项目”：Lucy McRae, *Swallowable Parfum*, 2011, video, https://vimeo.com/27005710.

101 “露茜·麦克雷的‘泰德’（TED）演讲”：Lucy McRae, “How Can Technology Transform the Human Body?” 2012, https://www.ted.com/talks/lucy_mcrae_how_can_technology_transform_the_human_body/transcript.

102 “‘吃下化妆品药丸后……香水瓶’”：McRae, “How Can Technology Transform.

10 汗水之最

1 本章的大部分内容源于与多汗症患者的对话和通信，特别是米克尔·比耶勒（Mikkel Bjerregaard）、凯斯·福特（Cath Ford）、玛利亚·托马斯（Maria Thomas）、布兰登·伍达德（Brandon Woodard）、亚历克斯·布林（Alex Blynn）以及 ETS 脸书支持小组的数千名成员。同时，我还要感谢克里斯托夫·希克（Christoph Schick）和医生约翰·朗根菲尔德（John Langenfeld）就 ETS 的历史和实践进行的讨论。

2 “美国约有 1 500 万多汗症患者”：Shiri Nawrocki and Jisun Cha, “The Etiology, Diagnosis, and Management of Hyperhidrosis: A Comprehensive Review: Etiology and Clinical Work-Up,” *Journal of the American Academy of Dermatology* 81, no. 3 (2019): 657-66, https://doi.org/1O.1016/j.jaad.2018.12.071.

3 “‘拥挤区域、情绪刺激、辛辣食物和酒精等诱因’”：Shiri Nawrocki and Jisun Cha, “The Etiology, Diagnosis, and Management of Hyperhidrosis: Therapeutic Options,” *Journal of the American Academy of Dermatology* 81, no. 3 (2019): 669-80, https://doi.org/10.1016/j.jaad.2018.11.066.

4 “63% 的患者因出汗过多感到不快乐或沮丧，74% 的患者感觉因此产生了精神创伤”：Henning Hamm et al., “Primary Focal Hyperhidrosis: Disease Characteristics and Functional Impairment,” *Dermatology* 212, no.4(2006): 343-53, https://doi.org/10.1159/000092285.

5 “‘我发现乌利亚……好像蜗牛在上面爬过一样。’”：Charles Dickens, *David Copperfield*, unabridged ed. CreateSpace Independent Publishing Platform.

6 “与遗传因素有关”：Nawrocki and Cha, “The Etiology, Diagnosis, and Management of Hyperhidrosis: Etiology and Clinical Work-Up.”

7 “患者的汗腺大小、数量和形状并没有什么异常”：Nawrocki and Cha, “The Etiology, Diagnosis, and Management of Hyperhidrosis: Etiology and Clinical Work-Up.

8 “自主神经系统的信号传递异常”：Nawrocki and Cha, “The Etiology, Diagnosis, and Management of Hyperhidrosis: Etiology and Clinical Work-Up.

9 “情绪控制异常”：Nawrocki and Cha, “The Etiology, Diagnosis, and Management of Hyperhidrosis: Etiology and Clinical Work-Up.

10 “每分钟排出 1/10—1/5 茶匙的汗液”：Nawrocki and Cha, “The Etiology, Diagnosis, and Management of Hyperhidrosis: Etiology and Clinical Work-Up.

11 “接近每分钟 3 茶匙”：Nawrocki and Cha, “The Etiology, Diagnosis, and Management of Hyperhidrosis: Etiology and Clinical Work-Up.

12 “20 世纪之交” Kevin Y.C.Lee and Nick J.Levell, “Turning the Tide: A History and Review of Hyperhidrosis Treatment,” *JRSM Open* 5, no.1 (2014): 2042533313505511, https://doi.org/10.1177/2042533313505511.

13 “治疗癫痫、甲状腺肿大、心绞痛和青光眼”：M.Hashmonai and D. Kopelman, “History of Sympathetic Surgery,” *Clinical Autonomic Research* 13(2003): i6-i9 https://doi.org/10.1007/s10286-003-1103-5.

14 “1920 年……一本医学杂志”：Anastas Kotzareff, “Resection partielle detronc sympathique cervical droit pour hyperhidrose unilaterale,” *Revue medicale de la Suisse Romande* 40 (1920): 111-13.

15 “美国医生阿尔弗雷德・阿德森”：Alfred W. Adson, Winchell McK.Craig, and George E. Brown, “Essential Hyperhidrosis Cured by Sympathetic Ganglionectomy and Trunk Resection,” *Archives of Surgery* 31, no.5 (1935):794-806, https://doi.org/10.1001/archsurg.1935.01180170119008.

16 “‘患者发现……异性接触。’”：Adson, Craig, and Brown, “Essential Hyperhidrosis Cured.”

17 “1990 年微创手术出现之后，医生才开始广泛采用胸外科手术来治疗多汗症”：Hashmonai and Kopelman, “History of Sympathetic Surgery.”

18 “‘每侧腋窝的手术时长约为 10 分钟’”：*Hyperhidrosis HealthTalk Featuring Dr. John Langenfeld*, 2018, video, https://www.youtube.com/watch?v=NEReytT2kOg.

19 “‘我愿意……可能会出现代偿性出汗。’”：*Hyperhidrosis HealthTalk*. 在听到多汗症患者组织对 ETS 手术持怀疑态度时，朗根菲尔德医生非常惊讶。他在 2020 年 10 月 8 日接受 Zoom 采访时说：“如果有那么多有严重（代偿性出汗）问题的人来找我，我会崩溃的，早就停止（该手术）了。”此外，他补充说，应进一步研究 ETS 手术的长期结果。

20 “大多数接受 ETS 手术的患者，都会出现一些代偿性出汗现象。”：Antti Malmivaara et al., “Effectiveness and Safety of Endoscopic Thoracic Sympathectomy for Excessive Sweating and Facial Blushing: A Systematic Review,” *International Journal of Technology Assessment in Health Care* 23, no.1 (2007):

54-62, https://doi.org/10.1017/S0266462307051574.

21 “1966—2004 年接受 ETS 手术的多汗症患者中，高达 90% 的患者在胸部以下出现了代偿性出汗的情况。”：Malmivaara et al., “Effectiveness and Safety of Endoscopic Thoracic Sympathectomy.”

22 “一项术后调查发现……有 11% 的患者感到不满意。”：Jose Ribas Milanez de Campos et al., “Quality of Life, Before and After Thoracic Sympathectomy: Report on 378 Operated Patients,” *Annals of Thoracic Surgery* 76, no. 3 (September 2003): 886-91, https://doi.org/10.1016/S0003-4975(03)00895-6.

23 “在脸书（Facebook）上成立了一个支持小组”：“(1) ETS (Endoscopic Thoracic Sympathectomy): Side-Effects, Awareness, & Support/Fac-ebook,” accessed January 17, 2021, https://www.facebook.com/groups/334039357095989.

24 “新的实验性逆转手术”：Tommy Nai-Jen Chang et al., “Microsurgical Robotic Suturing of Sural Nerve Graft for Sympathetic Nerve Reconstruction: A Technical Feasibility Study,” *Journal of Thoracic Disease* 12, no.2 (February 2020): 97-104, https://doi.org/10.21037/jtd.2019.08.52.

25 “在腋窝……注射肉毒素”：Nawrocki and Cha, “The Etiology, Diagnosis, and Management of Hyperhidrosis: Therapeutic Options.”

26 “处方药”：“Oral Medications-International Hyperhidrosis Society|Official Site,” accessed April 25, 2019, https://sweathelp.org/hyperhidrosis-treatments/medications.html.

27 “微波”：Nawrocki and Cha, “The Etiology, Diagnosis, and Management of Hyperhidrosis: Therapeutic Options.” For an alarming first-person description, see: Scott Keneally, “Sweat and Tears,” *New York Times*, December 7, 2011, Fashion, https://www.nytimes.com/2011/12/o8/fashion/sweat-and-tears-first-person.html.

28 “离子导入法”：Nawrocki and Cha, “The Etiology, Diagnosis, and Management of Hyperhidrosis: Therapeutic Options.”

29 “继发性多汗症”：Hobart W. Walling, “Clinical Differentiation of Primary from Secondary Hyperhidrosis,” *Journal of the American Academy of Dermatology* 64, no.4 (2011): 690-95, https://doi.org/10.1016/j.jaad.2010.03.013.

30 “两位密尔沃基医生……一个奇怪的病例。”：Mark K. Chelmowski and George L. Morris III, “Cyclical Sweating Caused by Temporal Lobe Seizures,” *Annals of Internal Medicine* 170, no.11 (2019): 813-14, https://doi.org/10.7326/L18-0425.

31 “死于该病的大都是正值盛年的人”：J. F. C. Hecker, *The Epidemics of the Middle Ages*, 3rd ed, trans. B. G. Babington (London: Trubner, 1859), http://

wellcomelibrary.org/item/b2102070x.

32 “‘5 月下旬……五六个小时就死亡了。’”：Hecker, *Epidemics of the Middle Ages*.

33 “汗热病感染者的死亡率为 30%—50%”：Paul Heyman, Leopold Simons, and Christel Cochez, “Were the English Sweating Sickness and the Picardy Sweat Caused by Hantaviruses?,” Viruses 6, no.1 (2014): 151-71, https://doi.org/10.3390/v6010151.

34 “声称只有 1% 的人侥幸逃脱”：John Caius, *A Boke, or Counseill against the Disease Commonly Called the Sweate, or Sweatyng Sicknesse. Made by Ihon Caius Doctour in Phisicke. Very Necessary for Euerye Personne, and Muche Requisite to Be Had in the Handes of al Sortes, for Their Better Instruction, Preparacion and Defence, against the Soubdein Comyng, and Fearful Assaultyingof the-Same Disease* (London: Richard Grafton, printer to the kynges maiestie, 1552), https://wellcomelibrary.org/item/b21465290#?c=o&m=0&s=o&cv=o&z=-1.1388%2C-0.0829%2C3.2776% 2C1.6584. See also Hecker, *Epidemics of the Middle Ages*.

35 “‘立即离开了伦敦……提汀汗格尔（Tytynhangar）等待宿命的到来。’”：Hecker, *Epidemics of the Middle Ages*.

36 “让患者向右侧卧并弯腰前倾，医生直呼患者的名字，并且用迷迭香枝抽打患者。”：Caius, *A Boke*.

37 “早上吃鼠尾草和黄油”：Caius, *A Boke*.

38 “晚餐前吃无花果”：Caius, *A Boke*.

39 “‘英国人过度沉迷……喝烈酒。’”：Hecker, *Epidemics of the Middle Ages*.

40 “买不到绿色蔬菜”：Hecker, *Epidemics of the Middle Ages*.

41 “凯瑟琳皇后很想改善自己的饮食，因此，她让人从荷兰带来了野菜，用来制作沙拉，因为在英国根本就买不到野菜。”：Hecker, *Epidemics of the Middle Ages*.

42 “维苏威火山”：赫克（Hecker）在他的著作《中世纪流行病》（*Epidemics of the Middle Ages*）中声称维苏威火山于 1506 年爆发，我和我的事实核查员都无法证实这一点。因此，火山也许是处在活跃期，也有可能是赫克被告知了“火山喷发”的不实信息。

43 “上帝的暴怒”：Hecker, *Epidemics of the Middle Ages*.

44 “流感”：M. Taviner, G. Thwaites, and V. Gant, “The English Sweating Sickness, 1485-1551: A Viral Pulmonary Disease?,” *Medical History* 42, no.1 (1998):

96-98.

45 “风湿病、斑疹伤寒、鼠疫、黄热病、肉毒杆菌中毒和麦角中毒”：Heyman, Simons, and Cochez, “English Sweating Sickness and the Picardy Sweat.”

46 “汉坦病毒入侵”：Heyman, Simons, and Cochez, “English Sweating Sickness and the Picardy Sweat.”

47 “‘英国汗热病起源之谜……都是真相。’”：Heyman, Simons, and Cochez, “English Sweating Sickness and the Picardy Sweat.”

48 “‘这种疾病……不明智的。’”：Henry Tidy, “Sweating Sickness and Picardy Sweat,” *British Medical Journal* 2, no. 4410 (July 14, 1945): 63-64.

49 “卡巴莱（cabaret）表演者”：*Electric Man: France's Got Talent 2016- Week 5*, 2016, video, https://www.youtube.com/watch?v=QPDoqnPBVX4.

50 “帕伊基奇生来就没有汗腺”：*Biba Struja (Battery Man)*, documentary directed by Dusan Cavic and Dusan Saponja (Ciklotron d.o.o., This and That Productions, 2012).

51 “‘每个人生来……伤害不了我。’”：*Biba Struja* (*Battery Man*).

52 “煎香肠”：*Electric Man: France's Got Talent 2016- Week 5.*

53 “正如电气工程师迈赫迪·萨达格达尔……的那样”：Mehdi Sadaghdar, *Electrical Tricks of Biba Struja the Battery Man*, YouTube, ElectroBOOM, 2016, video, https://www.youtube.com/watch?v=Lh6Ob1HFC6k.

54 “‘我的两个孩子……淋水降温。’”：*Biba Struja (Battery Man).*

55 “向别人的受伤部位放电”：*Biba Struja (Battery Man).*

56 “怀孕的第20—30周”：Holm Schneider et al., “Prenatal Correction of X-Linked Hypohidrotic Ectodermal Dysplasia,” *New England Journal of Medicine* 378, no. 17 (2018): 1604-10, https://doi.org/10.1056/NEJMoa1714322.

57 “大约每25 000人中就有一人出生时患有XLHED”：Antonio Regalado, “In a Medical First, Drugs Have Reversed an Inherited Disorder in the Womb,” *MIT Technology Review*, April 25, 2018, https://www.technologyreview.com/s/611015/in-a-medical-first-drugs-have-reversed-an-inherited-disorder-in-the-womb/.

58 “给婴儿注射正常的蛋白质”：Regalado, “In a Medical First.”

59 “德国埃朗根的研究人员”：Schneider et al., “Prenatal Correction.

60 “有一位30多岁的女性”：Schneider et al., “Prenatal Correction.

61 “‘我们当时是犹豫的……带来的希望。’”：Regalado, “In a Medical First.”

62 “‘很少有公司会……给孕妇带来危险。’”：Regalado, “In a Medical First.”

63 “‘如果你想为患者群体生产这种药物……付出和回报就比较对等了。”：Regalado, “In a Medical First.”

11　汗渍斑斑

1 我非常感谢相关科学家、文物保护员和策展人，包括蕾妮·丹凯斯（Renee Dancause）、米歇尔·亨特（Michelle Hunter）、珍妮特·瓦格纳（Janet Wagner）、乔纳森·沃尔福德（Jonathan Walford）和露西·惠特莫尔（Lucie Whitmore）。

2 “一些金属部件（如宇航服腕关节连接器）”：Sarah Everts, “Saving Space Suits,” C&EN, May 9, 2011.

3 “‘宇航服外形很酷，但已经有35年了，味道闻起来像更衣室，里面有点褪色。’”：Leah Crane, “Cosmic Couture: The Urgent Quest to Redesign the Spacesuit,” *New Scientist*, January 3, 2018, https://www.newscientist.com/article/mg23731591-1oo-cosmic-couture-the-urgent-quest-to-redesign-the-spacesuit/.

4 “《绝望的深渊》”：Anna Hodson, “The Pits of Despair? A Preliminary Study of the Occurrence and Deterioration of Rubber Dress Shields, in *The Future of the 2oth Century: Collecting, Interpreting and Conserving Modern Materials: 2nd Annual Conference, 26-28 July 2005*, ed. Cordelia Rogerson and Parl Garside (London: Archetype, 2006).

5 “这件胸衣的主人是当时欧洲宫廷中的最高特权阶层之一”：A. Hernanz, “Spectroscopy of Historic Textiles: A Unique 17th Century Bodice,” in *Analytical Archaeometry*: *Selected Topics*, ed. G.M. Edwards and P. Vandenabeele (London: Royal Society of Chemistry, 2012).

6 “汗液通常呈酸性，pH值低至4.5。随着汗液的分解，pH值会上升至7以上，开始呈碱性，然后会变干。”：Melanie Sanford and Margaret Ordonez, “The Identification and Removal of Deodorants, Antiperspirants, and Perspiration Stains from White Cotton Fabric,” in *Strengthening the Bond: Science & Textiles*, ed. Virginia J. Whelan and Henry Francis du Pont (Philadelphia: North American Textile Conservation Conference, 2002), 119-31.

7 “‘汗液变干后，在纺织品上停留的时间越长，损坏程度就越严重。’”：Sanford and Ordonez, “Identification and Removal.”

8 “‘很多例子都表明，昆虫会先破坏衣服的腋下和裆部。’”：Jessie Firth, “Re: Media Request: Conservation of Sweat Stains on Textiles,” email, February 2, 2012.

9 “现在止汗剂配方中的铝盐会与肥皂或洗涤剂发生反应，在纺织品（尤其是棉织品）上形成一层褪色的、易碎的外壳，而且不溶于水。”：Sanford and Ordonez, “Identification and Removal.”

10 “我第一次参观该研究所时”：Sarah Everts, “Conserving Canada’s Valuables,” *Artful Science* (blog), May 23, 2011, https://cenblog.org/artful-science/2011/05/23/conserving-canada’s-valuables/.

11 “光和氧气与汗渍中的乳酸和氨基酸发生了化学反应”：Sanford and Ordonez, “Identification and Removal.”

12 “一件‘二战’中的婚纱”：*Fabric Preservation and the Application of Fake Sweat*, video, 2009, https://www.youtube.com/watch?v=7AJQKMYAltQ.

上 架 建 议 ： 科 普

ISBN 978-7-5001-7149-2

9 787500 171492 >

定价：59.00 元